U0150060

仿生疏水表面减阻机理
Drag Reduction Mechanism of Bio-inspired Hydrophobic Surface

胡海豹　鲍路瑶　杜　鹏　文　俊　著

科学出版社

北　京

内 容 简 介

仿生疏水表面是一种潜在的兼具防污功能的水下减阻新方法,也是减阻领域的研究热点之一,未来有望广泛应用于海洋工程和其他相关领域。本书整理了作者十余年在疏水表面减阻方面取得的一系列研究成果,不仅从微观角度深入揭示了疏水表面滑移效应的分子动力学机理,而且系统分析了仿生疏水表面气膜流失与减阻失效的机制,还提出多种可能的气膜维持新方法。

本书有助于国内同行快速掌握仿生疏水表面减阻机理,不仅可供船舶与海洋工程领域的工程技术人员和管理人员参考,还可供高等学校船舶与海洋工程、兵器科学与技术等相关学科的师生参考。

图书在版编目(CIP)数据

仿生疏水表面减阻机理/胡海豹等著. —北京:科学出版社,2021.2
ISBN 978-7-03-068013-6

Ⅰ.①仿… Ⅱ.①胡… Ⅲ.①固体表面-减阻-研究 Ⅳ.①O485

中国版本图书馆 CIP 数据核字 (2020) 第 019314 号

责任编辑:赵敬伟 赵 颖/责任校对:彭珍珍
责任印制:吴兆东/封面设计:无极书装

科 学 出 版 社 出版
北京东黄城根北街 16 号
邮政编码:100717
http://www.sciencep.com

北京凌奇印刷有限责任公司印刷
科学出版社发行 各地新华书店经销
*
2021 年 2 月第 一 版 开本:720 × 1000 1/16
2025 年 1 月第二次印刷 印张:15 3/4
字数:305 000
定价:118.00 元
(如有印装质量问题,我社负责调换)

前　　言

随着海洋开发和海防形势的变化,我国海洋利用区域不断向深海、远海延伸,因此,突破远航程技术已成为目前海洋工程领域迫切需要解决的关键问题之一。其中,减阻是实现船舶和航行器远航程的一条理想的技术途径,也对缓解我国日益严峻的能源危机极为重要。受自然界疏水现象启发,越来越多的国内外研究者开始关注仿生疏水材料在水下减阻方面的潜在应用。与其他水下减阻技术相比,该技术实施简便、经济,且兼具一定的海洋防污功能,未来有望广泛应用于海洋工程和其他相关领域。

2000 年后,仿生疏水表面水下减阻研究受到了国内外学者的广泛关注,已成为水动力学领域的热点课题。不过,截至目前,我们对仿生疏水表面减阻机理仍缺乏系统认识,距离实际工程应用还存在较大差距。考虑到目前国内缺少介绍仿生疏水表面减阻机理的学术著作,因此,本书整理了作者十余年来在国家相关科技计划资助下取得的一系列研究成果,不仅揭示了疏水表面滑移效应的分子动力学机理,提出基于润湿性调控的三相接触线束缚方法,而且通过系统观测疏水表面减阻失效过程,给出了表面形貌与润湿性对水下湍流边界层拟序结构与减阻的影响规律;另外,在揭示疏水表面 Cassie 润湿状态的稳定性及其对减阻影响的基础上,提出多种可能的气膜维持新方法。相信本书将有助于从事该项研究的同行快速掌握疏水表面减阻机理。

本书的研究工作得到了国家自然科学基金青年项目 (51109178)、国家自然科学基金面上项目 (51679203、51879218、52071272)、基础前沿项目 (JCKY2018*****18)、陕西省自然科学基础研究计划项目 (2010JQ1009、2020JC-18)、高等学校博士学科点专项科研基金 (20116102120009)、中央高校基本科研业务费 (3102015ZY017、3102018gxc007、3102020HHZY030014) 等项目资助。作者对各级部门及相关单位的资助表示衷心的感谢!同时,感谢课题组王德政、曹刚、任刘珍、张梦卓等的参与和协作。

全书由胡海豹著,并负责校核;鲍路瑶、杜鹏、文俊参与撰写。在本书编写过程中，曹刚、王德政、张梦卓、任刘珍、李明升、李卓越、周嘉伟等曾给予热情的支持和帮助，在此一并表示深深的感谢。限于作者水平，书中难免存在不足之处，恳请读者指正。

作　者

2020 年 6 月

目　　录

第 1 章 仿生疏水表面概述

1.1 减阻研究意义

　　21 世纪是海洋的世纪，海洋强国战略的提出和实施更是极大地加快了我国开发、利用、保护及管控海洋的步伐。随着海洋开发和海防形势的变化，我国海洋利用区域不断向深海、远海延伸，因此，突破远航程技术已成为目前海洋工程领域迫切需要解决的关键问题之一。在如何解决远航程问题上，增加能源储备、提高推进效率和减小航行体阻力是三种最主要的实现途径。对于特定的水下航行器，能源储备量会受燃料舱容积的限制，而推进效率提升空间非常有限。因此，减阻技术自然成为国内外众多研究者关注的焦点。航行体的阻力主要由摩擦阻力、压差阻力和兴波阻力三部分组成。其中，黏性摩擦阻力由固体表面和液态水之间的摩擦引起，在外形优化后，其占比远大于另外两种阻力的份额。例如，水下潜艇的摩擦阻力在总阻力中的占比约为 70%，鱼雷等细长回转体航行器的占比甚至高于 80%。可见，降低摩擦阻力是研究航行器减阻技术的关键方向。

　　目前，水下减阻方法主要有以下几种。

1) 微气泡减阻

　　该法又可称为气幕、气穴减阻，可以在物体表面制造气泡以达到减阻降噪的效果，即通过航行器周围铺设的空气管路上的小孔放出空气，形成弥散得很薄的气幕，该气幕既能有效地减小壳体与水之间的摩擦阻力，又能隔离航行器噪声源向水中的辐射，从而达到减阻降噪的目的 [1]。其原理是利用微气泡的小摩阻性和易变形的特点来调节底层流动结构以减少阻力，具有较高的减阻效能及可长时间使用的优势 [2]。但该技术结构复杂，工程应用难度很大，其中稳定气源的供应是最大的技术难点，在水下航行器上安装微气泡发生装置较为不易，需要精密的加工技术及精确的喷流量控制等条件，并且会增加航行器外观设计的困难及制造成本，尤其难以在远航程水下航行器上推广应用。

2) 柔性壁面减阻

　　柔性壁面一般为薄的弹性涂层或一层不渗透的薄膜，其减阻增推的最主要原因在于改变了附面层内的湍流结构，其减阻机理不同于一般的涂料。柔性壁面是利用弹性涂层能抑制和吸收压力脉动，以尽可能延迟层流边界层向湍流边界层的转捩，利用层流边界层固有的低摩擦性能达到减阻的目的 [3]。设计柔性壁面减阻材料需要满足 4 个条件 [4]：剪切模量 G 应与水动压力同量级、密度与水接近、小阻尼、不透水。这意味着需要合成一种高柔软、低阻尼、低模量的树脂基料，而且涂层还应具有优良的力学和耐海水性能。因此，柔性壁面减阻技术工艺复杂，不易应用在水下航行器上。

3) 聚合物添加剂减阻

在牛顿流体中溶入少量长链高分子添加剂，可以大幅度降低流体在湍流区的运动阻力，该现象最早是 Toms 在观察管内流动聚合物机械降解时发现的，并于1948 年在国际流变学会议上发表了第一篇有关减阻的论文，所以聚合物添加剂减阻又称为 Toms 效应 [5]。众多学者进一步研究表明，许多高分子溶液都具有减阻特性，如氧化乙烯、聚丙烯酰胺等高分子稀溶液，只要几 ppm①至几十 ppm 浓度就可以抑制水流压力脉动和微涡，其管道内的减阻效果可达 60% 左右 [6]。高分子的减阻效果，随溶液浓度的增大而提高，随分子量的增大而提高，也随湍流度的增大而提高。其作用原理为水溶性线型高分子材料抑制了湍流的脉动特性，同时改变了边界层近壁区的流场结构：一是涂层表面溶解出来的线型高分子沿水流取向过程中抑制了湍流压力脉动；二是涂层在水中不断地被溶胀，形成弹性模数梯度，引起柔顺效应，抑制压力脉动，减小了航行体的阻力。

4) 超空泡减阻

超空泡技术是目前国内外争相研究的前沿课题，该技术突破了常规水下航行器的绕流状态：由沾湿状态变为空化状态，辅以先进的推进技术，航行器在水中可以实现超高速 "飞行"，阻力降低 90% 左右 [7]。俄罗斯研制的 "暴风雪" 号鱼雷成功地采用了超空泡减阻技术，使鱼雷前进时完全穿行于气泡中，最高航速达到200 节，为目前普通鱼雷航速的 4~5 倍。台湾海洋大学曾完成 "超空化潜体之阻力实验"，成功仿真研发超高速鱼雷的关键技术——超空泡技术 [8]。超空泡技术是水下超高速状态下独特的减阻方法，仅适用于高速、短航程水下航行器。

5) 壁面展向周期振动减阻 [9,10]

已有国内外相关报道表明，壁面展向周期振动可以干扰近壁流向涡结构，使得近壁区平均流向速度梯度减小，缓冲区增厚，对数区上移，雷诺应力和湍动能减小，峰值外移等。对于壁面展向周期振动减阻的机理目前主要有两种解释："展向涡模型" 认为壁面展向周期振动造成流向涡的扭曲变形，使得湍流猝发的强度减弱，从而减小了壁面摩擦阻力；"近壁流向涡和高低速条带相互作用模型" 则认为壁面展向周期振动将使得低速条带插入流向涡下方，并使高速条带向流向涡上

---

① 1ppm = 0.001‰。

方运动，从而在雷诺应力的象限分析中一三象限的比重大大增加，这就造成了雷诺应力的减小。

6) 周期性扰动减阻 [11-13]

1994 年 Choi 等 [11] 采用在壁面加吹、吸扰动的方法，运用直接数值模拟证明了表面摩擦显著减小的地方流向涡可以被削弱。2001 年 Park 等 [12] 的研究再次表明，周期性扰动可以减小壁面摩擦阻力。国内天津大学的姜楠老师等 [13] 所开展的一系列采用扬声器向平板湍流边界层内施加周期性扰动的风洞实验也表明，扰动对边界层近壁区平均速度分布、能量随尺度分布/多尺度相干结构及其条件相位平均波形等流场特性都有显著影响，且不同扰动频率对湍流边界层的影响程度不同。

7) 湍流主动控制减阻 [14,15]

湍流主动控制技术利用以微加工技术和微电子技术为基础的微电子机械系统 (MEMS，指尺寸在几毫米乃至更小的高科技装置) 技术制造性能一致的微米量级的器件，这些器件能够满足流动控制技术的高空间分辨率、高灵敏度、高频响需求，易于实现微传感器、微电子线路和微执行器的系统集成，可以组成功能独立、功耗小的分布式控制单元阵列器件，从而使得流动精细控制成为可能。流体力学专家普遍认为该新型湍流控制技术可应用于航行体减阻增升、失速控制等诸多方面，前景极为可观。目前发达国家和地区 (如美国、欧盟) 纷纷投入大量人力物力，推进这项技术的发展和应用。如美国国防部高级研究计划局 (DARPA)、美国国家航空航天局 (NASA) 和加州大学洛杉矶分校 (UCLA) 等研究机构和院校均投入了大量的人力物力在这一领域开展研究工作。

8) 壁面加热减阻

考虑到水温每增加 1℃，黏性系数约降低 2%[16]，故在水中通过壁面加热对推迟转捩和降低阻力更为有效。Lauchle 等 [17] 对回转体壁温增加 25℃ 左右，转捩雷诺数达到 $4.5 \times 10^6 \sim 3.6 \times 10^7$，进一步说明在水中壁面加热是一种有效的推迟转捩减小阻力的方法，然而在实际应用中最大的障碍仍然是需要复杂的辅助装置，直接影响其实用性。

9) 脊状表面减阻

脊状表面是根据流体力学和水动力学的有关原理设计、保持形态不变的一类微结构表面。根据脊状结构分布方向的不同，该减阻技术又可分为随行波减阻和沟槽减阻，前者脊状结构的方向与来流垂直，后者则与之平行，具体方法是在物体表面上开一系列横向或纵向的脊状结构，通过改变边界层底层的流动结构以达到减阻目的。脊状结构横截面形状可以有 V 形、圆形、三角形、矩形等。该方法属于表面修形技术，国外 20 世纪 70 年代开始在航空领域进行了广泛的研究，NASA

兰利研究中心发现 [18-20] 微小脊状表面能有效地降低壁面摩擦阻力,突破了表面越光滑阻力越小的传统思维方式。该技术在空气动力学中很流行,研究也比较透彻,被认为是目前航空领域最理想的减阻方法。脊状表面减阻技术除应用于飞机或船舶以减少能源消耗外,甚至还应用于运动竞速方面的用品及器具上,如游泳选手穿的泳衣、帆船、手划船的船体等。

1.2　疏水表面简介

1.2.1　疏水表面定义

人们对疏水表面的研究起源于对自然界中荷叶、芋头叶和水稻叶等植物表面和水黾等动物表面的疏水特性的发现,见图 1.1~ 图 1.4。表面的疏水性以水滴与固体表面静止不动时的接触角大小来表征、衡量。当接触角小于 90° 时,表面为亲水;当接触角大于 90° 时,表面为疏水;当接触角大于 150° 时,表面为超疏水。

图 1.1　荷叶的 SEM① 照片 (扫封底二维码可见彩图) [21]

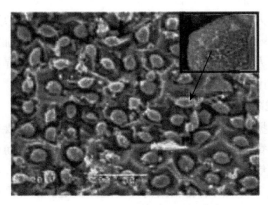

图 1.2　芋头叶的 SEM 照片 [22]

① SEM: 扫描电子显微镜。

图 1.3 水稻叶的 SEM 照片 (扫封底二维码可见彩图) [23]

图 1.4 水黾及其腿部的细长微刚毛 (扫封底二维码可见彩图)

疏水与超疏水表面除了材料的化学组成有差异外，在表面微观结构方面也有差别。由于表面材料在化学组成、微观结构 (致密、多孔、微纳米纹理) 方面的差异，所以水介质在材料表面表现出不同的润湿、吸附及滑动、滚动行为，见图 1.5 [24]。

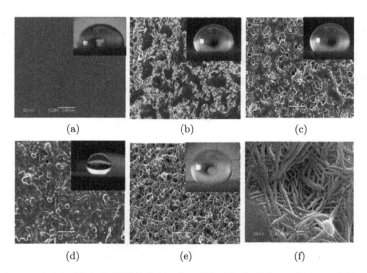

图 1.5 亲水、疏水及超疏水表面结构的 SEM 图及水珠形貌 (扫封底二维码可见彩图)

(a) 亲水表面；(b) 致密疏水表面；(c) 多孔疏水表面；(d) 致密超疏水表面；(e)、(f) 多孔超疏水表面

1.2.2　疏水表面润湿原理

液体在固体壁面上的润湿行为是生产、生活中常见的现象，例如，油漆喷涂、农药喷洒、雾气的沉降、疾病的传染甚至矿石的筛选等都会涉及固体壁面的润湿特性。液体在固体壁面上的润湿状态主要取决于液体属性和壁面的表面能、微形貌等。不同壁面的润湿状态如图 1.6 所示，液体非常容易在亲水表面上铺展，并且接触角越小铺展面积越大。而在疏水表面上，液体的铺展受到很大的束缚，尤其在超疏水表面上，液体与固体接触面积非常小，最终轮廓近似为球形。

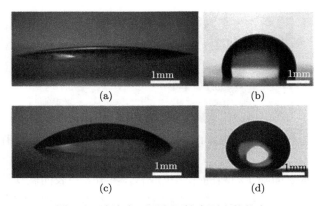

图 1.6　液滴在不同润湿性表面上的状态

(a) 超亲水表面；(b) 疏水表面；(c) 亲水表面；(d) 超疏水表面

固体壁面接触角是固、液、气三相界面处表面张力平衡的结果，如图 1.7 所示，稳定状态的液滴使得体系总的能量趋于最小。对于化学性质均一且光滑的壁面，接触角的大小可以由 Young 方程 [25] 求出：

$$\cos\theta = (\gamma_{SV} - \gamma_{SL})/\gamma_{LV} \tag{1.1}$$

式中，γ_{SV}、γ_{SL} 和 γ_{LV} 分别为固气、固液和气液的表面张力；θ 为固体壁面的本征接触角。

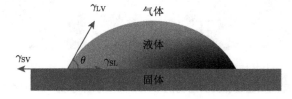

图 1.7　液滴在固体壁面上的接触角示意图

根据 Young 方程，通过控制固体表面的化学组成使固体表面能降低，可以获得较大的接触角，进而提高壁面的疏水性。但是已有研究表明，在光滑表面上单纯依靠降低表面能所能获得的最大接触角为 120° [26−28]。然而现实中接触角大于150° 的表面有很多，如荷叶表面、水黾腿部等。为了解释粗糙壁面表观接触角与Young 方程计算得到的本征接触角存在差异的原因，Wenzel [29] 在 Young 方程基础上添加了粗糙度因子这一变量，以分析粗糙结构对接触角的影响。

Wenzel 认为粗糙结构增加了固体壁面的表面积，见图 1.8(a)。此时固体与液滴的实际接触面积 (S) 要大于液滴底部在水平方向上的表观接触面积 (S_0)。定义粗糙度 $r = S/S_0$。从能量角度分析，当液滴运动，固液接触区域表观接触面积变化 ΔS_0 时，实际接触面积变化量为 $r\Delta S_0$。体系的表面能变化为

$$\Delta G = [r(\gamma_{\mathrm{SL}} - \gamma_{\mathrm{SV}}) + \gamma_{\mathrm{LV}} \cos \theta_{\mathrm{W}}^*] \cdot \Delta S_0 \tag{1.2}$$

式中，θ_{W}^* 为 Wenzel 状态下的表观接触角。当体系达到稳定状态时，能量变化量 $\Delta G = 0$。此时将式 (1.1) 代入式 (1.2)，得到 Wenzel 状态下表观接触角求解公式：

$$\cos \theta_{\mathrm{W}}^* = r \cos \theta \tag{1.3}$$

式中，θ 为光滑固体壁面上的本征接触角。对于粗糙表面，粗糙度 r 总是大于 1，当 $\theta < 90°$ 时，粗糙表面的表观接触角 (θ_{W}^*) 随着粗糙度的增加而减小，即粗糙结构会让亲水表面更加亲水；当 $\theta > 90°$ 时，θ_{W}^* 随着 r 的增加而增加，即粗糙结构会让疏水表面更加疏水。

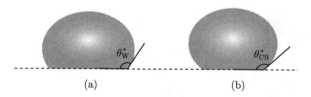

(a) (b)

图 1.8 粗糙表面两种接触形式示意图

(a) Wenzel 模型；(b) Cassie-Baxter 模型

但是，在自然界中，液滴在粗糙壁面上的接触并不都是 Wenzel 模式。对于表面能比较低的粗糙表面 (如荷叶表面、水黾腿部等)，液体不能全部浸入微结构内部，从而在流体和壁面之间形成一层不连续的气膜，如图 1.8(b) 所示。为此，Cassie 和 Baxter 提出复合接触的概念 [30]。

假设复合接触面上固液界面分数为 ϕ_s，对应的气液界面分数 $\phi_a = 1 - \phi_s$。与Wenzel 模式的分析方法类似，当液滴运动且固液接触区域表观接触面积变化 ΔS_0

时，实际固液接触面积变化量为 $\phi_s \Delta S_0$，气液界面的面积变化为 $(1-\phi_s)\Delta S_0$。体系的表面能变化为

$$\Delta G = [(\gamma_{SL} - \gamma_{SV})\phi_s + \gamma_{LV}(1-\phi_s) + \gamma_{LV}\cos\theta_{CB}^*]\Delta S_0 \qquad (1.4)$$

式中，θ_{CB}^* 为 Cassie-Baxter 接触模式下的表观接触角。当体系达到稳定状态时，能量变化量 $\Delta G = 0$。此时将式 (1.1) 代入式 (1.4)，得到 Cassie-Baxter 状态下表观接触角的求解公式：

$$\cos\theta_{CB}^* = \phi_s(1+\cos\theta) - 1 \qquad (1.5)$$

从上面的公式可以看出，对于本征接触角 (θ) 大于 90° 的疏水表面，微结构的存在可以提高表观接触角 (θ_{CB}^*)，并且随着固液界面分数 ϕ_s 的减小，表观接触角 (θ_{CB}^*) 逐渐增加，这为制备超疏水表面提供了理论指导。

实际上，固体表面的接触角并不是恒定值，见图 1.9，当液滴在倾斜表面上静止时，液滴前端和尾端的接触角并不相等。逐渐增大表面的倾斜角，当液滴处于临界滑动状态时，液滴最前端的三相接触线有向前运动的趋势，此处的接触角称为前进角 (θ_A)；液滴尾端的三相接触线有向内部收缩的趋势，此处的接触角称为滞后角 (θ_R)。壁面倾斜角为 θ_s。接触角滞后定义为前进角与滞后角之差 ($\theta_A - \theta_R$)。接触角滞后是液滴在固体表面上黏附力大小的一个度量，接触角滞后越小，液滴在固体表面上越容易滚动。一般意义上，超疏水表面的接触角要大于 150°，其接触角滞后要小于 5°。

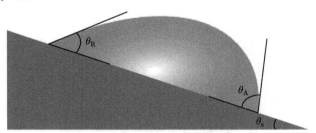

图 1.9　液滴在倾斜表面上的静止示意图

1.3　疏水表面制备与应用

1.3.1　疏水表面制备方法

根据 Cassie-Baxter 理论，提高表面粗糙度且降低表面能可以极大地提高表面的疏水性。这一原则在自然界中有着生动的体现。许多植物的叶片、昆虫的甲

壳、动物的羽毛等表面上会分泌一层油脂,分布在具有微纳米结构的表面上,从而达到疏水的效果。因此,制备超疏水表面主要有两种途径:在具有较高表面能的粗糙表面上进行低表面能物质的修饰和在低表面能壁面上构建微观粗糙结构[31,32]。基于这两种途径,科研人员开发了一系列疏水表面制备方法。

1. 表面刻蚀法

表面刻蚀主要包括化学刻蚀、激光刻蚀和等离子体刻蚀等,是构建粗糙表面的一种有效的技术方法。Oner 等[33] 采用激光刻蚀法在硅基底上制备出一系列不同参数的规则微结构,并在表面上修饰了硅烷,获得了最大接触角超过 170° 的超疏水表面。随后,Shiu 等[34] 和 Feng 等[35] 分别采用类似的方法制备出微结构和润湿性可控的疏水表面。化学刻蚀主要采用酸或盐溶液来腐蚀金属表面,在金属基底上加工出微米或者微纳米复合结构,然后通过低表面能材料修饰,从而使表面达到疏水效果。安华[36] 通过化学刻蚀和表面修饰的方法,将亲水性的铜表面处理成超疏水表面。陈云富等[37] 采用类似的方法在铝基底上制备出了超疏水表面。化学刻蚀可以以一种相对简单且经济的手段,在金属表面制备大面积超疏水微结构,国内外许多学者都对这种方法进行了广泛而深入的研究。

2. 溶胶–凝胶法

溶胶–凝胶法具体的做法为首先在溶胶中分散一些纳米颗粒或者大分子,这些大分子或者颗粒在溶胶中凝固,凝固的结构为多孔状结构,在结构中充满了液体和气体;然后在该混合物中加入具有高活化能的物质,使该混合物凝固,从而形成比较稳定的一个体系。Shang 等[38] 通过控制硅烷前驱体的水解和聚合反应,在常温条件下制备出了反射率低于 10%、透光率高于 90% 的疏水表面,其接触角达到了 165°。张力等[39] 采用直径分别为 50nm、180nm 的二氧化硅胶粒,经过硅烷偶联剂进行表面修饰后,采用浸渍提拉法在玻璃表面镀膜、氟硅烷修饰,制备出透明的疏水表面涂层,其接触角达到 160°,滚动角接近 0°。Xu 等[40] 在溶胶凝胶中掺杂了聚合物纳米颗粒,并涂覆在玻璃表面形成薄膜,然后通过高温去除薄膜内的纳米颗粒从而形成微米小坑,最后通过氟化处理,使表面具有很好的疏水效果,并实现了液滴运动路径的操控。Liu 等[41] 通过溶胶凝胶和长链氟硅烷分子修饰相结合的方法,制备出接触角大于 169° 的超疏水表面,该表面上的气液界面可以稳定维持,液滴、喷射水流等在其表面上均表现出非常好的疏水效果。

3. 相分离法

相分离法是在有机溶胶中加入添加物，当温度或者压强等环境因素发生改变时，有机溶胶和添加物就会发生相分离。相分离过程中由于凝胶固化，有机物会形成三维网状微纳米结构，而其他物质则通过挥发的方式扩散出去，最终在固体壁面上留下高孔隙度的微结构[31]。该方法可以使用价格低廉的原料进行大面积的疏水涂层的制备。Zhao 等[42]使用双酚聚碳酸酯和二甲基甲酰胺混合溶液，采用蒸气诱导相分离法制备出了具有与荷叶表面类似的超疏水表面。制备涂层的疏水性可以通过控制相对湿度来调节，当相对湿度达到 75% 时，其接触角可以达到162°。Liu 等[43]采用甲基丙烯酸丁酯和二甲基丙烯酸乙二醇酯的聚合物作为载体，以丁二醇和甲基吡咯烷酮作为制孔剂，制备出了耐酸、碱、盐的疏水表面，且在 190℃ 高温下，依然具有非常好的疏水特性。Wei 等[44]用本体聚合合成了苯乙烯–甲基丙烯酸六氟丁酯共聚物，以四氢呋喃为溶剂组分，乙醇为非溶剂组分配制聚合物溶液，由于溶剂与非溶剂挥发速率存在差异，在挥发过程中会发生相分离，形成具有一定粗糙度的微观结构，借此制备出了疏水涂层。

4. 电化学法

电化学法在疏水表面制备中也具有广泛的应用。Li 等[45]采用电化学沉积的方法在玻璃上生长出能够导电的 ZnO 多孔薄膜，然后经过氟硅烷修饰，接触角达到了 152°。Badre 等[46]采用类似的方法以 ZnO 作为籽晶层，在 $ZnCl_2$ 溶液中生长出了 ZnO 纳米线状结构，该表面前进角/滞后角达到了 173°/172°，并且疏水效果可以维持 6 个多月的时间。Wang 等[47]采用阳极氧化法在铝表面制备出微米级孔状结构，在此基础上采用等离子体刻蚀法在微米孔状结构上制备出纳米尺度结构，经过低表面能材料修饰后，表面呈现出非常好的疏水效果。Qiu 等[48]采用恒压电解法在铜表面上生长出了花朵状多重微纳米结构，经过化学修饰使得表面具有疏水效果。

不过，目前疏水表面的机械稳定性和耐候性仍不够理想。当表面长期暴露在大气环境中，会受到温度、污染物或灰尘的影响，使表面的疏水性变差，而且很难像荷叶等植物那样进行自修复[49,50]。目前报道的疏水表面制备方法大多数都具有烦琐、难以控制表面质量、需要高昂的设备等缺点，如何采用低廉的材料、简单的工艺制备性能稳定的疏水表面仍为现在研究的热点问题。

1.3.2 疏水表面应用

疏水表面在自然界中有很多生动的体现[51,52]。同时，经过科研工作者的努力，疏水表面已经在生活中得到很多的应用，如厨房里的不粘锅、兼具防水和透气功能的织物、具有防污功能的玻璃和建筑涂层等。下面对疏水表面的应用领域进行简要的介绍。

1. 防污、自清洁

疏水表面自清洁与接触角和接触角滞后的大小直接相关。对于接触角大于150°且接触角滞后非常小的超疏水表面，液滴在上面的接触面积非常小，并且非常容易发生滚动。液滴在超疏水表面自由移动的过程中（图 1.10），杂质颗粒会黏附在液滴表面上随液滴滚离壁面，从而实现自清洁的效果[53]。理论上，接触角越大、接触角滞后越小，液滴越容易滚动，自清洁效果越好。众多学者尝试制备出了疏水效果甚至超过荷叶的涂层[54]。然而现有人工制备的疏水表面在工程应用中仍存在很多问题。首先，表面一旦受到污染或者固液间的局部区域气液界面受到破坏，壁面对液滴的黏附力会显著增加，疏水效果会严重减弱，从而减弱甚至失去自清洁能力。为此，研究人员提出了很多种增强疏水表面稳定性的方法。Wang 等[55] 从理论上分析了微结构对气液界面稳定性的影响，并提出了相应的数学模型。2014 年，Liu 等[56] 在亲水的硅基底上通过表面刻蚀的方法，使得亲水硅表面呈现出超疏水、超疏油的效果，并且该表面的疏液效果在高温下依然非常稳定。另外，针对疏水涂层容易被磨损的问题，研究人员还提出了自修复疏水表面的方法[57−59]。

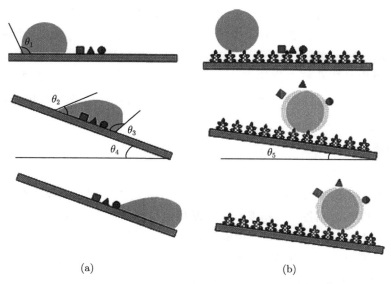

(a)   (b)

图 1.10 液滴在普通表面 (a) 和超疏水表面 (b) 运动的示意图[53]

2. 防结冰

防结冰在航空、电力运输、高纬度地区的户外设施等领域具有重要的意义。疏水表面防结冰主要是因为水滴和表面微结构之间存在气体,固液接触面积减小,从而使得固液间传热效率降低;另外,由于水滴在疏水表面上的接触角很大、易脱落,且动态撞击的液滴非常容易反弹、破碎等,水滴在疏水表面上的接触时间非常短,降低了固液间的传热量。这两方面原因使疏水表面上的结冰量大大减小。Cao 等 [60] 在实验上证明纳米聚合物疏水表面能够在实验室和自然条件下减小结冰量,并且疏水表面的疏水性、微结构尺寸的大小对其防结冰效果有显著影响。对于疏水表面,尽管液滴在其上接触时间要远小于亲水表面,但是,其接触时间只取决于液滴的大小和流体属性,而与撞击速度无关 [61]。但是最近 Gauthier 等和 Shen 等 [62,63] 通过在疏水表面添加肋条结构的方法减小了液滴在疏水表面上的接触时间。然而,近几年的研究表明,并不是所有的疏水表面都具有防结冰的效果 [64]。Farhadi 等 [64] 的研究表明,疏水表面微结构极容易在结冰过程中被破坏,并且在潮湿环境中,其防结冰性能有所下降。

3. 油水分离

油性物质和水具有不同的表面能,因此可以通过修改表面微结构和化学材质调整疏水表面润湿性,使得壁面疏水的同时兼具超亲油的特性。当油水混合物流经该疏水亲油的表面时,可以达到油水分离的效果 [65,66]。该特性在石油工业、海面油污处理等领域具有重要的应用价值。Feng 等 [65] 采用聚四氟乙烯制备成了疏水纱网,实现了水和柴油混合溶液的有效分离。Wang 等 [67] 通过纤维素的溶解再生及成孔剂占位的方法制备了表面纳米孔、基体大孔的纤维素海绵,用来分离油水乳液。该纤维素海绵具有自清洁能力,可有效地防止油类杂质的污损。

4. 微流控

在微流控系统中,系统结构的物理尺度非常小,故流体表面张力的作用不可忽略。通过控制微流体边界处的局部表面润湿性,可以实现对流体的有效控制,在生物检测、微芯片制备、高精度打印、燃料电池冷凝水的排放等领域具有非常广泛的应用。Mertaniemi 等 [68] 利用液滴在疏水表面上撞击、融合、分离的控制,实现了液滴的逻辑控制,例如,对两个或单个液滴实现了逻辑加减、逻辑是非的判断,甚至实现了存储功能。通过在疏水表面上加工超亲水图案,Ghosh 等 [69] 实现了流体在开口槽道、不封闭状态下从低处到高处移动的高效率、无泵驱动。Byun 等 [70] 利用氩氧等离子体刻蚀的方法制备出了疏水喷嘴,该喷嘴对液体的黏附力很小, 可以有效控制喷涂过程中产生的液滴的均匀性。Efremov 等 [71] 在利用亲水表面上加工疏水边界的方法, 实现了在小面积待测试件上微米尺寸液滴的阵列, 为生物、化学测试提供了极大的便利。

5. 减阻

目前, 仿生疏水表面减阻已成为水下减阻领域的热门课题之一。不断有国内外研究者报道出令人振奋的理论和实验结果, 例如, 在一些低速减阻实验中减阻量可超过 40%。多数学者认为, 疏水表面上产生的壁面滑移效应是其减阻的主要成因。但在滑移效应产生机制方面, 有学者认为是由疏水表面的低表能材质引起的, 更多学者则认为表面微结构封存的气膜层 (呈现 Cassie 润湿状态) 是其显著减阻的关键。与前述技术相比, 该项技术具有经济简便、技术可行性强等优点, 且兼具降噪和防污功能, 有望广泛应用于海洋工程和其他高技术工业领域, 如船舶、水下航行器的外壳以及输运管道的内壁。仿生疏水表面减阻研究是本书的主要内容, 在后文将作系统的介绍。

1.4 本书内容安排

本书介绍了作者十余年来在仿生疏水表面减阻机理研究方面取得的一系列成果。不仅揭示了疏水表面滑移效应的分子动力学机理, 而且分析了疏水表面气膜流失现象与发生机制, 还提出多种气膜维持新方法。全书结构安排如下。

第 1 章为仿生疏水表面概述。介绍减阻意义与主要减阻技术, 引出仿生疏水表面, 阐述疏水表面润湿原理, 概述疏水表面制备方法与应用方向, 最后给出全书内容与结构安排。

第 2 章为固体表面分子动力学模拟方法。介绍分子动力学模拟基本原理, 并利用固体表面微观流动模拟算例验证方法的可行性; 通过分子动力学模拟, 详细展示固体表面附近液体原子的三维结构以及固体表面黏附过程。

第 3 章为固液相互作用对滑移和流场特性影响的模拟研究。介绍纳米通道内液体流动特征和考虑固体内部热传递的固液界面分子动力学模型, 展示固液相互作用强度对流动滑移和流场的影响规律, 以及黏性热和固液相互作用强度对流场和滑移的综合影响规律, 揭示均匀平直固体表面上液体的滑移规律及其机理, 以及黏性加热和剪切率对滑移的影响机制。

第 4 章为纳米结构上气液界面对滑移和流场特性影响的模拟研究。介绍纳米结构上两相流分子动力学模拟模型, 展示低剪切率下气液界面对滑移和流场的影响规律, 以及高剪切率下气液界面的形态演化和应力释放, 给出疏水纳米结构上气液界面对滑移长度和流场特性的影响规律，并考察高剪切率下气液界面破坏机理及其演化规律。

第 5 章为疏水性对流场特性影响的实验研究。介绍平板流场、圆柱尾流场测试方法，从平均速度、湍流度、滑移长度等角度展示疏水表面对平板边界层流场影响规律，从时域特征、频域特征、分离角位置等角度展示疏水表面对圆柱尾流场影响规律，考察疏水表面气液界面形态与流失现象。

第 6 章为疏水表面气膜驻留过程的模拟研究。介绍疏水表面气膜驻留过程格子 Boltzmann 方法，通过格子 Boltzmann 模拟，展示疏水表面气层、气泡两种气膜存在模式下气膜的静态和动态特性，并给出流场和滑移特性随气膜驻留形态的变化规律。

第 7 章为基于动态补气的疏水表面气液界面维持方法实验研究。介绍基于动态补气的气液界面稳定维持方法、基于小量通气的气液界面维持方法和基于电解的气液界面维持方法，并从气膜形态、电解产气规律、减阻效果等角度初步评价疏水表面气液界面维持方法。

第 8 章为润湿阶跃平板表面间断气液界面变形破坏的实验研究。引入基于润湿阶跃效应的毫米尺度气液界面封存方法，详细展示毫米尺度气液界面剪切变形规律与破坏规律，提出气液界面的破坏准则，初步分析润湿梯度、气膜尺寸等对气液界面封存能力的影响。

第 9 章为润湿阶跃圆柱表面连续气膜对阻力和流场影响的实验研究。介绍转子实验系统与测试方法，利用亲疏水相间表面在圆柱的周向封存连续气环，通过系统测试与分析，从气液界面稳定性、阻力和流场等角度，全面展示顺流方向连续气膜的稳定性与减阻效果。

第 10 章为润湿阶跃圆柱表面间断气膜对阻力和流场影响的实验研究。与第 9 章不同，本章通过亲水条带在周向上隔断连续气环形成间断气液界面，并详细展示亲疏水相间圆柱表面间断气液界面的稳定性，间断气液界面对阻力的影响规律，以及间断气液界面的变形及其对流场的影响规律等。

本书的结构框图见图 1.11。

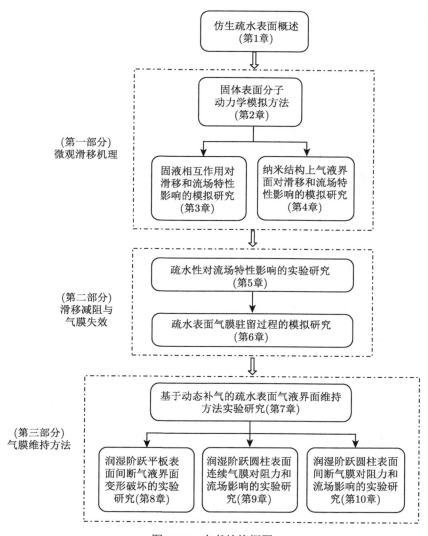

图 1.11　本书结构框图

参 考 文 献

[1] 郭峰, 毕毅, 操戈. 利用微气泡减小平板摩擦阻力的数值模拟 [J]. 海军工程大学学报, 2008, 20(6): 50-54.

[2] 郭峰, 欧勇鹏, 董文才, 等. 平板微气泡减阻预报及影响因素研究 [J]. 中国造船, 2008, 49(增刊): 66-74.

[3] 王玉春, 姜楠, 周兴华, 等. 柔性壁面湍流边界层相干结构控制的实验研究 [J]. 实验力学, 2004, 19(1): 45-50.

[4]　Zheng Z C. Effects of flexible walls on radiated sound from a turbulent boundary layer [J]. Journal of Fluids and Structures, 2003, 18(1): 93-101.

[5]　Toms B A. Some observation on the flow of linear polymer solution through straight tubes at large Reynolds numbers[C]. Proc. Intl Rheological Congress, Holland, Scheveningen, 1948: 135-143.

[6]　陈学生, 陈在礼, 陈维山. 湍流减阻研究的进展与现状 [J]. 高技术通讯, 2000, 12: 91-95.

[7]　曹伟, 魏英杰, 王聪, 等. 超空泡技术现状、问题与应用 [J]. 力学进展, 2006, 36(4): 571-579.

[8]　吴乘胜, 何术龙. 微气泡流的数值模拟及减阻机理分析 [J]. 船舶力学, 2005, 9(5): 30-37.

[9]　Duggleby A, Ball K S, Paul M R. The effect of spanwise wall oscillation on turbulent pipe flow structures resulting in drag reduction[J]. Physics of Fluids, 2007, 19(12): 125107.

[10]　Choi K S. Near-wall structure of turbulent boundary layer with spanwise-wall oscillation[J]. Physics of Fluids, 2002, 14(7): 2530.

[11]　Choi H, Moin P, Kim J. Active turbulence control for drag reduction in wall-bounded flows[J]. Journal of Fluid Mechanics, 1994, 262: 75-110.

[12]　Park S H, Lee I, Sung H J. Effect of local forcing on a turbulent boundary layer[J]. Experiments in Fluids, 2001, 31(4): 384-393.

[13]　王国华, 姜楠. 周期性扰动对平板湍流边界层统计性质的影响 [J]. 航空动力学报, 2007, 22(9): 1505-1511.

[14]　冯炎颖, 周兆英, 叶雄英, 等. 微流体驱动与控制技术研究进展 [J]. 力学进展, 2002, 32(1): 1-16.

[15]　Lorang L V, Podvin B, Quéré P L. Application of compact neural network for drag reduction in a turbulent channel flow at low Reynolds numbers[J]. Physics of Fluids, 2008, 20(4): 045104(13).

[16]　Kostic M. On turbulent drag and heat transfer reduction phenomena and laminar heat transfer enhancement in non-circular duct flow of certain non-Newtonian fluids[J]. International Journal of Heat and Mass Transfer, 1994, 37: 133-147.

[17]　Lauchle G C, Eisenhuth J J, Gurney G B. Boundary-layer transition on a body of revolution[J]. Journal of Hydronautics, 1980, 14(4): 117-121.

[18]　Baron A, Quadrio M. Turbulent boundary layer over riblets: conditional analysis of ejection-like events[J]. International Journal of Heat and Fluid Flow, 1997, 18(2): 188-196.

[19]　Choi K S. Near wall structure of turbulent boundary layer with riblets[J]. Journal of Fluid Mechanics, 1989, 208: 417-458.

[20]　Walsh M J, Lindemann A M. Optimization and application of riblets for turbulent drag reduction[J]. AIAA, 1984, 84: 347.

[21]　Feng L, Li S H, Li Y S, et al. Super-hydrophobic surfaces: From natural to artificial [J]. Adv Mater, 2002, 14(24): 1857-1860.

[22] Guo Z G, Liu W M. Biomimic from the superhydrophobic plant leaves in nature: Binary structure and unitary structure [J]. Plant Science, 2007, 172(6): 1103-1112.

[23] Gao X F, Jiang L. Water-repellent legs of water striders [J]. Nature, 2004, 432(7013): 36-36.

[24] Feng L, Li S, Li Y, et al. Super-hydrophobic surfaces: from natural to artificial[J]. Advanced Materials, 2002, 14: 1857.

[25] Luo Z Z, Zhang Z Z, Hu L T, et al. Stable bionic superhydrophobic coating surface fabricated by a conventional curing process[J]. Advanced Materials, 2008, 20: 970.

[26] Young T. An essay on the cohesion of fluids [J]. Philosophical Transactions of the Royal Society of London, 1805, 95: 65-87.

[27] Nishino T, Meguro M, Nakamae K, et al. The lowest surface free energy based on-CF$_3$ alignment[J]. Langmuir, 1999, 15(13): 4321-4323.

[28] 宋昊, 刘战强, 史振宇, 等. 基于最小吉布斯自由能的疏水表面接触角模型 [J]. 山东大学学报 (工学版), 2015, 45(2): 56-61.

[29] Wenzel R N. Resistance of solid surfaces to wetting by water [J]. Industrial & Engineering Chemistry, 1936, 28: 988-994.

[30] Cassie A B D, Baxter S. Wettability of porous surfaces [J]. Transactions of the Faraday Society, 1944, 40: 0546-0550.

[31] Efremov A N, Stanganello E, Welle A, et al. Micropatterned superhydrophobic structures for the simultaneous culture of multiple cell types and the study of cell-cell communication [J]. Biomaterials, 2013, 34(7): 1757-1763.

[32] 杨周. 仿生超疏水功能表面的制备及其性能研究 [D]. 合肥: 中国科学技术大学, 2012.

[33] Oner D, McCarthy T J. Ultrahydrophobic surfaces. Effects of topography length scales on wettability[J]. Langmuir, 2000, 16(20): 7777-7782.

[34] Shiu J Y, Kuo C W, Chen P L, et al. Fabrication of tunable superhydrophobic surfaces by nanosphere lithography [J]. Chemistry of Materials, 2004, 16(4): 561-564.

[35] Feng J S, Tuominen M T, Rothstein J P. Hierarchical superhydrophobic surfaces fabricated by dual-scale electron-beam-lithography with well-ordered secondary nanostructures [J]. Advanced Functional Materials, 2011, 21(19): 3715-3722.

[36] 安华. 电化学刻蚀铜箔制备超疏水材料 [J]. 广东化工, 2012, (18): 49-50.

[37] 陈云富, 尹冠军. 化学刻蚀法制备铝合金基超疏水表面 [J]. 科学技术与工程, 2010, (27): 6719-6721.

[38] Shang H M, Wang Y, Limmer S J, et al. Optically transparent superhydrophobic silica-based films [J]. Thin Solid Films, 2005, 472(1/2): 37-43.

[39] 张力, 王健农, 许前锋. 溶胶–凝胶法制备透明超疏水性 SiO$_2$ 涂层 [J]. 材料导报, 2008, (S3): 112-114.

[40] Xu Q F, Wang J N, Smith I H, et al. Directing the transportation of a water droplet on a patterned superhydrophobic surface [J]. Applied Physics Letters, 2008, 93(23):

233112.

[41] Liu S, Liu X, Latthe S S, et al. Self-cleaning transparent superhydrophobic coatings through simple sol-gel processing of fluoroalkylsilane [J]. Applied Surface Science, 2015, 351: 897-903.

[42] Zhao N, Xu J, Xie Q D, et al. Fabrication of biomimetic superhydrophobic coating with a micro-nano-binary structure[J]. Macromol Rapid Comm, 2005, 26(13): 1075-1080.

[43] Liu J, Xiao X, Shi Y, et al. Fabrication of a superhydrophobic surface from porous polymer using phase separation [J]. Applied Surface Science, 2014, 297: 33-39.

[44] Wei Z J, Liu W L, Tian D, et al. Preparation of lotus-like superhydrophobic fluoropolymer films [J]. Applied Surface Science, 2010, 256(12): 3972-3976.

[45] Li M, Zhai J, Liu H, et al. Electrochemical deposition of conductive superhydrophobic zinc oxide thin films [J]. The Journal of Physical Chemistry B, 2003, 107(37): 9954-9957.

[46] Badre C, Pauporté T, Turmine M, et al. Water-repellent ZnO nanowires films obtained by octadecylsilane self-assembled monolayers [J]. Physica E: Low-dimensional Systems and Nanostructures, 2008, 40(7): 2454-2456.

[47] Wang H, Dai D, Wu X. Fabrication of superhydrophobic surfaces on aluminum [J]. Applied Surface Science, 2008, 254(17): 5599-5601.

[48] Wang P, Qiu R, Zhang D, et al. Fabricated super-hydrophobic film with potentiostatic electrolysis method on copper for corrosion protection [J]. Electrochimica Acta, 2010, 56(1): 517-522.

[49] 潘洪波, 汪存东, 喻华兵, 等. 超疏水表面制备及其应用的研究进展 [J]. 化工新型材料, 2014, (7): 208-210.

[50] 元磊. 超疏水微纳结构的制备与研究 [D]. 苏州: 苏州大学, 2014.

[51] Cassie A B D, Baxter S. Wettability of porous surfaces [J]. Transactions of the Faraday Society, 1944, 40: 546-550.

[52] Barthlott W, Neinhuis C. Purity of the sacred lotus, or escape from contamination in biological surfaces [J]. Planta, 1997, 202(1): 1-8.

[53] Bixler G D, Bhushan B. Fluid drag reduction and efficient self-cleaning with rice leaf and butterfly wing bioinspired surfaces [J]. Nanoscale, 2013, 5(17): 7685-7710.

[54] Liu Y, Moevius L, Xu X, et al. Pancake bouncing on superhydrophobic surfaces [J]. Nature Physics, 2014, 10(7): 515-519.

[55] Wang J, Chen D. Criteria for entrapped gas under a drop on an ultrahydrophobic surface [J]. Langmuir, 2008, 24(18): 10174-10180.

[56] Liu T L, Kim C J C. Turning a surface superrepellent even to completely wetting liquids [J]. Science, 2014, 346(6213): 1096-1100.

[57] Wang X, Liu X, Zhou F, et al. Self-healing superamphiphobicity [J]. Chemical Communications, 2011, 47(8): 2324-2326.

[58] Yin G, Xue W, Chen F S, et al. Self-repairing and superhydrophobic film of gold

nanoparticles and fullerene pyridyl derivative based on the self-assembly approach [J]. Colloids and Surfaces A-Physicochemical and Engineering Aspects, 2009, 340(1/3): 121-125.

[59] Chen K L, Zhou S X, Yang S, et al. Fabrication of all-water-based self-repairing super-hydrophobic coatings based on UV-responsive microcapsules [J]. Advanced Functional Materials, 2015, 25(7): 1035-1041.

[60] Cao L, Jones A K, Sikka V K, et al. Anti-icing superhydrophobic coatings [J]. Langmuir, 2009, 25(21): 12444-12448.

[61] Richard D, Clanet C, Quere D. Surface phenomena-contact time of a bouncing drop[J]. Nature, 2002, 417(6891): 811-811.

[62] Gauthier A, Symon S, Clanet C, et al. Water impacting on superhydrophobic macro-textures [J]. Nature Communications, 2015, 6: 8001.

[63] Shen Y, Tao J, Tao H, et al. Approaching the theoretical contact time of a bouncing droplet on the rational macrostructured superhydrophobic surfaces [J]. Applied Physics Letters, 2015, 107(11): 111604.

[64] Farhadi S, Farzaneh M, Kulinich S A. Anti-icing performance of superhydrophobic surfaces [J]. Applied Surface Science, 2011, 257(14): 6264-6269.

[65] Feng L, Zhang Z, Mai Z, et al. A super-hydrophobic and super-oleophilic coating mesh film for the separation of oil and water [J]. Angewandte Chemie International Edition, 2004, 43(15): 2012-2014.

[66] Jin M, Wang J, Yao X, et al. Underwater oil capture by a three-dimensional network architectured organosilane surface [J]. Advanced Materials, 2011, 23(25): 2861-2864.

[67] Wang G, He Y, Wang H, et al. A cellulose sponge with robust superhydrophilicity and under-water superoleophobicity for highly effective oil/water separation [J]. Green Chemistry, 2015, 17(5): 3093-3099.

[68] Mertaniemi H, Forchheimer R, Ikkala O, et al. Rebounding droplet-droplet collisions on superhydrophobic surfaces: from the phenomenon to droplet logic [J]. Advanced Materials, 2012, 24(42): 5738-5743.

[69] Ghosh A, Ganguly R, Schutzius T M, et al. Wettability patterning for high-rate, pump-less fluid transport on open, non-planar microfluidic platforms [J]. Lab on A Chip, 2014, 14(9): 1538-1550.

[70] Byun D, Lee Y, Tran S B Q, et al. Electrospray on superhydrophobic nozzles treated with argon and oxygen plasma [J]. Applied Physics Letters, 2008, 92(9): 093507.

[71] Efremov A N, Stanganello E, Welle A, et al. Micropatterned superhydrophobic structures for the simultaneous culture of multiple cell types and the study of cell-cell communication [J]. Biomaterials, 2013, 34(7): 1757-1763.

第 2 章 固体表面分子动力学模拟方法

2.1 引　　言

分子动力学模拟方法自 1970 年左右问世以来得到了巨大发展并被广泛应用于相变[1-5]、高分子[6-14]、生物大分子[15-21] 以及流体力学[22-24] 等领域的研究。针对不同的问题，分子动力学模拟的关键在于原子间相互作用势能的选取、原子运动方程的数值解法、宏观量的统计方法等。本章从分子动力学模拟方法的基本原理，关键计算方法，以及分子动力学软件 (LAMMPS) 三个方面介绍了本章所使用的分子动力学模拟方法的设置。首先，通过一个二维简单流动的模拟验证了模拟算法的可靠性；然后，基于两个三维问题的模拟并通过与实验研究的结果对比，验证了本章所选取的原子运动方程积分算法，宏观量的统计计算方法，以及选取的原子间相互作用势能的可靠性。特别地，验证了 Lennard-Jones 势能函数可以用来表征固体表面和系统其他部分相互作用。第一个问题是平衡条件下固体表面液体结构的统计分析。固液相互作用主导固液界面液体结构，因此固体表面液体结构特征可定量反映出固液原子之间相互作用势能函数的准确性。通过与实验结果的对比，从静态角度出发验证了本章选取固液相互作用势能函数和宏观量的时间平均统计计算方法的准确性。第二个问题是固体表面的黏附强度计算。黏附强度是固体表面原子时间相互作用力的总和。通过对黏附强度的计算以及与实验的对比，从动态的角度对本章采用的方法进行了验证。

2.2 分子动力学模拟基本原理

2.2.1 原子运动方程

设一个对象或系统由 n 个原子构成，这 n 个原子的位置为 $\boldsymbol{r} = (\boldsymbol{r}_1, \boldsymbol{r}_2, \cdots, \boldsymbol{r}_n)$，速度为 $\boldsymbol{v} = (\boldsymbol{v}_1, \boldsymbol{v}_2, \cdots, \boldsymbol{v}_n)$，质量为 $\boldsymbol{m} = (m_1, m_2, \cdots, m_n)$。$n$ 个原子彼此之间具有相互作用，在一般情况下可依据玻恩–奥本海默假设将电子的运动忽略，而将原子的能量以及原子之间的相互作用仅作为原子核位置的函数。此时，原子可假设为一个质点。描述原子之间相互作用的函数通常称为力场。力场一般由不同类型的势能函数构成，势能函数中的参数可通过量子力学计算或者实验获得。目前，针对不同的研究对象已经发展出了许多不同的力场，如 MM 力场、Amber 力场、Charmm 力场以及 CVFF 力场等。不同力场中势能的一般表达式为

$$U = U_{nb} + U_b + U_\theta + U_\phi + U_\chi + U_{el} \qquad (2.1)$$

其中，U 为一个分子的总势能；U_{nb} 为非键结范德瓦耳斯势能；U_b 为化学键伸缩势能；U_θ 为键角弯曲势能；U_ϕ 为二面角扭曲势能；U_χ 为平面振动势能；U_{el} 为电势能。

要建立一个原子的运动控制方程，首先需要计算该原子在某时刻所具有的总势能 U_i。根据式 (2.1) 可知，一个原子所具有的势能包括非键结范德瓦耳斯势能 U_{nb}^i 与分子内的势能 U_{int}^i，即 $U_i = U_{nb}^i + U_{int}^i$。其中第 i 个原子的非键结范德瓦耳斯势能表达式为

$$U_{nb}^i = \sum_{j=1,i\neq j}^{n} u_{ij}(r_{ij}) \qquad (2.2)$$

其中，r_{ij} 和 u_{ij} 分别为原子 i 与原子 j 之间的距离和非键结范德瓦耳斯势能；U_{int}^i 为该原子所在分子内部势能的总和，如键伸缩势能、键角弯曲势能等。基于经典力学可知，原子受到的力为其总势能的梯度，由此根据牛顿第二定律建立任一原子的运动方程为

$$m_i \ddot{\boldsymbol{r}}_i = -\nabla U_i \qquad (2.3)$$

对于有 n 个原子的系统就有 n 个运动方程。在每一时刻对这些方程进行积分并结合初始时刻所有原子的位置和速度就可获得后续任意时刻的原子位置和速度。系统所有原子任意时刻的位置和速度称为系统原子的轨迹。基于对系统原子轨迹的分析即可获得系统的性质和属性。式 (2.3) 给出了最原始的原子运动控制方程，该方程对应统计力学中的微正则系综。

2.2.2 控制方程的数值解法

目前对微分方程的数值积分方面已经有很多种方法。在选择合适的方法时，需要符合以下分子动力学模拟的实际要求 [25]：① 分子动力学模拟最耗时间的部分就是对每个原子受力的求解，因此在每一时间步对原子受力计算多于一次的算法均不适合用来积分分子动力学的运动方程；② 原子在互相靠近的时候，彼此之间的斥力非常强，这就要求积分算法的时间步长必须小于某个值。因此不能使用龙格–库塔算法通过高阶积分来增大时间步长，提升计算效率。与此同时，由于某个原子的受力情况随时间变化过于剧烈，因此模拟过程中动态调整时间步长的自适应方法也无法使用。目前使用较多的算法有：Verlet 法、跳蛙法和预估校正法。

1. Verlet 法 [25]

Verlet 法是最早由 Verlet 提出的数值积分方法。其推导过程为，首先将原子的位置 $\boldsymbol{r}(t)$，在 $t+h$ 和 $t-h$ 处进行泰勒展开，得到

$$\boldsymbol{r}(t+h) = \boldsymbol{r}(t) + h\dot{\boldsymbol{r}}(t) + \frac{h^2}{2}\ddot{\boldsymbol{r}}(t) + O(h^3) \tag{2.4}$$

$$\boldsymbol{r}(t-h) = \boldsymbol{r}(t) - h\dot{\boldsymbol{r}}(t) + \frac{h^2}{2}\ddot{\boldsymbol{r}}(t) + O(h^3) \tag{2.5}$$

其中，t 为当前时刻；$h \equiv \Delta t$ 为时间步长。将式 (2.4) 和式 (2.5) 相加，得到

$$\boldsymbol{r}(t+h) = 2\boldsymbol{r}(t) - \boldsymbol{r}(t-h) + h^2/\ddot{\boldsymbol{r}}(t) + O(h^4) \tag{2.6}$$

式 (2.6) 的截断误差是 $O(h^4)$，因为包含 h^3 的项被抵消了。这样基于 t 时刻和 $t-h$ 时刻的位置和加速度获得了 $t+h$ 时刻的位置。而 t 时刻的速度可由 $t+h$ 时刻和 $t-h$ 时刻的位置获得

$$\dot{\boldsymbol{r}}(t) = \left[\boldsymbol{r}(t+h) - \boldsymbol{r}(t-h)\right]/(2h) + O(h^2) \tag{2.7}$$

Verlet 法的缺点在于式 (2.6) 中包含 h^2 项，而在式 (2.7) 中包含 $1/(2h)$ 项。由于时间步长 h 通常取很小的值，因此这两项的引入可能会带来较大的误差。为此 Verlet 又发展出了跳蛙法来避免这一问题。

2. 跳蛙法 [25]

跳蛙法在数学上和 Verlet 法是完全等价的。跳蛙法又被称为速度–Verlet 法，该方法在不同的时间步计算原子的位置和速度，即在 $t+h/2$ 时刻更新原子的速度，然后在 $t+h$ 更新原子位置，最后再更新在 $t+h$ 的速度。首先将 $\dot{\boldsymbol{r}}(t)$ 在 $t+h/2$ 和 $t-h/2$ 时刻进行泰勒展开，有

$$\dot{\boldsymbol{r}}(t+h/2) = \dot{\boldsymbol{r}}(t) + (h/2)\ddot{\boldsymbol{r}}(t) + (h^2/4)\dddot{\boldsymbol{r}} + O(h^3/9) \tag{2.8}$$

$$\dot{\boldsymbol{r}}(t-h/2) = \dot{\boldsymbol{r}}(t) - (h/2)\ddot{\boldsymbol{r}}(t) + (h^2/4)\dddot{\boldsymbol{r}} - O(h^3/9) \tag{2.9}$$

用式 (2.8) 减去式 (2.9) 可得 $t+h/2$ 的速度

$$\dot{\boldsymbol{r}}(t+h/2) = \dot{\boldsymbol{r}}(t-h/2) + h\ddot{\boldsymbol{r}}(t) \tag{2.10}$$

将式 (2.4) 重新改写为

$$\boldsymbol{r}(t+h) = \dot{\boldsymbol{r}}(t) + h[\dot{\boldsymbol{r}}(t) + (h/2)\ddot{\boldsymbol{r}}(t)] + O(h^3) \tag{2.11}$$

上式中的 $\dot{\boldsymbol{r}}(t) + (h/2)\ddot{\boldsymbol{r}}(t)$ 为 $\dot{\boldsymbol{r}}(t+h/2)$，由此式 (2.11) 就为

$$\boldsymbol{r}(t+h) = \boldsymbol{r}(t) + h\dot{\boldsymbol{r}}(t+h/2) \tag{2.12}$$

如果不需要 t 时刻的速度，则模拟过程中仅需存储 $t-h/2$ 时刻的速度和 t 时刻的位置，如此可减少内存使用空间。但通常都会进一步存储 t 时刻的速度。t 时刻的速度可由 $t-h/2$ 的速度获得

$$\dot{\boldsymbol{r}}(t) = \dot{\boldsymbol{r}}(t-h/2) + (h/2)\ddot{\boldsymbol{r}}(t) \tag{2.13}$$

由于在实际的分子动力学模拟中，会先给定初始时刻系统内所有原子的位置和速度以及为避免在不同时间步计算位置和速度，通常采用如下更为简便的方法实施跳蛙法

$$\dot{\boldsymbol{r}}(t+h/2) = \dot{\boldsymbol{r}}(t) + (h/2)\ddot{\boldsymbol{r}}(t) \tag{2.14}$$

$$\boldsymbol{r}(t+h) = \boldsymbol{r}(t) + h\dot{\boldsymbol{r}}(t+h/2) \tag{2.15}$$

$$\dot{\boldsymbol{r}}(t+h) = \dot{\boldsymbol{r}}(t+h/2) + (h/2)\ddot{\boldsymbol{r}}(t+h) \tag{2.16}$$

3. 预估校正法 [25]

在利用当前时间步信息预测下一时间步的值时，通常有两种方法来提高精度：第一种方法，也即 Adams 方法，是利用当前步以及当前步之前的许多步的信息来给出下一时间步的信息；第二种方法，也即 Nordsieck 方法，是利用当前步时高级导数来预测下一时间步的信息。对于分子动力学模拟，预估校正法通常采用第一种方法。针对分子动力学模拟中原子运动的控制方程，可考虑求解如下的二阶微分方程：

$$\ddot{\boldsymbol{r}} = f(x, \dot{\boldsymbol{r}}, t) \tag{2.17}$$

用 $P()$ 和 $C()$ 表示在预估步和校正步使用的函数。在 $t+h$ 时间步的预估值就是在之前时间步 $t, t-h, \cdots$ 处的外插值，也即

$$P(\boldsymbol{r}): \boldsymbol{r}(t+h) = \boldsymbol{r}(t) + h\dot{\boldsymbol{r}}(t) + h^2 \sum_{i=1}^{k-1} \alpha_i f(t + [1-i]h) \tag{2.18}$$

$$P(\dot{\boldsymbol{r}}): h\dot{\boldsymbol{r}}(t+h) = \boldsymbol{r}(t+h) - \boldsymbol{r}(t) + h^2 \sum_{i=1}^{k-1} \alpha_i' f(t + [1-i]h) \tag{2.19}$$

上式中 α_i 和 α_i' 需满足

$$\sum_{i=1}^{k-1}(1-i)^q \alpha_i = \frac{1}{(q+1)(q+2)}, \quad q=0,\cdots,k-2 \tag{2.20}$$

$$\sum_{i=1}^{k-1}(1-i)^q \alpha_i' = \frac{1}{q+2} \tag{2.21}$$

在利用上述方法基于预测的 $\boldsymbol{r}$ 和 $\dot{\boldsymbol{r}}$ 计算完成 $f(t+h)$ 后，就可计算校正后的下一时间步的位置和速度。

$$C(\boldsymbol{r}):\ \boldsymbol{r}(t+h)=\boldsymbol{r}(t)+h\dot{\boldsymbol{r}}(t)+h^2\sum_{i=1}^{k-1}\beta_i f(t+[2-i]\,h) \tag{2.22}$$

$$C(\dot{\boldsymbol{r}}):\ h\dot{\boldsymbol{r}}(t+h)=\boldsymbol{r}(t+h)-\boldsymbol{r}(t)+h^2\sum_{i=1}^{k-1}\beta_i' f(t+[2-i]\,h) \tag{2.23}$$

上式中 β_i 和 β_i' 需满足

$$\sum_{i=1}^{k-1}(1-i)^q \beta_i = \frac{1}{(q+1)(q+2)}, \quad \sum_{i=1}^{k-1}(1-i)^q \beta_i' = \frac{1}{q+2} \tag{2.24}$$

通过对于不同的 k 值，也即不同的预估校正阶数，求解上述方程可以得到相应的 α_i 等系数值，从而利用这些值就可以先预估原子的位置和速度大小，然后根据预估的原子位置值计算原子的受力，并对原子的信息进行校正。跳蛙法在能量守恒方面优于预估校正法，且内存要求小，对于简单液体，时间步长可大一些，因此跳蛙法被广泛应用于积分分子动力学模拟中的原子控制方程。

在实际的研究中，我们更多的是关注对象的体相行为，因此通常都会假设研究对象具有无限大的空间尺寸。分子动力学模拟中由于计算资源的限制只能模拟有限数量原子的体系。但是很多情况下为简化问题，会假设研究对象具有无限大的尺寸或至少在某一维度上具有无限大尺寸。周期性边界条件的引入就是为了解决以少量原子模拟无限大对象这一问题。周期性边界条件等价于在模拟区域周围放置与模拟区域完全相同的镜像。图 2.1 为二维情形下模拟区域及其周围的周期性镜像。周期性边界条件具有两个特点：第一个特点是当某个原子跨越一个边界时会立刻从对面的边界重新进入模拟区域；第二个特点与计算原子所受非键结力有关。我们知道原子间的非键结力在两个原子距离较远时可以忽略不计，因此在计算某个原子所受非键结力时，会设置一个截断半径 r_c，即一个原子只有处于以该原子为中心，r_c 为半径的圆形区域 (三维条件下为球形区域) 内时才考虑这个原子对该原子的受力。周期性边界条件要求在计算边界附近原子的受力时，不仅要考虑本身模拟区域中截断半径以内的原子，还要将最近的周期性镜像区域中处于截断半径所表征区域内的原子也考虑在内，这就等价于考虑了在对面边界附近的原子。

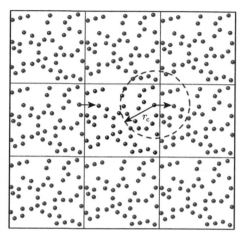

图 2.1　二维周期性边界条件示意图

在每一步计算原子位置以及原子受力时，都要考虑周期性边界条件的这两个特点。在每一步更新原子位置后，都要对原子位置与边界位置进行比较，如果超出边界位置，则需要替换掉直接计算得到的原子位置，使其重新回到模拟区域中。以 x 方向为例，设第 i 个原子的位置为 x_i，模拟盒子在 x 方向上的左右边界为 0 和 L_x。每一时间步对 i 原子 x 方向上的位置检测为：如果 $x_i < 0$，那么 x_i 的值用 $x_i + L_x$ 替换；如果 $x_i \geqslant L_x$，那么 x_i 的值用 $x_i - L_x$ 替换。在计算受力时，周期性边界条件具有类似的影响。考虑计算 j 原子对 i 原子在 x 方向上的力。设 d_{ijx} 为两个原子在 x 方向上的距离，如果 $d_{ijx} < -L_x/2$，那么 d_{ijx} 就用 $d_{ijx} + L_x$ 替换；如果 $d_{ijx} \geqslant L_x/2$，那么 d_{ijx} 就用 $d_{ijx} - L_x$ 替换。由周期性边界条件的两个特点可知，非键结力的截断半径的大小不能超过模拟区域最小尺寸的一半。此外，在实际分子动力学模拟中，当某个原子在一个时间步内向某个方向上移动的距离超过了该方向上模拟区域的尺寸，这意味着原子之间的作用力非常大，应当终止模拟，因为模拟系统出现了偏离物理实际的动力学行为。

2.2.3　分子动力学模拟基本流程

1. 简化单位

在分子动力学模拟中通常涉及的物理量非常小，一般在原子量级。如果直接采用国际制单位，那么在计算时容易产生误差，因此常在模拟中采用简化单位或无量纲单位。使用简化单位的优点是除了提高计算精度外，还可以简化运动的控制方程。此外，使用简化单位可以使研究的问题一般化，也即使用一个模型可以研究某一类问题。通常设模拟系统中某类原子的质量，该类原子之间非键结势能中的特征长度和能量，以及玻尔兹曼常量为单位 1，其他单位均可由这些单位导出。表 2.1 列出了常用的简化单位下的物理量及其与实际单位物理量的转化关系。带 "*" 号的物理量均为简化单位下的无量纲物理量。简化单位经常用在简单液体的模拟中。在其他体系 (如金属的模拟中) 还可以采用其他原子量级下的单位，如长度用 Å(10^{-10}m)，时间用 ps(10^{-12}s)，质量用摩尔质量。本书的模拟中所采用的具体单位系统将在对应章节中指出。

表 2.1　常用的简化单位下的物理量及其与实际单位物理量的转化关系

简化物理量	转化关系
质量 m^*	$m^* = M/m$
长度 x^*	$x^* = x/\sigma$
时间 t^*	$t^* = t/\tau, \tau = \sqrt{\sigma^2/(\varepsilon m)}$
能量 E^*	$E^* = E/\varepsilon$
速度 v^*	$v^* = v/(\sigma/\tau)$
力 f^*	$f^* = f/(\varepsilon/\sigma)$
温度 T^*	$T^* = T/(\varepsilon/k_B)$
压强 p^*	$p^* = p/(\varepsilon/\sigma^3)$
黏度 μ^*	$\mu^* = \mu/(\varepsilon\tau/\sigma^3)$

2. 分子动力学模拟流程

在分子动力学开始计算前首先要对模拟对象的时间尺度和空间尺度进行估计。通常分子动力学模拟中的原子个数为数千个到数十万个，模拟的长度尺度为数纳米到数十纳米，时间尺度为数纳秒。

在确定对象可以采用分子动力学模拟后，第一步确定模拟区域和原子个数，即将一定数目的原子放入一定体积的模拟区域中。模拟区域的大小不能太大致使计算量过大，也不可太小导致模拟结果对区域的尺寸产生依赖性。模拟区域中的原子个数，根据模拟对象实验测得的密度和模拟区域的体积进行确定。

确定原子数量后，第二步确定系统初始状态，即给出所有原子的初始位置和速度。分子动力学模拟结果应当不依赖于初始状态，因此任何便于开展模拟的初始状态都是被允许的。通常初始位置会根据模拟区域和密度按照模拟对象的固态晶格结构给出。初始速度按照高斯分布或者均匀分布随机分配给每个原子，但是一般会要求分配后的原子速度满足两点：第一，所有原子的质心速度为零；第二，

所有原子的总动能满足以下关系

$$\text{K.E.} = \sum_{i=1}^{N} \frac{1}{2} m_i v_i^2 = \frac{3}{2} N k_\text{B} T \tag{2.25}$$

其中，K.E. 为系统总动能；N 为总原子个数；k_B 为玻尔兹曼常量；T 为温度。

第三步为弛豫过程。有了初始位置后就可根据 2.2.2 节中描述的数值积分算法，对后续时刻的位置和速度进行计算。由于系统的初始状态是人为设定的，其常常不处于热力学平衡状态，因此在数值积分的过程中，需要对所有原子的速度根据设定的温度进行调整直至系统的温度围绕设定值进行小幅度的涨落，此时系统弛豫完成并处于热力学平衡状态。

第四步物理量的计算。系统弛豫完成后就可对其平衡态参数进行统计计算，如压强、密度分布等。一般来说，以上四步就是分子动力学模拟的基本流程。此外，在平衡态物理量计算完成后，根据模拟需要有时会对系统进行非平衡操作，如对所有原子施加速度使系统中产生宏观流动，以研究系统的流动特性。

2.3 固体表面微观流动模拟算例

LAMMPS 是 Large-scale Atomic/Molecular Massively Parallel Simulator 的简称，是一款经典的并行分子动力学模拟开源软件。由 Steve Plimpton 等在 Sandia 国家实验室开发。LAMMPS 功能强大，模块众多，可支持各种系综、不同体系的分子动力学模拟，并且涵盖了现在常用的各种势能函数和边界条件，被广泛应用于分子动力学模拟的各个领域。本节首先从一个简单的二维算例验证了所采用的分子动力学模拟算法。

在模型中，液体原子之间的相互作用采用经典的 Lennard-Jones(LJ) 势能函数 (LJ/12-6) 描述。该势能模型被广泛用于纳米流动的分子动力学模拟，其表达式为

$$U_\text{LJ}(r) = 4\varepsilon \left[\left(\frac{\sigma}{r} \right)^{12} - \left(\frac{\sigma}{r} \right)^6 \right] \tag{2.26}$$

这里 ε 和 σ 分别为液体原子特征能量和特征长度，r 为两个液体原子之间的距离。同时，为提高计算效率，设置 LJ 势能的截断半径 $r_\text{c} = 2.5\sigma$，即当两个原子间距离大于截断半径时认为这两个原子之间的势能为零。

数值模拟的几何模型见图 2.2，其中，空心菱形为疏液原子，实心菱形为亲液原子，两壁面之间为液体原子。通道长度 $L = 50.7092\sigma$，上下壁面厚度 $D = 3.4574\sigma$，通道宽度 $B = 17.4397\sigma$。上下壁面均由 312 个原子构成面心立方结构，晶格常数

为 1.1525σ；液体原子共 512 个。固液之间的相互作用也由 LJ 模型描述，其特征长度 $\sigma_{\mathrm{SL}} = 0.8673\sigma$。亲液杂质原子在壁面表层上集中和均布式分布见图 2.2(a) 和 (b)。均布式分布中，亲液杂质以单原子方式在壁面表层上均匀分散排列，该方式与纳米尺度电渗流 MD (分子动力学) 模拟中在壁面设置上均匀排布带电原子 [26] 的方法相同。亲液杂质原子占比 α 定义为亲液原子个数与其所在固体原子层总原子个数之比，图 2.2 中 $\alpha \approx 0.24$。

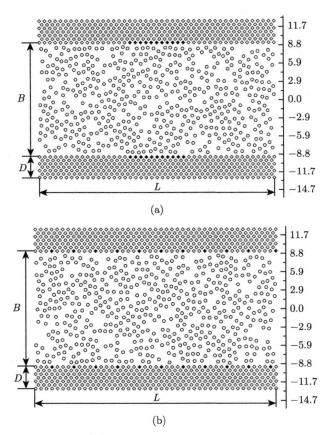

图 2.2　含亲液杂质原子的纳米通道流动系统示意图

图中右侧为纵向坐标，单位为 σ。(a) 亲液杂质原子集中分布；(b) 亲液杂质原子均布式分布

de Gennes [27] 在 1985 年论文中基于 Young 方程给出液滴在固体表面上接触角 θ 与固液间势能特征能量 $\varepsilon_{\mathrm{SL}}$ 之间的定量关系：

$$\cos\theta = 2\frac{\varepsilon_{\mathrm{SL}}}{\varepsilon} - 1 \tag{2.27}$$

其中，ε 为液体原子间势能特征能量。曹炳阳等 [28] 已利用 MD 模拟方法很好地验证了上述关系。因此，文中通过调整固液原子之间 LJ 势能的特征能量 $\varepsilon_{\mathrm{SL}}$ 来调控液体在固体表面的润湿性。这里设置疏液壁面与液体原子之间 $\varepsilon_{\mathrm{SL}} = 0.25\varepsilon$，对应固液界面接触角为 $120°$；亲液杂质原子与液体原子之间 $\varepsilon'_{\mathrm{SL}} = 1.0\varepsilon$，对应接触角为 $0°$。

模拟过程中，采用 Nosé-Hoover 温度控制方法将系统温度始终控制为 $0.8\varepsilon/k_{\mathrm{B}}$。待系统从初始状态达到热力学平衡后，对每个液体原子施加一个大小为 $0.005\varepsilon/\sigma$ 的驱动力，以模拟泊肃叶流动。另外，前人研究已证实上述量级的驱动力所产生的流动处于低剪切率区内，此时刚性壁面和柔性壁面产生的流动滑移和流场特性基本相同 [29]。因此，为减小计算量，这里采用刚性壁面模型，即固体原子在晶格点处始终保持不动。计算时间步长 $\Delta t = 0.002\tau$，其中，$\tau = \sqrt{m\sigma^2/\varepsilon}$。施加驱动力后，系统继续迭代 5×10^5 步使流动达到平衡状态，同时将通道沿垂直壁面方向分为 872 层，每层厚度 0.02σ。最后通过统计平均 1×10^6 个时间步内每层内速度、数密度等物理量以获得通道内沿流向平均的流场信息。

采用滑移长度的概念表征滑移量的大小。滑移速度和滑移长度的计算方法为：通过抛物线方程拟合主流区的速度分布得到表达式 $v_x(y)$；基于此表达式得到主流区速度分布延伸至壁面处的速度 $v_x|_{\mathrm{wall}}$ 和壁面剪切率 γ；滑移速度 $v_{\mathrm{S}} = U - v_x|_{\mathrm{wall}}$（$U$ 为壁面速度，壁面静止），而滑移长度 $L_{\mathrm{S}} = v_{\mathrm{S}}/\gamma$。其中，壁面位置设定为靠近液体的第一层固体原子的位置处。上述滑移模型称为 Navier 模型，被广泛应用于界面滑移的实验和数值模拟研究中。

亲液杂质均布时，不同亲液杂质占比 (α) 条件下液体的法向密度分布见图 2.3(a)。其中，横坐标表示在垂直固体壁面方向上的位置，坐标原点与通道中心重合；纵坐标为液体原子的数密度，即单位体积内液体原子的个数。由于密度分布沿通道中心线对称，图 2.3 仅展示下壁面至通道中心的密度分布。下壁面靠近液体的第一层固体原子位于 $y = -9.2199\sigma$。

不同 α 时，液体密度分布均先出现一个较高的峰值点，然后在 $3\sim4$ 个液体原子直径范围内振荡衰减至体相密度值。且随 α 增大，壁面对液体原子的平均势能约束增强，致使液体密度振荡程度逐渐增加，但振荡周期和相位并未变化。液体密度分布的第一个极大值点称为液体在固体表面的接触密度 (ρ_{C})，一般认为其与滑移密切相关。因此，本书考察了 ρ_{C} 对 α 的依赖关系 (图 2.3(b))。从中发现 ρ_{C} 随 α 的增大以线性增加，即 $(\rho_{\mathrm{C}} - \rho_{\mathrm{C}}^0) \propto \alpha$，这里 ρ_{C}^0 为 $\alpha = 0$ 时的接触密度。不过，ρ_{C} 随 α 增加缓慢，如 α 从 0 增至 0.28 时，接触密度仅增加约 18%。这表明亲液杂质对密度振荡程度的影响并不明显，这也能从图 2.3(a) 看出。

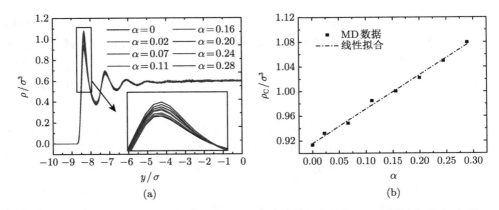

图 2.3　均布条件下，不同亲液杂质占比时通道内流体的密度分布 (a) 和接触密度 (ρ_C) 随 α 的变化规律 (b) (扫封底二维码可见彩图)

点划线由方程 $\rho_C = A\alpha + \rho_C^0$ 拟合得到，其中 ρ_C、A 以及 ρ_C^0 的单位均为 σ^{-3}

从不同亲液杂质分布形式下模拟结果发现，集中和均匀分布对应的液体密度分布几乎重合，见图 2.4(a)，其中 $\alpha = 0.28$。为定量衡量二者的差异，这里给出了层内平均密度差 $\overline{\Delta\rho}$ 随 α 值的变化关系，见图 2.4(b)，其中纵坐标取为平均密度差与液体体相密度的比值，误差线为 $\Delta\rho_i$ 的标准差。平均密度差 $\overline{\Delta\rho}$ 定义为两种杂质分布条件下对应片层内密度差的统计平均值：

$$\overline{\Delta\rho} = \frac{1}{n}\sum_{i=1}^{n}\Delta\rho_i = \frac{1}{n}\sum_{i=1}^{n}\rho_i^1 - \rho_i^2 \tag{2.28}$$

其中，ρ_i^1 和 ρ_i^2 分别为亲液杂质集中和均布条件下第 i 层液体的密度。由于 ρ_i^1 和 ρ_i^2 的差别主要体现在前两个密度振荡区域，这里统计时 i 的范围仅覆盖从壁面至密度分布的第二个极小值点。见图 2.4(b)，$\overline{\Delta\rho}$ 在不同 α 取值时均接近为零，说明相同亲液杂质占比时，杂质集中和均匀分布形式下，液体密度分布完全一致，即杂质分布形式不影响流体密度分布规律。

图 2.5 为亲液杂质占比及分布形式不同时液体在通道内的速度分布，其中纵坐标为速度，单位为 σ/τ，横坐标为通道内的位置，坐标原点在通道中心。由于液体的速度分布沿通道中心对称，为增强对比性，图 2.5 的左右半边同时给出亲液杂质集中和均匀分布时纳米通道内的速度分布曲线。因 $\alpha = 0.02$ 代表仅有一个亲液原子，没有集中和均布分布之别，所以该条件下左右两边速度分布曲线关于通道中心线对称。且此时由于亲液杂质占比很小，对流场几乎无影响，因此速度分布与 $\alpha = 0$ (单纯疏液壁面) 基本重合。

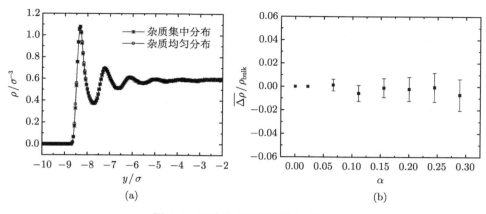

图 2.4 两种分布下密度分布对比

(a) 两种分布下通道内液体密度分布 ($\alpha = 0.28$)；(b) 两种分布下平均密度差与亲液杂质占比的关系

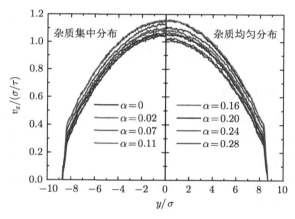

图 2.5 亲液杂质占比及分布对液体速度分布的影响 (扫封底二维码可见彩图)

随着 α 的增加，两种杂质分布形式下主流区液体的速度分布曲线逐渐降低，表明 α 的增加会减弱固液界面滑移效果。且相同 α 时，均匀分布的亲液杂质会导致液体速度分布曲线比集中分布时更低。由此可见，滑移和法向密度分布特性之间并不总是存在直接的对应关系，或者滑移并不单独依赖于液体的法向密度分布特性。

为进一步定量考察亲液杂质对滑移量的影响，图 2.6 给出了不同亲液杂质占比及分布形式时液体的滑移长度 (L_S)。其中，散点为 MD 模拟结果，虚线是通过方程 $L_S = B\alpha + L_S^0$ 拟合得到，这里 L_S^0 为 $\alpha = 0$ 时的滑移长度。见图 2.6，不同亲液杂质分布形式时，L_S 均随 α 以线性规律迅速减小，且在亲液杂质均匀分布时滑移长度减小得更快。当 $\alpha = 0.28$ 时，集中和均匀分布的亲液杂质使 L_S 比单纯疏液壁面分别降低约 50%和 56%。这表明少量亲液杂质就会对疏液表面的滑移量产生显著影响，且亲液杂质均匀分布后对滑移量的减小程度更大。

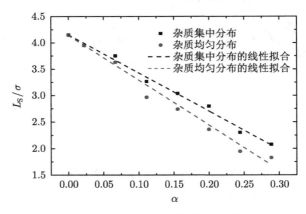

图 2.6　亲液杂质占比及分布对滑移长度的影响 (扫封底二维码可见彩图)

2.4　固体表面附近液体的三维结构

2.4.1　分子动力学模拟模型

　　固液界面液体结构是由固液相互作用强度和固体的晶格结构以及系统温度等共同决定的。考察固液界面液体结构并与实验结果对比可以从静态的角度出发验证本节所采用的方法的准确性。此外，固液界面液体结构与固液界面滑移之间具有直接的关系。对固液界面液体结构的考察可以从平衡状态的角度出发解释固液界面的滑移规律。本节主要研究液态氩在金属铂表面上的液体结构。金属铂的晶格结构为面心立方且其 (001) 表面与液态氩接触。系统上壁面是一个完全光滑的平面，见图 2.7。模拟区域在 x、y 和 z 方向上的区域分别为 $(-29.4, +29.4)$，$(-58.0, +10.0)$ 和 $(-29.4, +29.4)$。长度单位为埃 (Å)。模拟区域在 y 方向上大小使得在中心区液体也会存在一些相对较弱的液体层，表明液体是受限的。这些长度的选择是为了和完全无受限的条件下液体的结构进行对比。

　　模拟中原子之间的相互作用采用 LJ/12-6 势能函数模拟：$U(r) = 4\varepsilon[(\sigma/r)^{12} - (\sigma/r)^6]$。其中，$r$ 是两个氩原子之间的距离，ε 是势能的深度，σ 是零势能的位置。对于氩原子，LJ 势能参数为 $\varepsilon = 0.01042\text{eV}$，$\sigma = 3.405\text{Å}$，氩原子的质量为 $m = 39.948\text{g/mol}$。LJ/12-6 势能的截断半径设置为 $r_\text{c} = 2.5\sigma$ 以提高计算效率。对于任意两个原子之间的距离大于截断半径时，这两个原子之间的势能作用为零。选择 LJ/12-6 势能来描述液态氩是因为其可以很好地模拟液态氩在实验中获得的热

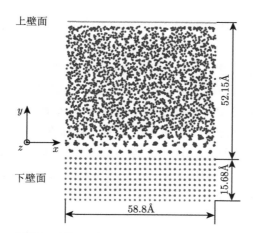

图 2.7 固液界面模拟系统主视图 (扫封底二维码可见彩图)

力学性质。

此处，对液态氩的热力学状态进行了进一步的描述。Johnson 等 [30] 利用新的分子动力学模拟改进了 Nicolas 等 [31] 关于 LJ 液体的状态方程。他们提出了一个新的具有 33 个参数的修正 BWR(modified Benedict-Webb-Rubin，MBWR) 方程。根据文献中液态氩的状态参数和 Johnson 等的 MBWR 方程，本节研究液态氩的热力学状态位于共存线和旋节线之间且远离这两条线。由于受限效应，液态氩的相图会略微区别于非受限的液态氩。因此可以认为本节研究的液态氩的热力学状态确实位于上述的相图区域内。

下壁面由九层结构为面心立方的金属铂构成，共包含 4050 个原子，见图 2.7 中的红色圆点。金属铂的晶格常数为 $a = 3.92$Å 且金属铂原子之间的相互作用通过嵌入原子势能 (EAM 势能) [32] 进行描述。因此图 2.7 中红色点之间的平衡距离为 1.96Å。固体原子的质量、相互作用的截断半径以及势能函数的值均取自 Foiles 等的文献报道 [32]。上壁面 (图 2.7 中的绿色直线) 采用一个光滑的 LJ/12-6 势能边界模拟。该相互作用势能模型已经被广泛用于类似的研究 [33,34] 中，以及其他界面现象的分子动力学模拟中，如润湿 [28] 和纳米流动 [35] 等。

LJ/12-6 势能的深度，即 $\varepsilon_{\text{Solid-Liquid}}(\varepsilon_{\text{SL}})$ 可以用来反映液体在固体表面上的润湿性 [36]。如 ε_{SL} 设置其值等于液液相互作用强度 $\varepsilon_{\text{Liquid-Liquid}}(\varepsilon_{\text{LL}})$，则固体表面对于液体来说是超亲水的 [37]。此时金属铂除了给液体提供一个具有晶格结构的基底外并不具有其他特殊的意义。不同的基底晶格结构由于产生不同的势能分布，因此会在固液界面处产生不同的液体结构。但是，这样的变化并非本节的研究内容。在所有的情形下，金属铂原子之间相互作用势能的零势能位置为 2.935Å。基于这个值以及 Lorentz-Berthelot 混合法则来确定金属铂原子和液态氩原子之间的势能参数 (σ)。

在初始阶段通过弛豫使系统达到平衡状态。首先将下壁面的固体原子按晶格常数为 $a = 3.92$Å 构成面心立方结构，液体原子按晶格常数为 $1.34a$ 也排列为面心立方结构。液体的温度首先设置为 2000K 进行平衡以使液体处于完全无序状态。在这一过程中固体原子的位置保持不变。液体在 2000K 下达到平衡后，被冷却至 85K，同时下壁面的温度也设置为 85K 以模拟一个柔性壁面。这些过程中温度控制的方法为 Nosé-Hoover。在系统达到第二次平衡后，施加在系统上的温度控制被取消使系统处于 NVE(微正则) 系综下。模拟过程中时间步长设定为 0.002ps。x、y 和 z 三个方向中 y 方向垂直于壁面。在 x 和 z 两个方向上施加周期性边界条件。每当原子穿过一个边界后，会从另一面重新进入模拟区域。由于原子处于热平衡状态下，在 x 和 z 两个方向上都不存在任何宏观流动。

当系统的规模超过一定尺寸后，周期性边界条件对系统热力学状态的影响可以忽略不计。为了验证这一结论，本节模拟了不同温度下液态氩的压强。温度范围为 85～115K。第一个模拟为参照算例。第二个算例在 x 方向上将模拟区域相对于参照算例扩大两倍。第三个算例在 z 方向上将模拟区域相对于参照算例扩大两倍。第四个算例在 x 和 z 方向上同时将模拟区域相对于参照算例扩大两倍。在不同算例中液态氩的平均压强均无差别。因此，可以认为本节中模拟系统的尺寸大到可以模拟体相液态氩。

为统计液体的结构，将模拟区域划分为均匀间隔的三维网格。网格在三个方向上的间隔为 $\Delta x = 0.392$Å，$\Delta y = 0.4$Å 和 $\Delta z = 0.392$Å。在每个单元网格中统计液体平均密度，由此获得液体的三维密度分布 $\rho(x, y, z)$。为了便于分析三维密度分布，同时获得了液体在 y 方向的平均密度分布 $\rho(y)$。y 方向的平均密度分布 $\rho(y)$ 通过将模拟区域划分为多个平行于下壁面的片层获得，每个片层的厚度为 $\Delta y = 0.01$Å。

2.4.2 固液界面处液体三维结构分析

首先研究了以下两个条件下的液体结构：① 固液原子之间具有很高的非公度性；② 固体壁面是非常亲水的。固液界面液体的分层结构通过振荡衰减的液体密度分布 $\rho(y)$ 所表征。此时，$\rho(y)$ 被当作一个连续函数，并且可以同时反映固液界面的类固体和类液体结构。本节将这一思想扩展到了三维情形。基于时间平均的方法将得到三维液体密度分布 $\rho(x, y, z)$。此处在每个位置处的密度代表单位体积内原子的个数。采用 $\rho(x, y, z)$ 可以同时获得液体的结构以及原子的运动能力。对于没有任何晶格缺陷的体相固体来说，三维密度分布为一个个分散的球，每个球的球心与原子的晶格位置重合。因此，可以通过确定密度球的位置来研究固液界面液体的结构。同时也可以根据密度球内的密度分布细节获得液体原子的运动能力。对于体相区域内的液体，$\rho(x, y, z)$ 为一个均匀函数，因为液体原子可以无差别地在任何方向上等概率扩散移动。

基于液体在壁面法向上的密度分布，定义液体层的边界位置为法向密度最低点所在的平面。这些平面在图 2.8(b) 和 (c) 中是以蓝色为主的平面。图 2.8(a) 中为穿过液体层中心的密度分布平面。第一层是液体在壁面和密度法向分布的第一个最小值点之间的分布。本节考察了从壁面开始的前 6 层液体的密度分布，并分别标示为第 1～6 层。液体的密度周期性分布在各个高密度的区域内，这些区域称为高密度区 (HDZ)。

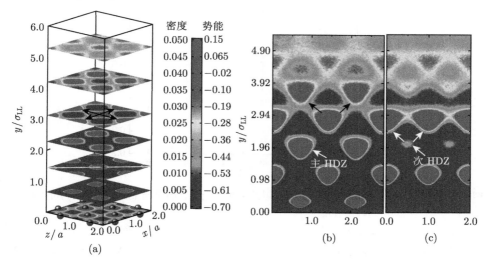

图 2.8　固液界面液体结构 (扫封底二维码可见彩图)

(a) 固液界面液体结构水平切片；(b) 固液界面液体结构的竖直切片；(c) 固液界面液体结构的对角切片

值得指出的是，液体结构存在两种类型的 HDZ，而不是一种。对于第一种 HDZ，液体密度较高并且液体结构在整个固液界面都存在，见图 2.8，因此这些 HDZ 称为主 HDZ。对于第二种 HDZ，其内的密度要小于主 HDZ 内的密度，因此称之为次 HDZ。次 HDZ 要在第 3 层液体结构中以及后续的液体层中才能明显观察到。固液界面这样的有序结构与实验中观测的一致 [38-40]。

类似于固体的三维密度分布，将 HDZ 中密度的最大值定义为其中心位置。并进一步定义 HDZ 中心位置的排列为液体结构。两种 HDZ 的出现表明在当前模拟条件下固液界面存在两种液体结构。将主 HDZ 和次 HDZ 的排列分别称为液

体的主结构和次结构。在固液界面处液体从固体处的高有序性结构到体相液体的
过渡会出现这样的复合结构。

图 2.8(a) 表明固液界面处液体的主结构为 BCC(体心立方) 或者 BCT(体心
四方) 结构。通过进一步分析这一模拟结果确定液体的主结构为哪一种。在模拟
结果中每一层有 210 个主 HDZ。首先确定每一个主 HDZ 的中心位置 (x_i, y_i, z_i);
然后比较 x_i 和 z_i 与其预测值 x_{p_i} 和 z_{p_i} 的差别,其中 x_{p_i} 和 z_{p_i} 通过下
壁面第一层原子的排列来确定。共计算了三个关于位置差别的量,分别是 $\Delta x_i =$
$x_i - x_{p\_i}, \Delta z_i = z_i - z_{p\_i}$ 和 $\Delta d_i = [(\Delta x_i)^2 + (\Delta z_i)^2]^{1/2}$。最后针对 210 个 HDZ
计算了这三个量的平均值和标准差,结果见图 2.9。

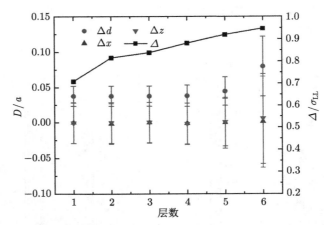

图 2.9　不同液体层中主 HDZ 位置的模拟结果和理论位置的对比 (扫封底二维码可见彩图)

每一层中 $\Delta d(\Delta d_i$ 的平均值) 的值均远小于下壁面的晶格常数。在图 2.9 中的
实心圆点表明主 HDZ 的位置在竖直方向上整齐排列。此外,Δx 和 Δz (Δx_i 和 Δz_i
的平均值) 的值均为零,见图 2.9 中正三角和例三角。误差线反映了这些计算值的
变化范围。另一个有趣的现象是主 HDZ 在壁面法向上的位置。Δ 为相邻两个液
体层之间的距离。随着液体层逐渐远离下壁面,Δ 的值逐渐增大。这表明在当前
模拟条件下固液界面液体的主结构为 BCT 结构而非 BCC 或者 FCC(面心立方)
结构,并且次结构也垂直分布在 BCT 的晶胞中。

液体中的 HDZ 来自液体原子的振荡,这和固体原子的行为类似,因此被称
为固液界面的类固体性。但是,液体原子不会一直在 HDZ 中振荡,在某一时刻
原子会从一个 HDZ 跳跃到水平或者竖直的另一个 HDZ 中。这被称为原子的间
歇跳跃行为[41],并且这反映了固液界面的类液体性质。液体的密度分布正比于液
体原子在某个位置出现的概率。在图 2.8 中,相邻的 HDZ 之间会出现特定的连

通形状，这表明原子在跳跃的时候会存在特定的高概率路径。在水平方向上，液体原子沿着主结构的晶胞边跳跃；在竖直方向上，原子存在两条跳跃路径：一条从晶胞角上的 HDZ 跳跃到晶胞中心的 HDZ；另一条从一个次 HDZ 跳跃到相邻的主 HDZ 中。这样的两条跳跃路径可以被称为主路径和次路径。

2.5 固体表面黏附强度模拟

2.5.1 分子动力学模拟模型

固体表面冰的黏附和脱离是典型的在外力环境下由固液相互作用强度和分子热涨落主导的过程。对该问题的模拟可从动力学或动态的角度对分子动力学模拟方法进行验证。此外，从原子尺度研究固体表面的冰黏附和脱离过程，对设计可靠的防结冰表面提供参考。本节阐述了冰块在光滑石墨烯 (SG) 表面和单壁碳纳米管 (SWNT) 阵列表面冰脱离过程的分子动力学模拟细节。冰块中水分子采用 TIP4P/ice 模型进行模拟。模型中的氢氧原子和水分子的势能参数取自 Abascal 等[42]的研究。TIP4P/ice 模型是专门用来研究固态冰的性质并且可以准确预测出六方晶系冰块在 1bar①气压下冰熔点的同时保持其他物理特性。因此，该模型非常适合研究冰块在固体表面上的黏附和脱离过程。水分子中氢氧键的长度和氢氧氢键角的角度通过 SHAKE 算法[43]保持固定。

模型中冰块的晶格结构为自然界存在最多的 Ih 相[44]。冰块用 5760 个水分子构成六方晶系结构。冰块的 (0 0 0 1) 面与固体表面接触，接触面积为 $A = 7.2 \times 7.0 \text{nm}^2$，见图 2.10。冰块的厚度为 3.5nm。在模型设置中，SG 表面有 5510 个碳原子构成面积为 $11.4 \times 12.0 \text{nm}^2$ 的单层石墨烯表面。CNTA(carbon nano tube array) 表面通过在 SG 表面上引入阵列的单壁碳纳米管而形成。单壁碳纳米管的长度为 2.3nm，手性为 (6，6) 且一根单壁碳纳米管包含 240 个碳原子。在 x 方向和 y 方向上，单壁碳纳米管之间的中心间距均为 1.02nm。在 x、y 和 z 三个方向均使用周期性边界条件。两种表面的面积都足够大以允许冰块在固体表面上轻微移动。整个模拟区域的大小设置得足够大，以使得冰块中的原子不会和它的周期性镜像发生相互作用。

为了简化问题，CNTA 和 SG 表面中的原子在本节中均是电中性的且彼此之间无相互作用。类似的设置在其他冰黏附以及润湿性的分子动力学模拟中也常被采用[45-47]。冰块与基底之间的相互作用采用范德瓦耳斯势能进行模拟，也即采用 LJ 势能模型描述水分子和基底原子之间的相互作用。但是在不同的文献中，氧原

① 1bar = 10^5Pa。

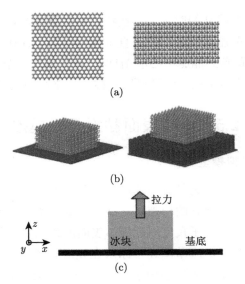

图 2.10   除冰过程的分子动力学模型 (扫封底二维码可见彩图)

(a) 六方晶系结构的冰块，左右两边的图分别是俯视图和主视图；(b) 冰块与光滑石墨烯表面和冰块与单壁碳纳

米管阵列表面；(c) 冰块受力环境下脱离过程的示意图

子和碳原子之间的 LJ 势能参数有很大差别。此处采用两种方法来解决这一问题。一方面，根据前人的研究方法 [48] 所选择的氧–碳之间的势能函数能够给出水滴在干净石墨表面上的接触角。也即，在氧–碳原子的 LJ 势能模型中，特征长度 $\sigma_{CO} = 3.19\text{Å}$，特征能量 $\varepsilon_{CO} = 0.4736\text{kJ/mol}$。在设置中碳原子和氢原子之间没有相互作用。这些水分子和基底之间势能作用的参数用来比较冰块在 SG 表面和 CNTA 表面上的黏附强度。另一方面，本节改变氧原子和碳原子之间 LJ 势能的特征能量大小以覆盖其他研究 [36,45,47,48] 中所采用的 ε_{CO} 的参数值。与此同时，冰块的黏附强度和基底润湿性之间的相互关系也可以被研究 (基底的润湿性非常依赖于相互作用能量 ε_{CO} 的大小 [36])。由于库仑相互作用的复杂性，以上设置中忽略了冰块与基底之间的静电作用，相关内容可以在未来的工作中进行研究。

见图 2.10(b)，模拟中首先将冰块尽可能地贴放在 SG 和 CNTA 表面上同时又不引起原子重叠。然后将系统弛豫 5×10^5 步。模拟中时间步长为 0.002ps。Nosé-Hoover 温度控制方法用来将系统温度控制为设定值，控制方法中的耦合时间大小为 0.2ps。在弛豫完成后，对冰块施加一个拉力以研究冰块的黏附强度，见图 2.10(c)。在实际中，对冰块中所有的氧原子和氢原子施加一个 $+z$ 方向上的均匀加速度场。加速度场的大小从零开始以 $5.734 \times 10^{-4}\text{nm/ps}^2$ 的大小线性增加。在对冰块施加拉力后，基底会对冰块施加一个吸引力。通过监测冰块施加在基底上的力，可以获得冰块和基底之间不同时间下的相互作用力 F_A。图 2.11 为冰块在 SG 表面上典型过程的分子动力学模拟。通过该算例阐述了如何获得冰块在基底上的黏附强度。该算例中氧原子和碳原子之间势能作用的强度为 $\varepsilon_{CO} = 0.6\varepsilon_{OO}$。

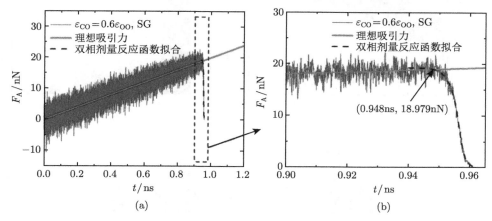

图 2.11　确定冰块在固体基底上黏附强度的过程 (扫封底二维码可见彩图)

(a) 冰块和基底之间作用力的设定曲线和实际测量曲线；(b) 图 (a) 虚线框中的放大图

　　从图 2.11 中可以看出冰块和基底之间的吸引力以剧烈振荡的方式线性增大，并且在冰块彻底脱离基底那一刻突然减小。在模拟中由于吸引力剧烈的振荡，很难从吸引力的实际观测数据中得到冰块的最大黏附力 F_D。但是，模拟中同时也通过加速度场记录了施加在冰块上的理想吸引力。因此在图 2.11 绘制了在基底上振荡的吸引力 (见图 2.11 中红色的线) 和理想吸引力 (见图 2.11 中绿色的线)。见图 2.11，采用双相剂量反应函数[49]拟合了明显低于理想吸引力曲线的那部分振荡吸引力曲线。然后将拟合后的函数外延与表示理想吸引力的绿色线相交。这样，在 F_A-t 曲线图中交点的横坐标就是最大黏度力和冰块脱离发生的时刻，见图 2.11(b)。需要指出的是，调整拟合区域的大小只会轻微地影响最终得到的最大黏附力和时刻。最后，冰块的黏附强度 σ_D 通过最大黏附力 F_D 除以冰块和基底之间接触面积得到。

2.5.2　固体表面黏附过程

　　在模拟中冰块上的拉力通过在所有氧原子和氢原子上施加一个 $+z$ 方向上的加速度场实现。冰块上的拉力通过增加垂直加速度场大小来稳定地施加在整个冰块上。最终，施加的拉力会超过冰块在固体基底上的最大黏附力，然后冰块从基底上完全脱离。冰块从基底上脱离时总是伴随着冰块与固体基底之间相互作用力的突然减小，见图 2.12。

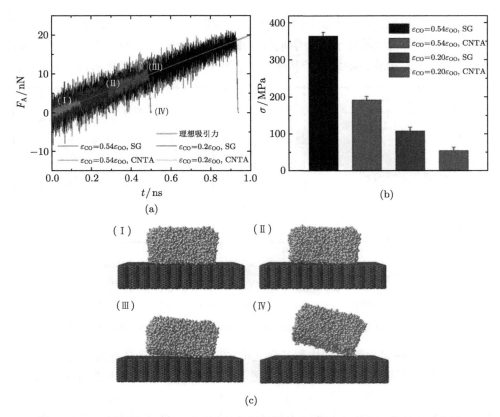

图 2.12   SG 表面和 CNTA 表面上冰块的黏附强度对比 (扫封底二维码可见彩图)
(a) 冰块从 SG 表面和 CNTA 表面上脱离过程中振荡黏附力随时间的变化；(b) 不同条件下的黏附应力；
(c) CNTA 表面上冰块脱离过程的四个阶段, (a) 中的罗马数字与 (c) 中四个阶段相对应

前人的研究表明分子动力学模拟可以从原子尺度捕捉到冰块的脱离过程[47]，因此可以提供冰块黏附动力学在纳米尺度的细节。冰块在 SG 表面和 CNTA 表面上的脱离过程见图 2.12。模拟中水分子和碳原子之间的相互作用可以产生水在石墨上的接触角[48]。此时，LJ 势能函数的参数为 $\sigma_{CO} = 3.19$Å 和 $\varepsilon_{CO} = 0.4736$kJ/mol $= 0.54\varepsilon_{OO}$。作为比较，较小的相互作用强度 $\varepsilon_{CO} = 0.2\varepsilon_{OO}$ 条件下的冰块脱离也绘制在了图 2.12 中。

图 2.12(c) 为冰块从 CNTA 表面脱离过程中的四个典型阶段，从图中可以看出，施加在冰块上的拉力首先把冰块的一角从 CNTA 表面上拉离。然后冰块在拉力的作用下相对于基底变得越来越倾斜，最终被完全从固体基底上脱离。冰块类似的脱离过程均出现在不同相互作用能量下的 SG 表面和 CNTA 表面上。这与前人的分子动力学模拟结果一致[48]。冰块这样从一个角开始脱离的现象与实验

观测到的一致[50]。关于这样脱离机理的一个很好的解释是在冰块的尖角处会由于应力集中而出现最大的拉应力[51]。结果，冰块中水分子的热涨落最有可能使得冰块从某一角开始脱离固体基底。

大量分析表明超疏水表面降低黏附强度的原因在于超疏水表面具有较低的冰块/基底表面能，较小的冰块基底接触面积，以及在超疏水微结构处的应力集中[52]。在 CNTA 表面的情形下，单壁碳纳米管特殊的拓扑结构使得 CNTA 表面与冰块具有非常低的接触面积，致使应力集中。正如所预期，CNTA 表面上冰块的黏附强度要远低于 SG 表面上的黏附强度，见图 2.12(b)。对于 $\varepsilon_{CO} = 0.54\varepsilon_{OO}$ 的情形，冰块在 CNTA 表面上的黏附强度为 192MPa，远低于在 SG 表面上 364MPa 的黏附强度。也就是说，相对于 SG 表面，CNTA 表面的黏附强度降低了 45%。CNTA 表面对于冰黏附强度的降低在较弱的冰块基底相互作用强度下更加明显。当 $\varepsilon_{CO} = 0.2\varepsilon_{OO}$ 时，在 CNTA 表面上冰块的黏附强度为 54MPa，比 SG 表面的黏附强度降低了约 50%，见图 2.12(b)。

在已报道的除冰的实验结果中，典型的冰黏附强度的量级为 ~1MPa 或者更小。这比本节以及其他分子动力学模拟[47]中获得的结果小两个数量级。最近研究[53]表明冰块的黏附应力以对数的方式依赖于拉力的施加速度。如果在分子动力学模拟中采用与实验相同的拉力施加速度，那么模拟所获得的黏附应力将与实验结果相近[47]。除拉力在分子动力学模拟中施加的速度问题外，冰块的纳米级尺度也是黏附应力较高的原因[47]。在本节的分子动力学模拟中，所有情形下的拉力施加速度保持一致。因此，可以肯定 CNTA 表面确实可大幅降低冰块在固体基底上的黏附强度。

2.5.3 黏附强度与氧-碳相互作用强度的关系

在不同氧-碳相互作用强度和系统温度下，冰块在 SG 表面和 CNTA 表面上的黏附强度见图 2.13。可以清楚地看到，在图中所示的能量和温度范围内，冰块在 CNTA 表面上的黏附强度都要低于在 SG 表面上的黏附强度。这个结果进一步表明 CNTA 表面具有降低冰黏附强度的能力。

值得指出的是，在 SG 表面和 CNTA 表面上，冰块的黏附强度与氧-碳相互作用能量之间在系统温度一定时呈线性关系，$\sigma \sim \varepsilon_{CO}$。这样的线性关系可以通过考察 ε_{CO} 与基底润湿性之间的关系得到解释，因为基底的润湿性与冰块的黏附强度有着直接的联系。首先考虑 SG 表面。一般来说，平直固体表面的润湿性由固体和液体原子之间相互作用强度控制。在本节的研究中，固液之间的相互作用强度由氧-碳相互作用能量 ε_{CO} 所决定。通常采用一个液滴在固体表面上的接触角 (θ)

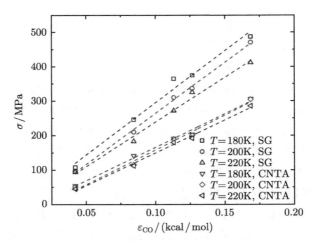

图 2.13   在不同氧–碳原子相互作用强度和系统温度下，冰块在 SG 表面和 CNTA 表面上的
黏附强度 (扫封底二维码可见彩图)

定量表征固体表面的润湿性。Sendner 等 [36] 基于排空层的概念推导出了水滴在
固体基底上接触角的余弦与 ε_{CO} 之间呈线性关系。这一推导过程如下。

首先假设固体基底和液体分别具有均匀的密度 ρ_S 和 ρ_L 并忽略任何静电力
和界面熵的贡献。此时，将固体和液体分开单位面积所需做的功为 H_{12}：

$$H_{12} = \gamma_{SV} + \gamma_{LV} - \gamma_{SL} = -\pi\rho_L\rho_S \int_{z^*}^{R_0} \mathrm{d}z z(z - z^*)^2 u(z) \tag{2.29}$$

其中，γ_{SV}、$\gamma_{LV}\}$ 和 γ_{SL} 分别为固气 (SV)、液气 (LV) 和固液 (SL) 的表面张
力；$u(z)$ 为固液相互作用势能，也即氧原子和碳原子之间的相互作用 LJ 势能。在
式 (2.29) 中 R_0 为函数 $u(z)$ 的截断半径，z^* 为水接触固体基底之后排空层的厚
度。显然，由于 LJ 势能线性依赖于 ε_{CO}，因此 H_{12} 也线性依赖于 ε_{CO}。结合静
态润湿中的 Young 方程，可以得到

$$1 + \cos\theta = (\gamma_{SV} + \gamma_{LV} - \gamma_{SL})/\gamma_{LV} = H_{12}/\gamma_{LV} \sim \varepsilon_{CO} \tag{2.30}$$

近期，实验研究 [54] 表明冰块的黏附强度线性依赖于水滴在固体基底上的后
退角的余弦，即 $\sigma \sim 1 + \cos\theta_{rec}$。在本节的研究中，平直表面也即 SG 表面不会
存在任何接触滞后现象 [27]，因此水滴在 SG 表面上的后退角将等于水滴的静态
接触角。因此冰块的黏附强度线性依赖于水滴在固体基底上接触角的余弦，也即

$$\sigma \sim 1 + \cos\theta \tag{2.31}$$

综合式 (2.30) 和式 (2.31) 可知冰块的黏附强度线性依赖于冰块与基底之间
相互作用强度，也即 $\sigma \sim \varepsilon_{CO}$，见图 2.13。

对于一个平直且化学组分均匀的表面，其接触角称为该固体表面的本征接触角。对于存在微结构的表面，水由于表面张力而无法进入微结构内部，从而在微结构上形成一层气液界面。此时水滴与固体基底之间的接触状态称为 Cassie 状态或 Fakir 状态。对于 CNTA 表面，分子动力学的模拟结果表明，在所考察的 ε_{CO} 范围内水滴在 CNTA 表面上总是会形成 Cassie 状态。这是符合预期的，因为单壁碳纳米管的直径以及单壁碳纳米管之间的距离均小于 2nm。在 Cassie 状态，表面微结构会使水滴的表观接触角增大。进一步，水滴在光滑表面和具有微结构的表面之间接触角的关系为 [52]

$$1 + \cos\theta^* = \phi_S(1 + \cos\theta) \tag{2.32}$$

其中，θ^* 为水滴在具有微结构表面的接触角；ϕ_S 为固体与水滴接触后的固体表面分数，在本节的研究中 ϕ_S 为一个常数。由此可知，在 CNTA 表面上冰块的黏附强度也与冰块–基底相互作用强度呈线性关系，即 $\sigma \sim \phi_S\varepsilon_{CO}$。由于 $\phi_S < 1$，因此在 CNTA 表面上 σ 与 ε_{CO} 之间线性函数的斜率要小于在 SG 表面上的斜率，见图 2.14。由上述分析可见，分子动力学模拟与实验取得了一致的结果，表明本节采用的分子动力学模拟方法是可靠的。

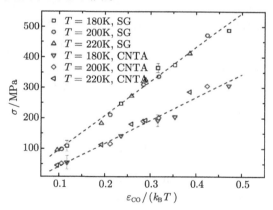

图 2.14 CNTA 表面和 SG 表面冰块的黏附强度随 $\varepsilon_{CO}/(k_B T)$ 的变化规律 (扫封底二维码可见彩图)

在冰块从固体基底上脱离的过程中，系统温度与冰块–基底相互作用强度一起影响黏附强度。升高温度可以增强冰块中水分子的热运动从而降低冰块的黏附强度。因此温度和冰块–基底相互作用强度以相互竞争的方式影响冰块的黏附强度。由此，在给定冰块–基底相互作用强度下，温度越高，冰块在 CNTA 表面和 SG 表面上的黏附强度越小。进一步，图 2.13 中的结果表明冰块的黏附强度与固体基底润湿性之间的线性依赖关系在不同温度时依旧成立。但是不论是分子动力学模拟还是实验，这样的线性关系都是通过经验的方式得到的。针对这一关系的严格理论解释有待于进一步研究。同时，在给定冰块–基底相互作用强度下，现有结果无法给出冰块的黏附强度与温度之间的定量关系。从式 (2.29) 和式 (2.30) 中可以看到温度同时影响排空层的厚度和气液表面张力。因此，温度和水滴在固体基底上接触角的余弦之间的关系是较复杂的。考虑到温度和冰块–基底相互作用强度对冰块黏附强度的竞争性影响，可以将图 2.13 中的结果重新绘制为冰块的黏附强度与比值 $\varepsilon_{CO}/(k_B T)$ 的关系，如图 2.14 所示。出乎意料的是，冰块的黏附强度与比值 $\varepsilon_{CO}/(k_B T)$ 的关系也可以很好地表示为一个线性函数。而且，σ 和 $\varepsilon_{CO}/(k_B T)$ 之间线性关系在 CNTA 表面上的斜率比在 SG 表面上的小，这与图 2.13 中的结果是一致的。

2.6　结　束　语

本章介绍了分子动力学的基本原理，并从静态和动态两个方面验证了所采用的分子动力学模拟方法中运动方程的积分算法、温度控制方法、时间步长的选取和宏观统计量计算等方法的可靠性。在静态方面，模拟了固体表面液体的类固体结构，给出了类固体结构的三维特征。在动态方面，采用了低黏附表面冰块的脱离过程，计算了冰块在不同条件下的黏附强度。在固液界面液体结构方面，通过考察高密度区的排列规律获得与实验观测相吻合的结构特征，并发现在特定条件下液体具有两级结构——主结构和次结构，并且相应的液体原子在固液界面跳跃时会遵循主次两条高概率运动路径。

参 考 文 献

[1] Cheong W C D, Zhang L C. Molecular dynamics simulation of phase transformations in silicon monocrystals due to nano-indentation[J]. Nanotechnology, 2000, 11(3): 173-180.

[2] Toxvaerd S. Molecular-dynamics simulation of homogeneous nucleation in the vapor phase[J]. Journal of Chemical Physics, 2001, 115(19): 8913-8920.

[3] Zhang H Z, Banfield J F. Aggregation, coarsening, and phase transformation in ZnS nanoparticles studied by molecular dynamics simulations[J]. Nano Letters, 2004, 4(4): 713-718.

[4] Jakse N, Pasturel A. Liquid-liquid phase transformation in silicon: evidence from first-principles molecular dynamics simulations[J]. Physical Review Letters, 2007, 99(20): 205702.

[5] Yakub E, Ronchi C, Staicu D. Molecular dynamics simulation of premelting and melting phase transitions in stoichiometric uranium dioxide[J]. Journal of Chemical Physics,

2007, 127(9): 094508.

[6] Barrat J L, Baschnagel J, Lyulin A. Molecular dynamics simulations of glassy polymers[J]. Soft Matter, 2010, 6(15): 3430-3446.

[7] Bharadwaj R K, Berry R J, Farmer B L. Molecular dynamics simulation study of norbornene-POSS polymers[J]. Polymer, 2000, 41(19): 7209-7221.

[8] Frankland S J V, Harik V M, Odegard G M, et al. The stress-strain behavior of polymer-nanotube composites from molecular dynamics simulation[J]. Composites Science and Technology, 2003, 63(11): 1655-1661.

[9] Hirvi J T, Pakkanen T A. Molecular dynamics simulations of water droplets on polymer surfaces[J]. Journal of Chemical Physics, 2006, 125(14): 144712.

[10] Liu J, Gao Y G, Cao D P, et al. Nanoparticle dispersion and aggregation in polymer nanocomposites: insights from molecular dynamics simulation[J]. Langmuir, 2011, 27(12): 7926-7933.

[11] Padding J T, Briels W J. Time and length scales of polymer melts studied by coarse-grained molecular dynamics simulations[J]. Journal of Chemical Physics, 2002, 117(2): 925-943.

[12] Smith G D, Bedrov D, Li L W, et al. A molecular dynamics simulation study of the viscoelastic properties of polymer nanocomposites[J]. Journal of Chemical Physics, 2002, 117(20): 9478-9489.

[13] Spohr E, Commer P, Kornyshev A A. Enhancing proton mobility in polymer electrolyte membranes: lessons from molecular dynamics simulations[J]. Journal of Physical Chemistry B, 2002, 106(41): 10560-10569.

[14] Tallury S S, Pasquinelli M A. Molecular dynamics simulations of flexible polymer chains wrapping single-walled carbon nanotubes[J]. Journal of Physical Chemistry B, 2010, 114(12): 4122-4129.

[15] Dai L, Mu Y G, Nordenskiold L, et al. Molecular dynamics simulation of multivalention mediated attraction between DNA molecules[J]. Physical Review Letters, 2008, 100(11): 118301.

[16] Furse K E, Corcelli S A. Molecular dynamics simulations of DNA solvation dynamics[J]. Journal of Physical Chemistry Letters, 2010, 1(12): 1813-1820.

[17] Lee O S, Schatz G C. Molecular dynamics simulation of DNA-functionalized gold nanoparticles[J]. Journal of Physical Chemistry C, 2009, 113(6): 2316-2321.

[18] Perez A, Luque F J, Orozco M. Frontiers in molecular dynamics simulations of DNA[J]. Accounts of Chemical Research, 2012, 45(2): 196-205.

[19] Ponomarev S Y, Thayer K M, Beveridge D L. Ion motions in molecular dynamics simulations on DNA[J]. Proceedings of the National Academy of Sciences of the United States of America, 2004, 101(41): 14771-14775.

[20] Spackova N, Berger I, Sponer J. Nanosecond molecular dynamics simulations of par-

allel and antiparallel guanine quadruplex DNA molecules[J]. Journal of the American Chemical Society, 1999, 121(23): 5519-5534.

[21] Ziebarth J, Wang Y M. Molecular dynamics simulations of DNA-polycation complex formation[J]. Biophysical Journal, 2009, 97(7): 1971-1983.

[22] Rapaport D C, Clementi E. Eddy formation in obstructed fluid-flow-a molecular-dynamics study[J]. Physical Review Letters, 1986, 57(6): 695-698.

[23] Rapaport D C. Molecular-dynamics study of Rayleigh-Benard convection[J]. Physical Review Letters, 1988, 60(24): 2480-2483.

[24] Smith E R. A molecular dynamics simulation of the turbulent Couette minimal flow unit[J]. Physics of Fluids, 2015, 27(11): 315-554.

[25] Rapaport D C. The Art of Molecular Dynamics Simulation[M]. New York: Cambridge University Press, 2004.

[26] Yoshida H, Mizuno H, Kinjo T, et al. Molecular dynamics simulation of electrokinetic flow of an aqueous electrolyte solution in nanochannels[J]. Journal of Chemical Physics, 2014, 140(21): 2419-2430.

[27] de Gennes P G. Wetting statics and dynamics[J]. Review of Modern Physics, 1985, 57(3): 827-863.

[28] 曹炳阳, 陈民, 过增元. 纳米结构表面浸润性质的分子动力学研究 [J]. 高等学校化学学报, 2005, 26(2): 277-280.

[29] Yong X, Zhang L T. Thermostats and thermostat strategies for molecular dynamics simulations of nanofluidics[J]. Journal of Chemical Physics, 2013, 138(8): 084503.

[30] Johnson K, Zollweg J A, Gubbins K E. The Lennard-Jones equation of state revisited[J]. Molecular Physics, 1993, 78(3): 591-618.

[31] Nicolas J J, Gubbins K E, Streett W B, et al. Equation of state for the Lennard-Jones fluid[J]. Molecular Physics, 1979, 37(5): 1429-1454.

[32] Foiles S M, Baskes M I, Daw M S. Embedded-atom-method functions for the fcc metals Cu, Ag, Au, Ni, Pd, Pt, and their alloys[J]. Physical Review B, 1986, 33(12): 7983-7991.

[33] Asta M, Spaepen F, van der Veen J F. Solid-liquid interfaces: molecular structure, thermodynamics, and crystallization[J]. Mrs Bulletin, 2004, 29(12): 920-926.

[34] Men H, Fan Z. Molecular dynamic simulation of the atomic structure of aluminum solid-liquid interfaces[J]. Materials Research Express, 2014, 1(2): 025705.

[35] Martini A, Hsu H Y, Patankar N A, et al. Slip at high shear rates[J]. Physical Review Letters, 2008, 100(20): 206001.

[36] Sendner C, Horinek D, Bocquet L, et al. Interfacial water at hydrophobic and hydrophilic surfaces: slip, viscosity, and diffusion[J]. Langmuir, 2009, 25(18): 10768-10781.

[37] 曹炳阳, 陈民, 过增元. 纳米通道内液体流动的滑移现象 [J]. 物理学报, 2006, 55(10): 5305-5310.

[38] Arai S, Tsukimoto S, Muto S, et al. Direct observation of the atomic structure in a solid-liquid interface[J]. Microscopy and Microanalysis, 2000, 6(4): 358-361.

[39] Donnelly S E, Birtcher R C, Allen C W, et al. Ordering in a fluid inert gas confined by flat surfaces[J]. Science, 2002, 296(5567): 507-510.

[40] Oh S H, Kauffmann Y, Scheu C, et al. Ordered liquid aluminum at the interface with sapphire[J]. Science, 2005, 310(5748): 661-663.

[41] Skaug M J, Mabry J, Schwartz D K. Intermittent molecular hopping at the solid-liquid interface[J]. Physical Review Letters, 2013, 110(25): 256101.

[42] Abascal J L, Sanz E, García F R, et al. A potential model for the study of ices and amorphous water: TIP4P/Ice[J]. Journal of Chemical Physics, 2005, 122(23): 234511.

[43] Ryckaert J P, Ciccotti G, Berendsen H J C. Numerical integration of the cartesian equations of motion of a system with constraints: molecular dynamics of nalkanes[J]. Journal of Computational Physics, 1977, 23(3): 327-341.

[44] Lobban C, Finney J L, Kuhs W F. The structure of a new phase of ice[J]. Nature, 1998, 391: 268.

[45] Falk K, Sedlmeier F, Joly L, et al. Molecular origin of fast water transport in carbon nanotube membranes: superlubricity versus curvature dependent friction[J]. Nano Letters, 2010, 10(10): 4067-4073.

[46] Yuan Q Z, Zhao Y P. Precursor film in dynamic wetting, electrowetting, and electro-elasto-capillarity[J]. Physical Review Letters, 2010, 104(24): 246101.

[47] Xiao S B, He J Y, Zhang Z L. Nanoscale deicing by molecular dynamics simulation[J]. Nanoscale, 2016, 8(30): 14625-14632.

[48] Ramos-Alvarado B, Kumar S, Peterson G P. Hydrodynamic slip length as a surface property[J]. Physical Review E, 2016, 93(2): 023101.

[49] Di Veroli G Y, Fornari C, Goldlust I, et al. An automated fitting procedure and software for dose-response curves with multiphasic features[J]. Scientific Reports, 2015, 5: 14701.

[50] Subramanyam S B, Rykaczewski K, Varanasi K K. Ice adhesion on lubricant-impregnated textured surfaces[J]. Langmuir, 2013, 29(44): 13414-13418.

[51] Shang L Y, Zhang Z L, Skallerud B. Evaluation of fracture mechanics parameters for free edges in multi-layered structures with weak singularities[J]. International Journal of Solids & Structures, 2009, 46(5): 1134-1148.

[52] Kreder M J, Alvarenga J, Kim P, et al. Design of anti-icing surfaces: smooth, textured or slippery?[J]. Nature Reviews Materials, 2016, 1(1): 15003.

[53] Singh J K, Müller-Plathe F. On the characterization of crystallization and ice adhesion on smooth and rough surfaces using molecular dynamics[J]. Applied Physics Letters, 2014, 104(2): 41.

[54] Meuler A J, David Smith J, Varanasi K K, et al. Relationships between water wettability and ice adhesion[J]. Acs Applied Materials & Interfaces, 2015, 2(11): 3100-3110.

第 3 章　固液相互作用对滑移和流场特性影响的模拟研究

3.1　引　　言

在过去的几十年中，分子动力学模拟因其可以在原子尺度给出近壁区液体的速度分布，而被广泛用于研究滑移与各种界面参数之间的关系。对于均匀平直固体表面，影响固液界面滑移大小的主要因素有固液相互作用强度、剪切率、固体和液体结构之间的公度性以及系统的热力学参数，如压强、温度等[1,2]。众多研究都报道了固液相互作用强度和滑移大小之间具有负相关关系[3-9]。但是近年来，刘崇等[10]发现当固液相互作用强度小于一个临界值后，液体的流量和固液相互作用强度之间出现正相关关系。这表明滑移和固液相互作用强度此时也具有正相关关系。由此可知，滑移长度在不同固液相互作用范围内具有看似矛盾的变化规律，而这一规律尚有待于系统的研究。此外，弱固液相互作用强度下，固液界面滑移规律的机理也需要进一步揭示。

此外，在高剪切率下，液体内出现显著的黏性加热效应。基于如何处理液体在高剪切率下的黏性加热效应，分子动力学模拟研究可以分为两类：第一类是直接在液体上施加温度控制以移除不断生成的热量[4,5,11-13]，这种方法称为 TF(thermostat fluid) 法；第二类是只对固体壁面施加温度控制，即液体内部生成的热先传递到固体中，然后被温度控制移除[14-18]，这种方法称为 TW(thermostat wall) 法。

在高剪切率下，不同的温度控制策略 (TF 或 TW) 将会产生不同的滑移行为。采用 TF 温度控制策略，大量研究都一致报道在高剪切率下，滑移随剪切率增加而一直增大。利用三种方法，Martini 等[16]证明高剪切率下的无界滑移行为是由施加在液体上的温度控制所导致的，并指出在高剪切率下应当采用 TW 法进行温度控制，且滑移随剪切率的增加先增加而后趋于定值。随后 Pahlavan 等[17]也采用 TW 法报道了随着剪切率的增加滑移长度逐渐减小的结论。Martini 等[16]和 Pahlavan 等[17]的研究之间的主要差别就是固液相互作用强度不同。

因此，本章着重介绍大范围固液相互作用强度下，均匀平直固体表面上液体的滑移规律及其机理以及黏性加热和剪切率对滑移的影响规律及其机理。

3.2 分子动力学模拟模型

3.2.1 纳米通道内液体流动的分子动力学模型

模拟系统为液体处于两个无限大平板之间,如图 3.1 所示。上下壁面的固体晶格结构为面心立方结构。固液原子之间以及液液原子之间的相互作用通过 LJ/12-6 势能描述:

$$E_{ij} = 4\varepsilon_{\alpha\beta} \left[\left(\frac{\sigma_{\alpha\beta}}{r_{ij}} \right)^{12} - \left(\frac{\sigma_{\alpha\beta}}{r_{ij}} \right)^{6} \right] \tag{3.1}$$

其中,E_{ij} 为 i 原子和 j 原子之间的相互作用势能;ε 和 σ 分别为 LJ/12-6 相互作用势能的特征能量和特征长度;α 和 β 为原子 i 和 j 的类型;$\alpha\beta$ 表示液液或固液之间的相互作用。简化单位通过液体原子的属性定义,这些属性是:m_{FF}、$\varepsilon_{\mathrm{FF}}$ 和 σ_{FF}。如果这些量表示为单位时其下标将被忽略。为了提高计算效率,LJ/12-6 势能相互作用的截断半径设置为 $r_{\mathrm{c}} = 2.5\sigma$。模拟区域在 x 方向和 z 方向上的大小分别为 58.14σ 和 28.21σ。流动通道高度为 29.36σ,液体的密度为 $0.813\sigma^{-3}$。在图 3.1 中上下壁面都以晶格常数为 1.15σ 构建面心立方结构。固体壁面采用刚性模型模拟,即固体原子被固定在其晶格点处保持不变。此外,由于采用了刚性壁面模型,因此固体原子之间的相互作用被取消。这样可以提高计算效率并在低剪切率下仍可以给出正确的滑移特性[19]。固体壁面的密度为 $4.35\sigma^{-3}$。固液之间的高密度比表示固液界面处固体和液体结构之间具有较高的非公度性[12]。上下壁面厚度相同且设置为大于 LJ/12-6 势能作用的截断半径。上下壁面均包含 15300 个原子 (见图 3.1 中的蓝色点),液体包括 39168 个原子 (见图 3.1 中的红色点)。

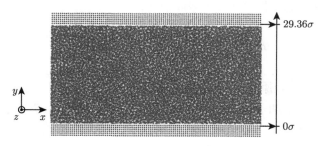

图 3.1 模拟区域的主视图

泊肃叶流动通过在 $+x$ 方向上给每一个原子施加一个驱动力 F_x 进行模拟。驱动力 F_x 在模拟过程中直接添加至液体原子的运动方程中。Nosé-Hoover 温度控制方法用来维持系统的温度在流动过程中保持不变。温度控制需要先计算当前系统的温度然后与设定温度进行对比而后进行温度控制。在非平衡分子动力学模拟中，液体具有宏观速度，而液体的温度计算只能计算液体原子的热运动，不可包含宏观运动动能。因此需要将原子的速度减去液体的宏观速度。该方法的实现过程将模拟系统在垂直壁面方向也即 y 方向上分为 100 层，然后计算液体每一层中的平均速度。在计算温度时将处于某一层的原子速度减去该层的平均速度得到该原子的热运动速度。由此便得到了正确的原子热运动速度以准确计算系统的温度。这种温度控制方法称为速度剖面无偏差温度控制方法[19]。模拟中的时间步长选择为 $\Delta t = 0.002\tau$，其中 $\tau = (m\sigma^2/\varepsilon)^{1/2}$。Nosé-Hoover 温度控制方法中的松弛时间为 0.2τ。具体的模拟过程为：首先将模拟运行 10^5 步使系统达到热力学平衡状态；然后对每个原子施加驱动力 F_x 模拟泊肃叶流动，添加驱动力后，系统继续运行 10^6 步达到定常泊肃叶流动；最后通过时间平均获得需要的密度分布和速度分布等宏观物理量。

　　液体流动的密度分布和速度分布通过将模拟区域划分为平行于壁面的许多薄层，每个薄层的厚度为 $\Delta y = 0.02\sigma$，获得密度分布和速度分布的时间平均步数为 2×10^6。滑移长度 L_S 采用 Navier 滑移模型进行计算：$L_S = v_S/\dot{\gamma}$。其中 v_S 和 $\dot{\gamma}$ 分别为固液界面处的滑移速度和剪切率。固液界面的位置设置为上壁面的最下层原子的位置和下壁面的最上层原子的位置。参数 v_S 和通过外延中心区的拟合抛物线速度函数至固液界面的位置处而获得。用于拟合的速度分布范围从 5.01σ 到 24.99σ 以排除紧邻壁面的部分，因为这部分速度分布可能会偏离抛物线规律。

3.2.2　考虑固体内部热传递的固液界面分子动力学模型

　　分子动力学模型为简单液体处于两个无限大固体壁面之间，见图 3.2。所有原子之间的相互作用力依旧采用 LJ 势能描述：

$$E_{ij} = 4\varepsilon_{\alpha\beta}\left[\left(\frac{\sigma_{\alpha\beta}}{r_{ij}}\right)^{12} - \left(\frac{\sigma_{\alpha\beta}}{r_{ij}}\right)^{6}\right] \tag{3.2}$$

其中，E_{ij} 为原子 i 和原子 j 之间的势能；ε 和 σ 分别为 LJ 势能相互作用的特征能量和特征长度；α 和 β 分别为原子 i 和原子 j 的种类；$\alpha\beta$ 表示原子之间的相互作用发生在液体原子、固液原子或固体原子之间。液体原子的 LJ 势能参数和质量用作简化单位。为提高计算效率，LJ 相互作用的截断半径为 $r_c = 2.5\sigma$。

　　两块平板之间的距离即流动的通道高度 $H = 28.78\sigma$。模拟中设置 y 方向为垂直壁面的方向，x 方向和 z 方向平行壁面方向。模拟区域在 x 方向和 z 方向上

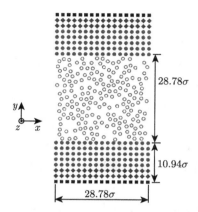

图 3.2 模拟区域示意图 (扫封底二维码可见彩图)

的尺寸为 $L_x = L_z = 28.78\sigma$。在 x 方向和 z 方向施加周期性边界条件，在 y 方向上施加固定边界条件。液体和壁面的密度分别为 $\sim 0.83\sigma^{-3}$ 和 $\sim 2.76\sigma^{-3}$。为施加所谓的柔性壁面模型，固体壁面原子可以在其晶格点附近振动。固体壁面原子之间的 LJ 势能参数分别为 $\varepsilon_{\mathrm{WW}} = 50\varepsilon$ 和 $\sigma_{\mathrm{WW}} = 0.7342\sigma$。固体原子的质量为 $m_{\mathrm{W}} = 4.94m$。这些参数的选择可以保证固液原子均方根位移与固体壁面最邻近原子距离的比值满足 Lindemann 融化准则：$\sqrt{\langle \Delta u^2 \rangle}/d \lesssim 0.15$。

在图 3.2 中，○代表液体原子且液体共包含 19652 个原子。上下两个壁面均由 25000 个原子以晶格常数 1.15σ 构成 20 层的面心立方结构，并且固体壁面的 (0 0 1) 面与液体接触。固体壁面分为三个区域，分别为固定区 (■)、温度控制区 (◆) 和自由区 (●)。上壁面的最顶部的一层原子以及下壁面最底部的一层原子为固定区，在整个模拟过程中，这些区域的原子始终被固定在其晶格点处不发生移动以保证壁面的完整性；上下壁面紧挨着固定区的四层原子构成温度控制区；上下壁面剩下的 10 层原子构成了各自壁面的自由区。

通过在 x 方向对每个液体原子施加一个驱动力来模拟泊肃叶流动。在模拟开始时，Nosé-Hoover 温度控制方法施加在液体原子以及固体壁面温度控制区和自由区中的原子上以使系统达到热力学平衡。此时温度控制为 $0.75\varepsilon/k_{\mathrm{B}}$，其中 k_{B} 为玻尔兹曼常量。在经过 5×10^5 个时间步后，驱动力施加在每个液体原子上，与此同时施加在液体和自由区的温度控制被取消。由此，液体内部产生的黏性热被温度控制区移除。然后，系统继续运行 1×10^6 步以达到定常泊肃叶流动。液体的速度分布和温度分布通过将模拟区域划分为多层 (每层厚度 $\Delta y = 0.2\sigma$) 进行时间平均得到，用于时间平均的模拟步数为 2×10^6。对于液体的密度分布采用类似的方法获得，但在获得密度分布时每层厚度为 $\Delta y = 0.02\sigma$。模拟中时间步长设置

为 $\Delta t = 0.002\tau$, 其中 $\tau = \sqrt{m\sigma^2/\varepsilon}$。

滑移长度采用 Navier 模型计算, $L_S = v_S/\dot{\gamma}$, 其中 v_S 和 $\dot{\gamma}$ 分别为液体在固液界面处的滑移速度和剪切率。上下固液界面的位置分别定义为上壁面处最底层原子的位置和下壁面处最顶层原子的位置。参数 v_S 和 $\dot{\gamma}$ 通过对通道中心区部分 ($3.1\sigma{\sim}25.7\sigma$) 的速度剖面进行抛物线拟合并外延至固液界面处得到。采用 Kapitza 热阻长度的概念来定量表征固液界面处的热阻大小[20]。热阻长度采用如下公式计算: $L_K = T_J/\dot{T}$, 其中 T_J 和 $\dot{T}$ 分别为固液界面处的温度跳跃和温度梯度。T_J 和 $\dot{T}$ 通过对通道中心部分的温度分布进行四次多项式拟合并外延至固液界面处得到。此外, $T_J = T_F|_{Wall} - T_W$, 其中, $T_F|_{Wall}$ 是液体外延至固液界面处的温度, T_W 为上壁面处最底层和下壁面处最顶层的温度。

3.3　固液相互作用强度对流动滑移和流场的影响

3.3.1　流体的密度和速度分布特性

在微流动系统中, 由于流动特征长度很小, 因此流动的雷诺数通常远低于 1。从而相应的流动处于层流状态。本章以泊肃叶流动为对象研究固液界面的流动滑移规律和机理。对于带有滑移边界条件的两无限大平板之间定常泊肃叶流动的理论解为

$$v_x(y) = \frac{\rho F_x H^2}{2\mu}\left[\frac{1}{4} - \left(\frac{y}{H} - \frac{1}{2}\right)^2\right] + v_S \tag{3.3}$$

其中, ρ 和 μ 分别为液体在体相区的密度和黏度; H 为两平板之间的距离; v_S 为滑移速度。固液界面流动滑移最早在低润湿性表面上被观测到。因此, 润湿性也即对于平直均匀固体表面来说, 固液相互作用强度是影响滑移的主要因素。此外, 剪切率和系统温度也对滑移有着显著的影响。为全面研究固液相互作用强度对滑移的影响, 本节设置的固液相互作用强度变化范围为 $0.0035\varepsilon{\sim}2.0\varepsilon$。图 3.3 为驱动率 $F_x = 0.0050\varepsilon/\sigma$, 系统温度 $T = 0.8\varepsilon/k_B$ 时, 不同典型固液相互作用强度下, 液体的速度分布曲线图。图中虚线是壁面所在的位置, 箭头标示了固液相互作用强度 ε_{WF} 从 1.0ε 减小到 0.0035ε 时对应的速度分布, 图中实线为用抛物线拟合后的理论速度分布曲线。

从图 3.3 中可以看到, 由于驱动力以及液体的黏性、密度和通道高度均保持不变, 因此不同固液相互作用强度下, 速度分布曲线相互平行。并且体相区的液体速度分布与理论曲线完全吻合, 但在不同固液相互作用强度下产生了不同程度的滑移。在 $\varepsilon_{WF} = 1.0\varepsilon$ 时, 液体靠近壁面处出现了几层速度几乎为零的液体层, 这是强

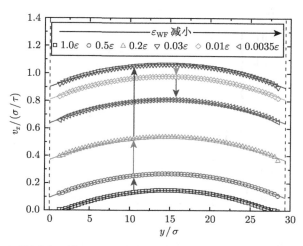

图 3.3　不同固液相互作用强度下液体的速度分布 (扫封底二维码可见彩图)

固液相互作用强度下液体的锁定层 [21]。当固液相互作用强度减小为 $\varepsilon_{\mathrm{WF}} = 0.5\varepsilon$ 时，固体表面对液体原子的约束减弱，液体在固液界面处开始出现滑移。然后随着固液相互作用强度的减小，液体的滑移量逐渐增大。但是，出乎意料的是，当固液相互作用强度减小到 $\varepsilon_{\mathrm{WF}} = 0.03\varepsilon$ 时，滑移量达到了最大。随后进一步减小固液相互作用强度，滑移量减小。液体的速度分布变化说明滑移量随固液相互作用强度存在两个相反的变化规律。在强固液相互作用强度下，滑移随固液相互作用强度减小而增大，这与前人的研究结果均一致。但是，当固液相互作用强度小于一定值后，滑移量与固液相互作用强度出现了正相关的关系。前人关于滑移的理论均不能解释这一变化规律，在弱固液相互作用强度下的滑移机理需要被进一步揭示。

　　图 3.4 为不同固液相互作用强度下液体在下壁面附近的密度分布曲线。上壁面附近的密度分布与下壁面处的分布由于对称性完全相同，因此仅展示了下壁面附近的密度分布。从图 3.4 中可以看到，在强固液相互作用强度下，液体在壁面附近呈现剧烈的分层振荡衰减分布，类似固体的结构有序性，明显的分层呼应了图 3.3 中速度几乎为零的几个液体层。随着固液相互作用强度的减小，液体密度分布振荡程度明显减弱，但密度分布的位置无明显变化。而在弱固液相互作用强度下 ($\varepsilon_{\mathrm{WF}} < 0.03\varepsilon$)，随固液相互作用强度的减小，液体的密度分布振荡程度无明显变化，但是密度分布逐渐向壁面移动。液体的密度分布在强、弱固液相互作用强度下的两种变化规律正是滑移出现上述两种相反变化规律的原因。相关定量分析见 3.3.3 节。

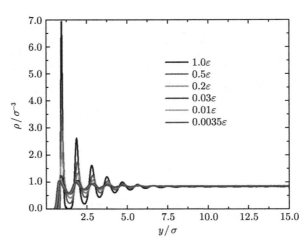

图 3.4　不同固液相互作用强度下液体的密度分布 (扫封底二维码可见彩图)

图 3.5 为不同温度和固液相互作用强度时液体的速度分布。图中数据只展示了速度分布的一半以比较不同温度时速度分布的变化。实线是对相应速度分布的抛物线拟合的曲线,虚线标示壁面位置。从图 3.5 中可看出系统温度会对流动和滑移产生很大的影响,并且在强、弱固液相互作用强度下,温度对速度分布以及滑移也产生了两种相反的影响规律。在强固液相互作用强度下 ($\varepsilon_{\mathrm{WF}} > 0.1\varepsilon$),较高的温度产生了较大滑移,从而导致较大的平均速度。而在弱固液相互作用强度下 ($\varepsilon_{\mathrm{WF}} < 0.1\varepsilon$),升高温度会大幅降低滑移,从而导致平均速度降低。并且在温度 $T = 1.6\varepsilon/k_{\mathrm{B}}$ 时,速度分布和滑移量在 $\varepsilon_{\mathrm{WF}} < 0.1\varepsilon$ 后才出现了与固液相互作用强度正相关的关系。而由图 3.3 可知,在 $\varepsilon_{\mathrm{WF}} < 0.03\varepsilon$ 后,这一正相关关系才开始出现。需要指出的是,这里提到的 0.1ε 以及 0.03ε 只是相关规律出现保守值。有关各个规律存在的固液相互作用强度范围,需要定量考察不同固液相互作用强度的滑移长度来获得 (见 3.3.2 节)。

与图 3.5 相同条件下液体的密度分布图见图 3.6。系统温度会影响原子的热运动程度以及系统的压强。在固定原子个数和体积时,温度升高会增加系统的压强。因此系统温度会对液体的密度分布产生复杂的影响。但是,图 3.6 的结果表明温度对液体密度分布的影响,在强、弱固液相互作用强度下也是不同的。在强固液相互作用强度下 ($\varepsilon_{\mathrm{WF}} > 0.1\varepsilon$),较高的温度会在相同固液相互作用强度时,使近壁区液体密度分布的振荡程度减弱。而在 $\varepsilon_{\mathrm{WF}} = 0.5\varepsilon$ 时,系统温度对密度分布的影响并不显著。在弱固液相互作用强度下 ($\varepsilon_{\mathrm{WF}} \leqslant 0.1\varepsilon$),温度的升高反而使液体密度分布的振荡程度变得更剧烈。温度对密度分布的影响规律与对滑移和速度分布的影响相对应。由此可见,液体密度分布的变化是揭示不同条件下滑移变化

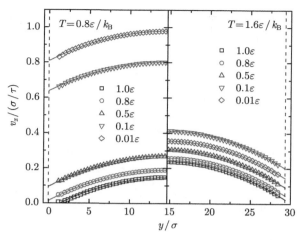

图 3.5 不同温度和固液相互作用强度时液体的速度分布 (扫封底二维码可见彩图)

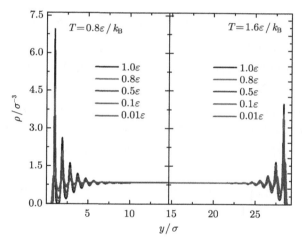

图 3.6 不同温度和固液相互作用强度时液体的密度分布 (扫封底二维码可见彩图)

规律的关键。

驱动力的大小会改变液体在壁面处的剪切率, 从而对液体的滑移产生影响。图 3.7 为驱动力分别为 $F_x = 0.0050\varepsilon/\sigma$ 和 $F_x = 0.0075\varepsilon/\sigma$ 时, 液体在不同固液相互作用强度下的速度分布。图中虚线为壁面位置, 实线为相应速度分布的抛物线拟合曲线。与温度和固液相互作用强度对速度分布和滑移的影响不同, 驱动力的增加在给定固液相互作用强度下均导致滑移量增大; 并且在弱固液相互作用强度下, 驱动力对滑移的影响更为显著。需要指出的是图 3.7 中的结果以及本章后续的结果均是在低剪切率条件下得出的。

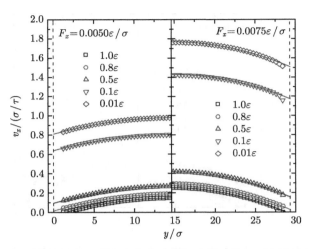

图 3.7　不同驱动力和固液相互作用强度时液体的速度分布 (扫封底二维码可见彩图)

　　图 3.8 为两种驱动力条件下，不同固液相互作用强度下的密度分布。驱动力只有在固液相互作用强度为 1.0ε 时，对液体的密度分布产生了影响：较大的驱动力降低了液体密度分布的振荡程度。而在其他固液相互作用条件下，驱动力对液体密度分布的影响可以忽略。这与前人的结果相一致，表明驱动力对滑移的影响机理比较单一。Priezjev [3] 的研究表明驱动力的增加导致壁面处剪切率的增加，剪切率增加会降低固液界面液体平行于壁面方向的结构有序性，从而增大滑移。有关驱动力对滑移特性的定量影响规律在 3.3.2 节中系统阐述。

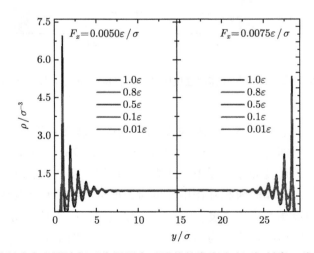

图 3.8　不同驱动力和固液相互作用强度时液体的密度分布 (扫封底二维码可见彩图)

3.3.2 固液界面流动滑移特性

基于获得的速度分布就可以考察不同驱动力和系统温度下液体的滑移长度。图 3.9 为不同驱动力 F_x 和系统温度 T 下,滑移长度随固液相互作用强度的变化规律。随着固液相互作用强度的减小,滑移长度展现出两个不同的变化规律,即滑移长度先增加,然后当固液相互作用强度小于一个临界值 $\varepsilon_{Ls}^{\max}$ 后,滑移长度开始减小。在给定的系统温度和驱动力时,$\varepsilon_{Ls}^{\max}$ 定义为滑移长度取得最大值时的固液相互作用强度。滑移长度随固液相互作用强度减小呈先增大后减小的变化规律,在不同驱动力和系统温度时依旧成立。后续,本节称滑移长度随固液相互作用强度减小而增大的规律为强固液相互作用规律;相应地称滑移长度随固液相互作用强度减小而减小的规律为弱固液相互作用规律。图 3.9 中虚线表示两个变化区域的区分。

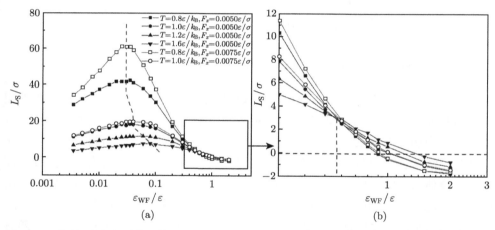

图 3.9　不同驱动力和系统温度下滑移长度随固液相互作用强度的变化规律 (扫封底二维码可见彩图)

图 3.10 为临界滑移长度随系统温度和驱动力的变化关系。在驱动力大小为 $F_x = 0.005\varepsilon/\sigma$ 时,随着系统温度 T 从 $0.8\varepsilon/k_B$ 增大到 $1.6\varepsilon/k_B$ 时,临界固液相互作用强度逐渐增大。但是在温度为 $T = 1.0\varepsilon/k_B$ 时,随着驱动力从 $0.0025\varepsilon/\sigma$ 增加至 $0.01\varepsilon/\sigma$ 时,临界固液相互作用强度保持不变。临界固液相互作用强度对温度的依赖关系,在驱动力 $F_x = 0.0075\varepsilon/\sigma$ 时依旧成立。这些结果证明临界固液相互作用强度与温度之间呈正相关关系但独立于驱动力的大小。

在图 3.9 中不同温度下,滑移长度随固液相互作用强度的变化曲线相交于同一点。这一交点所对应的固液相互作用强度表示为 ε_{CR}^I。并且,系统温度在固液相互作用强度分别大于和小于 ε_{CR}^I 时,也以两种相反的方式影响滑移长度的大小。

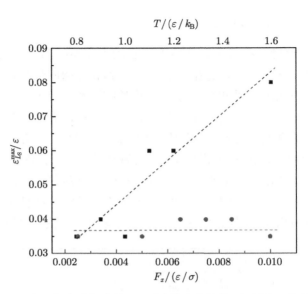

图 3.10   临界滑移长度随系统温度和驱动力的变化规律 (扫封底二维码可见彩图)

当固液相互作用强度大于 ε_{CR}^{I} 时，滑移长度随系统温度增加而减小；而当固液相互作用强度小于 ε_{CR}^{I} 时，滑移长度随系统温度增加而增大。在给定温度下，随着驱动力的增加，滑移长度在所有固液相互作用范围内均增大。当固液相互作用非常大时，滑移长度为负值。流动系统中的负滑移反映了固液界面液体层的锁定程度以及液体结构的有序性。负滑移的量值越大，液体在固液界面的锁定层越多，结构有序性越高 [21]。随着固液相互作用强度减小，滑移长度从负值变为正值。用 ε_{CR}^{0} 表示正负滑移之间的临界固液相互作用强度。从图 3.9 中可看出，ε_{CR}^{0} 随着系统温度和驱动力增大而增大。需要指出的是，ε_{CR}^{0} 和驱动力之间的正相关关系并不明显是因为驱动力的增加量过小：从 $0.005\varepsilon/\sigma$ 增加到 $0.0075\varepsilon/\sigma$。

3.3.3   强、弱固液相互作用强度下的滑移机理

大量研究表明固液界面第一液体层在描述滑移现象时扮演着非常重要的角色，剩余其他液体层对滑移的影响会在高剪切率下显现出来 [22]。本章仅考虑低剪切率下的滑移现象。Lichter 等 [15] 和王奉超等 [22] 的研究表明滑移速度正比于第一液体层中原子沿流动方向的净跃迁率。原子的净跃迁率等于原子沿流动方向的跃迁率减去原子逆流动方向的跃迁率。在第一液体层中的原子经历一个由固体表面产生的褶皱势能场。该势能场由固液相互作用强度、固液晶格结构和固体原子的热运动决定 [12]。本章着重研究了固液相互作用强度的影响。图 3.11(a) 为固体表面产生的势能场的一个平行于固体表面的截面。从图 3.11(a) 中可看出固体表

面的势能场由一系列周期性排列的势能峰和势能谷所构成。势能面通过将一个液体原子置于固体表面上方不同位置计算得到。壁面第一层原子位置为 $y = 0\sigma$。势能面中最大值和最小值之间的差别随着势能面所处的位置不同而发生变化。

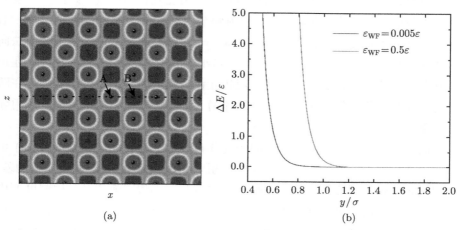

图 3.11　固体表面产生的势能平面图 (a) 和对于不同固液相互作用强度 $\varepsilon_{\text{WF}} = 0.5\varepsilon$ 和 $\varepsilon_{\text{WF}} = 0.005\varepsilon$，跃迁能垒随壁面法向位置的变化 (b) (扫封底二维码可见彩图)

　　在第一液体层中的原子会优先处于势能谷中，这也是固液界面液体结构有序性出现的原因。但是，由于受到其他原子的扰动，处于势能谷中的原子会克服两个相邻势能谷中的能垒，从一个势能谷跳跃至另一个势能谷。在热力学平衡条件下，第一液体层中的原子沿不同方向的跃迁概率是相同的。当液体中存在流动时，第一液体层中原子受到驱动力和上层原子的剪切作用，沿流向的原子跃迁率将大于逆流向的跃迁率。这一过程与滑移之间的关系可定量表达为 [22]

$$v_{\text{S}} = \begin{cases} v_{\text{S}}' = 2\lambda\dfrac{k_{\text{B}}T F_+}{h F_0}\exp\left(-\dfrac{\Delta E}{k_{\text{B}}T}\right)\sinh\left(\dfrac{\tilde{\tau}\lambda S}{2k_{\text{B}}T}\right), & v_{\text{S}}' > v_f \\ 0, & v_{\text{S}}' < v_f \end{cases} \tag{3.4}$$

其中，T 为系统温度；h 为普朗克常量；ΔE 为原子跃迁时遇到的能垒；F_+ 和 F_0 分别为系统在激活态和初始态时的配分函数；$\tilde{\tau}$ 为作用在第一液体层上的剪切应力；S 为第一液体层沿流动方向的有效面积；λ 为第一液体层中原子跃迁一次的距离；v_f 为第一液体层中原子的热运动涨落的大小。在式 (3.4) 中 v_{S}' 若能够从热运动的涨落中凸显出来系统就会出现滑移，否则剪切作用只是增加了第一液体层的热运动。在低剪切率时，$\tilde{\tau}\lambda S$ 的值远小于 $k_{\text{B}}T$，因此式 (3.4) 中的双曲正弦函数可简化为线性函数并且 F_+/F_0 可以假设为常数。由此式 (3.4) 的滑移速度可

简化为

$$v_{\mathrm{S}} \propto \tilde{\tau}\lambda^2 S \exp\left(-\frac{\Delta E}{k_{\mathrm{B}}T}\right) \tag{3.5}$$

一般来说，原子的跃迁能力 ΔE 依赖于固液相互作用强度、距离固体表面的位置和固体的晶格结构，本章主要考察前两个因素对跃迁能垒的影响。图 3.11(b) 是固液相互作用强度为 $\varepsilon_{\mathrm{WF}} = 0.5\varepsilon$ 和 $\varepsilon_{\mathrm{WF}} = 0.005\varepsilon$ 时，跃迁能垒随壁面法向位置的变化。ΔE 定义为势能面中最大值和最小值的差，如图 3.11(a) 所示。在距离固体壁面相同位置处，跃迁能垒随固液相互作用强度的减小而减小，但是在跃迁能垒随壁面法向位置的变化曲线中，快速增大的部分在较小的固液相互作用强度下会显著向壁面方向移动。

不同条件下液体在下壁面附近的密度分布如图 3.12 所示。从图 3.12(a) 可以看出第一液体层中的原子密度分布在强、弱固液相互作用强度下具有明显的差别。在强固液相互作用强度下，第一液体层的位置基本不随固液相互作用强度变化而变化。第一液体层的位置通过密度第一个峰值点的位置表征，并且在强固液相互作用强度下第一液体层的密度分布保持为一个较窄的尖峰。第一液体层这样的密度分布特点支持了在强固液相互作用下式 (3.4) 和式 (3.5) 中原子跃迁能垒 ΔE 是常数的假设。也即在强固液相互作用下，原子跃迁能垒独立于距离壁面的位置。

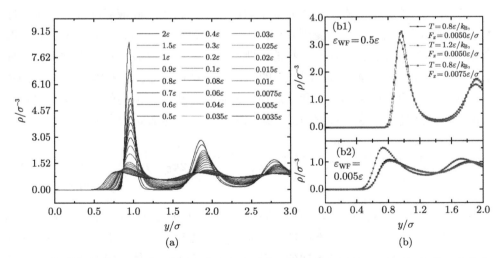

图 3.12　不同固液相互作用强度下液体在下壁面附近的密度分布图 (a) 和不同条件下液体在下壁面附近的密度分布图 (b)(扫封底二维码可见彩图)

当固液相互作用强度小于一个特定值后，第一液体层的位置随固液相互作用强度的减小向固体壁面移动，并且第一液体层的密度分布变得越来越矮宽。需要指出的是，即使在最小的固液相互作用强度下，液体原子也不会穿过固体表面进入固体壁面内部。第一液体层在弱固液相互作用强度下较宽的密度分布表明原子跃迁能垒是常数的假设将不再成立，因为处于不同位置处的液体原子在跃迁时将遇到不同大小的能垒。此时在建立滑移的定量表达式时原子跃迁能垒对位置的依赖性就一定要考虑进去。为了综合考虑位置和固液相互作用强度对第一液体层中原子跃迁能垒的影响，本节引入基于密度分布的平均原子跃迁能垒的概念：

$$\overline{\Delta E} = \frac{\sum\limits_{i=1}^{n} \rho_i \Delta E_i}{\sum\limits_{i=1}^{n} \rho_i} \tag{3.6}$$

其中，ρ_i 为第 i 个平行于固体壁面片层内的液体数密度；ΔE_i 为第 i 个片层的原子跃迁能垒；n 为第一液体层中总的片层数量。

不同条件下密度加权平均原子跃迁能垒随固液相互作用强度的变化规律见图 3.13(a)。在所有温度和驱动力条件下，密度加权平均原子跃迁能垒随固液相互作用强度的减小呈先减小后增加。并且，密度加权平均原子跃迁能垒达到最小值时对应的固液相互作用强度与临界固液相互作用强度具有非常好的对应关系，见图 3.13(b)。密度加权平均原子跃迁能垒对固液相互作用强度非单调的依赖关系是固液相互作用强度减小和弱固液相互作用强度下的密度分布的直接结果。前面提到，原子跃迁能垒依赖于固液相互作用强度和距离固体壁面的位置。在强固液相互作用强度下，第一液体层的位置基本保持不变且第一液体层中的原子分布在一个较窄的区域内。此时，固液相互作用强度主导原子跃迁能垒，因此随着固液相互作用强度的减小，原子跃迁能垒逐渐减小。与之相反的是，在弱固液相互作用强度下，随着固液相互作用强度的减小，第一液体层的位置向固体壁面移动并且液体原子在第一液体层中分布更宽广。由于原子跃迁能垒随着与壁面距离的减小会迅速增加，所以第一液体层密度分布变化将主导密度加权平均原子跃迁能垒。因此，随着固液相互作用强度的减小，密度加权平均原子跃迁能垒开始增加。

较小的密度加权平均原子跃迁能垒表明液体原子在势能低谷之间的跃迁频率更高。因此，在强固液相互作用强度下，滑移随着固液相互作用强度减小而增大。同理，当固液相互作用小于特定值后，增加的密度加权平均原子跃迁能垒会导致较低的原子跃迁频率，也即更小的滑移。由此，滑移长度随固液相互作用强度非单调的变化规律得到了完整的解释。

系统温度对滑移的影响机理会更复杂一些。一方面，当系统温度较高时第一液体层中的原子会具有更高的动能来克服跃迁能垒，从而升高温度会促进滑移；另一方面，在相同的固液相互作用强度下，升高温度会导致第一液体层向固体壁面移动，见图 3.13(b)，也即此时升高温度会增加原子跃迁能垒从而降低滑移。因此，升高系统温度对滑移的影响来自原子动能的增加和原子跃迁能垒增加之间的竞争效果。

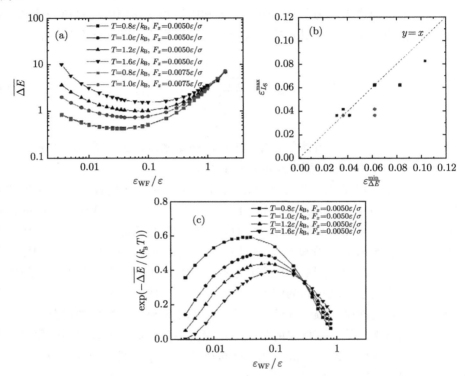

图 3.13　原子跃迁能垒随固液相互作用强度的变化 (a)、不同温度和驱动力下 $\varepsilon_{L_S}^{\max}$ 与 $\varepsilon_{\overline{\Delta E}}^{\min}$ 对应关系，其中 $\varepsilon_{L_S}^{\max}$ 为滑移长度最大时对应的固液相互作用强度，$\varepsilon_{\overline{\Delta E}}^{\min}$ 为密度加权平均原子跃迁能垒最小时对应的固液相互作用强度 (b) 和不同温度下因子 $\exp(-\overline{\Delta E}/(k_B T))$ 随固液相互作用强度的变化规律 (c)(扫封底二维码可见彩图)

不同温度下因子 $\exp(-\overline{\Delta E}/(k_B T))$ 随固液相互作用强度的变化规律见图 3.13(c)。因子 $\exp(-\overline{\Delta E}/(k_B T))$ 在给定固液相互作用强度和系统温度下的值利用图 3.13(a) 相应的原子跃迁能垒计算得到。在强固液相互作用强度下系统温度对第一液体层的密度分布影响不明显，如图 3.12(b1) 所示。此时，原子的动能变化主导因子 $\exp(-\overline{\Delta E}/(k_B T))$ 的变化，见图 3.13(c)。因此升高温度将增大滑移。在弱固液相互作用强度下，升高温度会导致第一液体层显著向壁面移动，见图 3.12(b2)，这就会导致原子跃迁能垒的显著增加。最终原子跃迁能垒主导因子

$\exp(-\overline{\Delta E}/(k_\mathrm{B}T))$ 的变化，见图 3.13(c)。因此增加温度会减小滑移长度。此外，由于在相同的固液相互作用强度下较高的温度会导致第一液体层向壁面移动，因此临界固液相互作用强度增大。

在弱固液相互作用强度下，升高温度会使得第一液体层向壁面移动，同时第一液体层的密度分布会变得更窄高一些，见图 3.12(b2)。第一液体层向壁面移动会增加密度加权平均的跃迁能垒，而原子在第一液体层中分布更广也会增加密度加权跃迁能垒。因此在图 3.12(b2) 中，在弱固液相互作用强度下，升高温度时，密度加权平均原子跃迁能垒的变化是第一液体层向壁面移动和更窄高的密度分布综合影响的结果。这个现象表明使用密度加权平均原子跃迁能垒可以综合反映第一液体层位置及其内原子分布特点给原子跃迁行为带来的影响。需要指出的是图 3.9 和图 3.13(c) 中的交点位置是不同的，同时两个图中曲线的趋势变化也是不同的。这可能是由于因子 $\exp(-\overline{\Delta E}/(k_\mathrm{B}T))$ 前面缺失了反映剪切应力的项。

在 $T = 0.8\varepsilon/k_\mathrm{B}$ 和 $1.0\varepsilon/k_\mathrm{B}$ 时，图 3.13(a) 中的密度加权平均原子跃迁能垒的大小在驱动力从 $0.005\varepsilon/\sigma$ 变为 $0.0075\varepsilon/\sigma$ 时基本保持不变。在低剪切率下，驱动力对第一液体层密度分布的影响在强、弱固液相互作用强度下均可以忽略不计，见图 3.12(b)，这与前人的研究结果相一致 [8]。在其他条件保持不变时，增加驱动力大小会导致更大的滑移速度，这一过程由式 (3.5) 中指数项前面的部分所决定。

滑移长度随剪切率增加而增加，表明在本章的研究中滑移是剪切依赖的。由上述分析可知，临界固液相互作用强度由密度加权平均原子跃迁能垒的指数项所决定。而驱动力只影响指数项前面的部分，因此不会影响临界固液相互作用强度的变化，也即临界固液相互作用强度随剪切率的变化而保持不变。这一结论只在低剪切率下才成立，在高剪切率下液体将会出现明显的黏性加热效应，此时系统的温度不再保持不变，临界固液相互作用强度将发生改变。有关高剪切率下黏性加热对流动滑移的影响研究将在第 4 章中展开。

此外，在弱固液相互作用强度下，第一液体层会显著地向固体壁面移动，此时中心区的密度将会有所改变。但是，最大的壁面改变量小于设定值的 5%。密度的改变相当于等效地改变了通道的高度，进而会对流体黏性和滑移长度产生影响。因此需要对不同条件下液体的黏性进行讨论，以排除其对上述滑移机理的影响。在本章中，流体的黏性通过以下公式计算：

$$\mu = \frac{F_x \Delta y A \displaystyle\sum_{i=1}^{n} \rho_i}{(\dot{\gamma}_1 - \dot{\gamma}_n) A} \tag{3.7}$$

其中，Δy 为平行于固体壁面用于统计密度和速度分布的薄层；A 为模拟区域在

xz 平面上的面积；下标 $i = 1$ 和 n 对应 y 方向上的坐标 y_1 和 y_n，且 $y_n > y_1$；$\dot\gamma_1$ 和 $\dot\gamma_n$ 分别为液体在 y_1 和 y_n 处的剪切率；y_1 和 y_n 均处于液体的体相区，且 y_n 小于通道高度的一半，本章中 y_1 和 y_n 分别等于 7.01σ 和 14.01σ。

　　图 3.14 为不同系统温度和驱动力下液体黏性随固液相互作用强度的变化规律。从图 3.14 中可以看到，液体的黏性在弱固液相互作用强度 ($\varepsilon_{\rm WF} < 0.1\varepsilon$) 下基本保持不变而在强固液相互作用强度下仅有少量的变化。此外，固液界面的摩擦系数 $k = \mu/L_{\rm S}$ 随固液相互作用强度的变化呈现出相同的强、弱固液相互作用模式，并且摩擦系数的临界固液相互作用强度与图 3.9 中的相同。

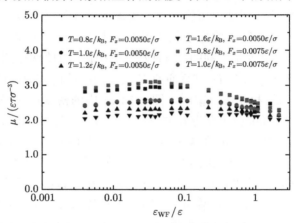

图 3.14　不同系统温度和驱动力下液体黏性随固液相互作用强度的变化规律 (扫封底二维码可见彩图)

3.4　黏性热和固液相互作用强度对流场和滑移的综合影响

3.4.1　速度和温度分布特性

　　随着剪切率的增加，液体内部的黏性加热效应变得越来越明显，同时液体的温度分布不再是均匀分布[12]。对于纳米通道中液体的速度分布和温度分布，在通道中心区的部分仍满足连续介质力学的理论预测[23]。对于包含滑移和热阻边界条件的定常不可压泊肃叶流动的理论解为

$$v_x(y) = \frac{\rho F_x H^2}{2\mu}\left[\frac{1}{4} - \left(\frac{y}{H} - \frac{1}{2}\right)^2\right] + v_{\rm S} \tag{3.8}$$

$$T(y) = \frac{\rho^2 F_x^2 H^4}{12\lambda\mu}\left[\frac{1}{16} - \left(\frac{y}{H} - \frac{1}{2}\right)^4\right] + T_{\rm J} + T_{\rm W} \tag{3.9}$$

其中，H 为通道高度；T_W 为壁面温度；μ 和 λ 分别为液体的黏度和热导率。

图 3.15 为不同典型驱动力条件下液体在定常状态下的速度分布。由于速度剖面关于通道中心平面对称，因此在固液相互作用强度为 $\varepsilon_{WF} = 1.0\varepsilon$ 和 0.3ε 时，速度分布各展示了一半。从图 3.15 中可看出，中心的速度分布可以用抛物线得到很好的拟合，与式 (3.8) 的预测相一致。对于固液相互作用强度 $\varepsilon_{WF} = 1.0\varepsilon$ 和 0.3ε 时，滑移速度随驱动力的增加而增大。在小驱动力 $F_x \lesssim 0.2\varepsilon/\sigma$ 时，较弱的固液相互作用强度 ($\varepsilon_{WF} = 0.3\varepsilon$) 将产生较大的滑移；与之相反的是，在大驱动力 $F_x = 0.3\varepsilon/\sigma$ 和 $0.5\varepsilon/\sigma$ 时，较强固液相互作用强度下 ($\varepsilon_{WF} = 1.0\varepsilon$) 也会产生较大的滑移。在不同流动条件和固液相互作用强度下滑移长度的详细分析将在 3.4.2 节进行展开。

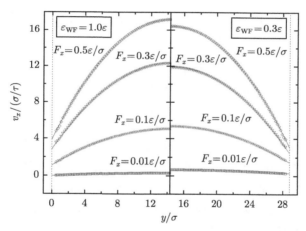

图 3.15　不同驱动力 F_x 下，固液相互作用强度为 $\varepsilon_{WF} = 1.0\varepsilon$ (左) 和 0.3ε (右) 时液体的速度分布 (扫封底二维码可见彩图)

虚线表示壁面位置

在不同驱动力和固液相互作用强度下，黏性加热效应以及热被移除的速度决定了定常状态下液体的温度分布。图 3.16 为不同驱动力和固液相互作用强度下液体在定常条件下的温度分布。与图 3.15 类似，对于固液相互作用强度 $\varepsilon_{WF} = 1.0\varepsilon$ 和 0.3ε，由于对称性，温度分布各展示了一半。除了紧邻壁面的区域，液体的温度分布可以用四阶多项式很好地拟合，这与理论预测相一致。在紧邻壁面区域液体的温度会有略微的增加而偏离理论预测。

进一步，从图 3.16 中可看出，在驱动力大小为 $F_x = 0.01\varepsilon/\sigma$ 时，液体在两种固液相互作用强度下的温度分布近似为直线，表明在低剪切率下液体的黏性加热效应并不明显。随着驱动力的增加，液体的平均温度变大，温度分布的非线性特征变得越来越明显。也即流体内部因受剪切而出现的黏性加热效应随着驱动力的增加，并在两种固液相互作用下均变得越来越显著。

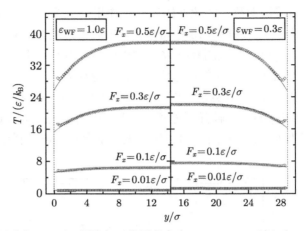

图 3.16　不同驱动力 F_x 下，固液相互作用强度为 $\varepsilon_{\mathrm{WF}} = 1.0\varepsilon$ (左) 和 0.3ε (右) 时液体
内部的温度分布 (扫封底二维码可见彩图)

虚线表示壁面的位置

在较小的驱动力 $F_x \lesssim 0.3\varepsilon/\sigma$ 时，较小的固液相互作用会导致更大的 Kapitza 热阻 [24]，因此降低固液相互作用强度会导致更显著的黏性加热效应。但是，在驱动力 $F_x = 0.5\varepsilon/\sigma$ 很大时，固液相互作用强度 $\varepsilon_{\mathrm{WF}} = 1.0\varepsilon$ 和 0.3ε 下液体的温度分布基本一致。这些结果表明固液相互作用强度和驱动力，也即剪切率，对 Kapitza 热阻有着复杂的综合影响效应。

值得指出的是，在驱动力 F_x 从 $0.01\varepsilon/\sigma$ 增加至 $0.5\varepsilon/\sigma$ 后，不同固液相互作用条件下，液体的温度从 $\sim0.90\varepsilon/k_{\mathrm{B}}$ 增大到 $36\varepsilon/k_{\mathrm{B}}$。在前人使用 TW 温度控制策略的分子动力学模拟中，也得到了类似结果 [25]。与之相反的是，固体壁面的平均温度只是从 $\sim0.75\varepsilon/k_{\mathrm{B}}$ 增加到了 $\sim2.0\varepsilon/k_{\mathrm{B}}$。此处需要强调的是在所有的算例中固体均保持很好的完整性和刚度，液体温度的显著变化会影响液体在相图中的位置。针对这一点本节进行了进一步的讨论。

根据具有 33 个参数的 MBWR 方程，Nicolas 等 [26] 给出了新的简单液体的状态方程。随后 Johnson 等 [27] 使用更精确的分子动力学模拟结果改进了 Nicolas 等的方程。使用 Johnson 等的 MBWR 方程以及麦克斯韦构造法，Cosden 用数值的方法计算出了气液共存线并与旋节线一起绘制在了简单液体的相图中 [28]。在本章的研究中，液体在最低剪切率下，不同固液相互作用时的体相密度和平均温度分别为 $\sim0.83\sigma^{-3}$ 和 $\sim0.90\varepsilon/k_{\mathrm{B}}$。根据 Cosden 的相图，该条件下液体在相图中的位置在共存线的上边同时低于临界点，这表明流体此时为稳定的液体 [28]。随着剪切率的增加，液体的平均温度显著升高但是液体的体相密度变化小于 $0.05\sigma^{-3}$。因此，当平均温度不断升高但是只要其低于临界点时，其状态就为稳定的液体。当平均温度进一步升高，液体将转变为超临界流体 [29]。

　　液体温度随剪切率显著升高会影响液体的黏性，并且非均匀的温度分布致使液体的黏性可能还与距离壁面的位置有关。在泊肃叶流动中，沿垂直壁面方向也即 y 方向，不同位置处液体的黏性可采用式 (3.10) 进行计算：

$$\mu(y_1) = \mu(y_2) = \frac{F_x \Delta y A \displaystyle\sum_{i=1}^{n} \rho_i}{(\dot{\gamma}_1 + \dot{\gamma}_2) A} \tag{3.10}$$

其中，Δy 为平行于壁面的薄层厚度，取值为 0.2σ；A 为模拟区域在 xz 平面上的面积；$\dot{\gamma}_1$ 和 $\dot{\gamma}_2$ 分别为液体在 y_1 和 y_2 处的剪切率；y_1 和 y_2 关于通道中心平面位置对称，通道中心平面的位置为 $y = 14.39\sigma$。在计算中，y_1 从 3.1σ 增加至 11.9σ，相应地，y_2 从 25.7σ 减小至 16.9σ。对于给定的驱动力和固液相互作用强度，从图 3.16 中可看出液体的温度分布在通道中心区近似为直线，这表明在通道中心区液体的黏性可以假设为常数。因此，计算黏性时仅需考虑温度分布非线性非常显著的区域即可。在本节中，剪切黏性 μ 通过 45 个平行于壁面的薄层数据获得。

　　图 3.17 为不同驱动力和固液相互作用强度下液体的平均黏性值随界面剪切率的变化关系。为了比较文献 [25] 中的数据，图 3.17 中数据绘制了黏性在不同固液相互作用强度下随界面剪切率的变化关系。图中的误差线为对应固液相互作用强度下 45 个薄层黏性值的标准差。从图 3.17 中可明显看出，黏性在不同位置的偏差远小于黏性的平均值。因此，可以肯定液体的黏性不依赖于通道中的位置。也即，在不同固液相互作用强度和驱动力条件下，液体的黏性在空间上是均匀分布的。在给定的固液相互作用强度下，当剪切率小于 (大于) $\sim 0.3\tau^{-1}$ 时，液体的黏性是与界面剪切率负 (正) 相关的。液体的黏性和界面剪切率之间类似的关系在前人的研究 [25] 中也有报道。

　　界面剪切率对液体黏性的影响可以通过考虑液体的温度以及液体在相图中的位置得到解释。由前面讨论可知，在低剪切率下，液体的温度较低，其黏性由 LJ 势能中的吸引力所主导 [31]。因此，随着剪切率的增加，更高的温度会导致原子热运动的增加而减弱原子聚合组的尺寸，进而降低液体抵抗剪切的能力，也即更低的黏性 [30]。在高剪切率下，液体的温度显著升高，此时动量传递主要由 LJ 相互作用的斥力主导 [32]。因此，简单液体在高温下的剪切黏性类似于软球系统，即

$\mu \sim \rho T^{5/12}$ [32]。由此，在高剪切率下升高的温度会导致更大的黏性。综上，黏性随着剪切率的增加先减小后增加，也即黏性对剪切率的依赖关系中会出现一个最小值，见图 3.17。

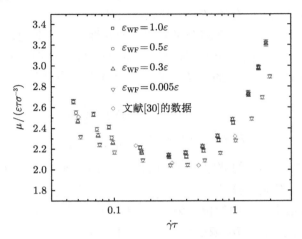

图 3.17　不同驱动力和固液相互作用强度下液体的平均黏性值随界面剪切率的变化关系 (扫封底二维码可见彩图)

从图 3.17 中可看出，在剪切率 $\dot{\gamma} \lesssim 0.3\tau^{-1}$，也即相对低剪切率时，液体的黏性在较弱的固液相互作用强度时更小，因为更弱的固液相互作用强度会导致更高的温度。当剪切率 $\dot{\gamma} \gtrsim 0.3\tau^{-1}$ 以及固液相互作用强度 $\varepsilon_{\mathrm{WF}} \gtrsim 0.3\varepsilon$ 时，由于液体的温度分布基本一致，因此液体的黏性几乎相同。对于非常弱的固液相互作用强度 $\varepsilon_{\mathrm{WF}} = 0.005\varepsilon$，由于较低的温度会导致液体的黏性在不同剪切率时均小于 $\varepsilon_{\mathrm{WF}} = 1.0\varepsilon \sim 0.3\varepsilon$ 时的黏性。此外，从第 2 章的结果可知，在弱固液相互作用强度下，固液界面处第一液体层会向壁面移动从而等效增大了通道的高度，进而降低了黏性。

3.4.2　不同固液相互作用下的滑移特性

图 3.18 为滑移长度的变化规律。从图中可明显看出滑移长度显著依赖于界面剪切率，但是在强、弱固液相互作用强度下滑移长度与剪切率呈现出两种相反的关系。在强固液相互作用强度 $\varepsilon_{\mathrm{WF}} = 1.0\varepsilon$ 和 0.9ε 下，滑移长度随剪切率先增加后趋于定值。在剪切率 $\dot{\gamma} \lesssim 1.0\tau^{-1}$ 时，对于给定的界面剪切率，滑移长度在固液相互作用强度为 $\varepsilon_{\mathrm{WF}} = 0.9\varepsilon$ 时的取值大于 $\varepsilon_{\mathrm{WF}} = 1.0\varepsilon$ 时的取值。但在更高的剪切率下 $\dot{\gamma} \gtrsim 1.0\tau^{-1}$，滑移长度的大小在两种固液相互作用强度下取值基本相同。在前人关于聚合物的 Couette 剪切流动的分子动力学模拟中也发现了滑移长度与

剪切率类似的关系[16]。在该研究中，固液相互作用强度的大小为 3.0ε，并同样采用 TW 温度控制策略。

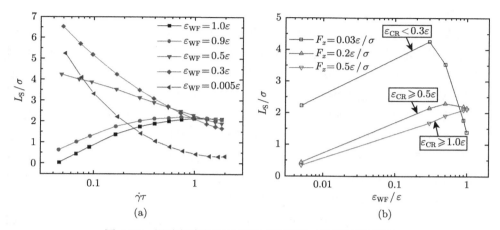

图 3.18　滑移长度的变化规律 (扫封底二维码可见彩图)

(a) 不同固液相互作用强度下滑移长度随界面剪切率的变化规律；(b) 不同驱动力下滑移长度随固液相互作用强度的变化规律

在弱固液相互作用强度 $\varepsilon_{\mathrm{WF}} = 0.5\varepsilon$ 和 0.3ε 下，滑移出现了相反的特性，也即滑移长度随着剪切率的增加而单调减小，并且滑移长度在固液相互作用强度为 0.3ε 时减小的速度大于 0.5ε 时的速度。在剪切率 $\dot{\gamma} \lesssim 0.55\tau^{-1}$ 时，滑移长度在较低的固液相互作用强度下更大一些。但是在高剪切率下，较弱的固液相互作用强度反而产生了更小的滑移长度，见图 3.18(a)。例如，在剪切率 $\dot{\gamma} \gtrsim 1.2\tau^{-1}$ 后，固液相互作用强度为 $\varepsilon_{\mathrm{WF}} = 0.5\varepsilon$ 时的滑移长度要小于 $\varepsilon_{\mathrm{WF}} = 0.9\varepsilon$ 和 1.0ε 时的滑移长度，这个滑移行为与图 3.15 强、弱固液相互作用强度下的速度分布的结果相一致。同样，当剪切率 $\dot{\gamma} \gtrsim 0.5\tau^{-1}$ 后，$\varepsilon_{\mathrm{WF}} = 0.3\varepsilon$ 时的滑移长度小于 $\varepsilon_{\mathrm{WF}} = 0.5\varepsilon$ 时的滑移长度。

在最弱的固液相互作用强度 $\varepsilon_{\mathrm{WF}} = 0.005\varepsilon$ 的情形下，滑移长度随剪切率的减小速度最快，并趋于一个非零的定值 ($\sim 0.34\sigma$)。在固液相互作用强度为 $\varepsilon_{\mathrm{WF}} = 0.005\varepsilon$ 时，所有剪切率下液体的滑移长度均小于 $\varepsilon_{\mathrm{WF}} = 0.3\varepsilon$ 时的滑移长度大小，这与 $\varepsilon_{\mathrm{WF}} = 0.5\varepsilon$ 和 $\varepsilon_{\mathrm{WF}} = 0.3\varepsilon$ 时的规律不一致。但是，这样的滑移行为与第 2 章采用类似参数的流动系统的滑移规律相一致。特别地，第 2 章证明滑移长度会在临界固液相互作用强度 ($\varepsilon_{\mathrm{CR}} \sim 0.06\varepsilon$) 处取得最大值，并且在大于临界固液相互作用强度时滑移长度与固液相互作用强度呈负相关关系，而在小于临界固液相互作用强度时滑移长度与固液相互作用强度呈正相关关系，也即滑移长度随着固液相互作用强度的减小先增加后减小。图 3.18(a) 中的结果表明滑移长度与固液相互作用强度的非单调依赖关系在高剪切率下以及使用柔性壁面模型和 TW 温度控制策略时依旧成立。

将图 3.18(a) 中的滑移长度数据重新绘制为不同驱动力下，滑移长度随固液相互作用强度的变化规律，见图 3.18(b)。需要指出的是，因为只有 5 个点的数据可供参考，图 3.18(b) 中的数据仅给出了临界固液相互作用强度的范围。但是，依旧可以从这有限的数据中得到临界固液相互作用强度与驱动力以及液体温度之间的定性关系。结合第 2 章的结论，可以从图 3.18(b) 中看出在驱动力 $F_x = 0.03\varepsilon/\sigma$ 时，临界固液相互作用强度小于 0.3ε；而当驱动力增加至 $0.2\varepsilon/\sigma$，滑移长度在固液相互作用强度约为 0.5ε 时取得最大值，因此，此时临界剪切率大于 0.5ε。在驱动力最大，即 $F_x = 0.5\varepsilon/\sigma$ 时，滑移长度随着固液相互作用强度从 1.0ε 减小至 0.005ε，呈现为单调减小的规律，表明此时临界固液相互作用值大于 1.0ε。由以上规律可以得出，在采用 TW 温度控制策略的分子动力学模拟中，驱动力的增加导致液体温度的增加从而导致临界固液相互作用强度逐渐增大。这里给出的临界固液相互作用强度与温度的关系与第 2 章得到结果相一致，即温度的增加导致固液界面第一液体层向壁面移动从而增加临界固液相互作用强度。

3.4.3 不同固液相互作用和剪切率下的黏性加热效应

本节通过考察液体的平均温度 (T_{ave}) 和 Kapitza 热阻长度 L_{K} 详细分析了不同固液相互作用强度下液体的黏性加热效应随剪切率的变化规律。从图 3.19(a) 可看出液体的平均温度随剪切率的增加快速升高，表明液体中出现了显著的黏性加热效应。在不同固液相互作用强度下，Kapitza 热阻长度随界面剪切率的增加而单调减小，见图 3.19(b)。这表明液体和固体壁面之间的热传递效率随着黏性加热效应 (也即液体的平均温度) 的增加而增加。

在相对较低的界面剪切率下，如 $\dot{\gamma} \approx 0.04\tau^{-1}$，随着固液相互作用强度从 1.0ε 减小为 0.3ε，液体的平均温度增大。这个规律与弱固液相互作用强度导致较大的热阻长度是一致的。由此表明，较弱的固液相互作用强度会导致更低的固液热传递效率。进一步，随着界面剪切率的增加，不同固液相互作用强度之间液体的平均温度和热阻长度之间的差别在减小。特别地，在剪切率特别高时，如 $\dot{\gamma} \approx 1.6\tau^{-1}$ 或 $1.8\tau^{-1}$，液体平均温度和热阻长度在不同固液相互作用强度下的差别可以忽略不计，这与图 3.16 中不同条件下高剪切率下液体温度分布几乎相同的结果相一致。

对于固液相互作用强度 $\varepsilon_{\mathrm{WF}} = 0.005\varepsilon$ 的情形，液体的平均温度随剪切率增大而升高的速度比其他固液相互作用条件的温度升高速度慢，见图 3.19(a)。相应地，在固液相互作用强度为 $\varepsilon_{\mathrm{WF}} = 0.005\varepsilon$ 时，Kapitza 热阻长度随剪切率增大而降低的速度最快。与固液相互作用强度为 $\varepsilon_{\mathrm{WF}} = 1.0\varepsilon \sim 0.3\varepsilon$ 情况相比，固液相互作用强度 $\varepsilon_{\mathrm{WF}} = 0.005\varepsilon$ 时的液体平均温度和 Kapitza 热阻长度在高剪切率 $\dot{\gamma} \approx 1.6\tau^{-1}$ 或 $1.8\tau^{-1}$ 下均较小。此外，液体的平均温度和 Kapitza 热阻长度与剪切率的依赖关系与固液相互作用强度 $\varepsilon_{\mathrm{WF}} = 0.005\varepsilon$ 时液体较低的黏度有关。

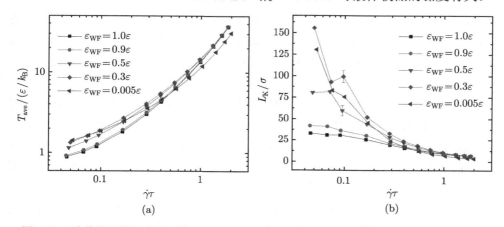

图 3.19 液体的平均温度和 Kapitza 热阻长度随剪切率的变化 (扫封底二维码可见彩图)

(a) 不同固液相互作用强度下液体的平均温度随界面剪切率的变化规律；(b) 不同固液相互作用条件下固液界面之间的 Kapitza 热阻长度随界面剪切率的变化规律

3.4.4 基于近壁面液体三维结构的滑移产生机理

本节通过考察在不同固液相互作用强度和剪切率下，黏性加热效应对第一液体层性质的影响，分析了滑移长度两种相反的剪切依赖关系。一般来说，液体流经柔性壁面时的速度滑移强烈依赖于固液的晶格结构和固液界面第一液体层相对于壁面的位置。固体晶格结构和固液相互作用强度会决定壁面上方的势能场，进而在第一液体层中形成高度有序的结构。前人的研究表明，第一液体层的结构有序性与滑移之间呈负相关关系 [8]。第一液体层的位置也与滑移长度紧密相关，因为其反映了固液之间耦合的强度 [8]。在本章的研究中，所有不同条件下的固体壁面的晶格结构都保持不变。但是，对于给定的固液相互作用强度，液体的温度随着剪切流场的增加而快速升高，这就会对第一液体层中的结构产生明显的影响。另外，液体温度的升高会导致液体内部压强变大，从而致使第一液体层向固体壁面移动。由此，液体原子就会更深入地进入固体的势能场从而导致更大的摩擦以及更小的滑移 [8]。

第一液体层中的结构有序性可以通过静态结构因子来定量表征。大量前人的分子动力学模拟研究 [21] 表明滑移长度与第一液体层中静态结构因子的主峰值的大小 $S(\boldsymbol{G}_1)$ 呈负相关关系。其中，$\boldsymbol{G}_1$ 为最短的倒晶格矢。静态结构因子的定义为 [8]

$$S(\boldsymbol{k}) = \frac{1}{N} \left| \sum_j \mathrm{e}^{\mathrm{i}\boldsymbol{k}\cdot\boldsymbol{r}_j} \right|^2 \tag{3.11}$$

其中，$\boldsymbol{r}_j = (x_j, z_j)$ 是第 j 个原子的二维位置矢量；求和取自在第一液体层中的所有原子 N；$\boldsymbol{k} = (k_x, k_z)$ 为平行于壁面的倒矢。在有限尺寸的系统中，矢量 $\boldsymbol{k}$ 的分量值只能设定为 $2\pi/L$ 的整数倍，其中 L 为系统在 x 方向和 z 方向上的尺寸 [23]。因此，系统尺寸更大，k_x 和 k_z 的取值就可以更小。

$S(\boldsymbol{G}_1)$ 的值取决于系统的尺寸和原子个数。在本章的研究中第一液体层中的平均原子个数与系统温度和固液相互作用强度有关。因此，不依赖于尺寸和原子数的量 $S(\boldsymbol{G}_1)/S(0)$ 来分析滑移长度和液体结构之间的关系。而第一液体层与固体壁面之间的距离通过第一液体层和第一固体层质心之间的时间平均距离来表征 D_{WF}。用于平均 $S(\boldsymbol{G}_1)/S(0)$ 和 D_{WF} 的时间间隔为 100τ。

图 3.20(a) 和 (b) 分别为不同固液相互作用强度下 $S(\boldsymbol{G}_1)/S(0)$ 和 D_{WF} 随界面剪切率的变化规律。首先讨论在强固液相互作用强度下 $S(\boldsymbol{G}_1)/S(0)$ 和 D_{WF} 与滑移长度之间的关系。对于固液相互作用强度为 $\varepsilon_{\mathrm{WF}} = 1.0\varepsilon$ 和 0.9ε，由固体壁面诱导产生第一液体层中的有序结构，$S(\boldsymbol{G}_1)/S(0)$ 随界面剪切的增加而明显减小，如图 3.20(a) 所示。与此同时，在剪切率 $\dot{\gamma} \lesssim 0.5\tau^{-1}$，$D_{\mathrm{WF}}$ 基本不随剪切率的变化而变化。这表明在强固液相互作用下，由于非常陡峭的固液之间的相互作用，升高的液体温度不足以使第一液体层向壁面移动。因此，随着剪切率升高至 $\dot{\gamma} \lesssim 0.5\tau^{-1}$，减小的 $S(\boldsymbol{G}_1)/S(0)$ 导致滑移长度逐渐增大。这与前人的分子动力学模拟结果相同 [8]。在剪切率 $\dot{\gamma} \gtrsim 0.5\tau^{-1}$ 后，由于非常高的液体温度，D_{WF} 随着剪切的增加而轻微减小。这在一定程度上抵消了减小的 $S(\boldsymbol{G}_1)/S(0)$ 对滑移长度的影响。综述可知，在剪切率 $\dot{\gamma} \gtrsim 0.5\tau^{-1}$ 后，滑移长度随剪切率增加而增加的速度变小并最终在高剪切率下趋于定值，如图 3.20(a) 所示。

在弱固液相互作用强度 $\varepsilon_{\mathrm{WF}} = 0.5\varepsilon$ 下，$S(\boldsymbol{G}_1)/S(0)$ 减小的速度远低于强固液相互作用强度 $\varepsilon_{\mathrm{WF}} = 1.0\varepsilon$ 和 0.9ε 时减小的速度。而在 $\varepsilon_{\mathrm{WF}} = 0.3\varepsilon$ 时，$S(\boldsymbol{G}_1)/S(0)$ 可以近似为不依赖于剪切率的变化。因此，此时 $S(\boldsymbol{G}_1)/S(0)$ 随剪切率的变化已经无法解释滑移长度与驱动力或界面剪切率之间负相关的关系。相反，在弱固液相互作用强度下，固体表面产生的势能场不是那么陡峭，因此温度升高会致使第一液体层向固体壁面明显移动。在固液相互作用强度为 $\varepsilon_{\mathrm{WF}} = 0.5\varepsilon$ 和 0.3ε 时，D_{WF} 随界面剪切逐渐减小，见图 3.20(b)。此外，D_{WF} 随界面剪切率

增加而减小的趋势在较弱的固液相互作用强度下更加明显。也即，当 $\varepsilon_{WF} = 0.3\varepsilon$ 时，D_{WF} 随剪切率增加而减小的速度比 $\varepsilon_{WF} = 0.5\varepsilon$ 时的速度更快。较小的 D_{WF} 的值表明液体原子从平均意义上更加深入地进入固体原子的势能场从而产生更大的摩擦。因此，减小的 D_{WF} 导致了在弱固液相互作用强度下滑移长度和界面剪切率之间的负相关关系。

在最弱的固液相互作用强度 $\varepsilon_{WF} = 0.005\varepsilon$ 下，从图 3.20(a) 中可看出结构因子 $S(\boldsymbol{G}_1)/S(0)$ 的取值相对较小，并且与 $\varepsilon_{WF} = 0.3\varepsilon$ 在低剪切率 $\dot{\gamma} \approx 0.045\tau^{-1}$ 时的取值相近。但是，在 $\varepsilon_{WF} = 0.005\varepsilon$ 时，随着剪切率的增加，$S(\boldsymbol{G}_1)/S(0)$ 快速增加，这与 $\varepsilon_{WF} = 0.3\varepsilon$ 时的变化规律非常不同。第 2 章中的结果表明，第一液体层在弱固液相互作用强度下会随着温度显著地向壁面移动。这个行为与固液相互作用强度 $\varepsilon_{WF} = 0.005\varepsilon$ 下，D_{WF} 和界面剪切率 $\dot{\gamma}$ 之间显著的负相关关系相一致，见图 3.20(b)。综上，在固液相互作用强度为 $\varepsilon_{WF} = 0.005\varepsilon$ 时，正相关关系 $S(\boldsymbol{G}_1)/S(0) \sim \dot{\gamma}$ 和负相关关系 $D_{WF} \sim \dot{\gamma}$ 综合导致滑移长度随界面剪切率快速减小，见图 3.20(a)。

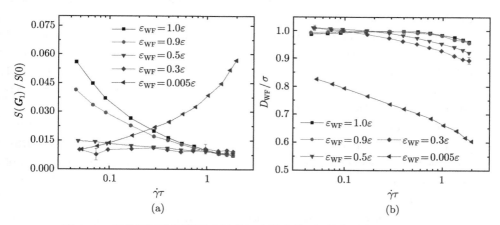

图 3.20　结构因子和固液距离随剪切率的变化 (扫封底二维码可见彩图)

(a) 不同固液相互作用强度下第一液体层中无量纲化后的静态结构因子主峰值 $S(\boldsymbol{G}_1)/S(0)$ 随剪切率的变化规律；(b) 不同固液相互作用强度下第一液体层与第一固体层之间的平均距离 D_{WF} 随剪切率的变化规律

3.5　结　束　语

本章利用非平衡分子动力学以泊肃叶流动为对象研究了大范围固液相互作用强度下简单液体在固体表面的流动滑移行为。随固液相互作用强度的变化，发现了两种滑移模式。在强固液相互作用模式下，滑移随着固液相互作用强度的减小而增大；而在弱固液相互作用模式下，滑移随着固液相互作用强度的减小而减小。滑移长度取得最大值时对应的临界固液相互作用强度随温度的增加而增大，但是不随驱动力的变化而变化。值得指出的是，滑移长度和固液相互作用强度变化曲线在不同温度条件下相交于一点。此外，强、弱固液相互作用强度下黏性加热效应对液体流经固体表面的滑移行为研究表明：在定常流动状态下，液体中产生的黏性热通过施加在固液壁面内部的温度控制移除，从而使得固液界面处原子的动力学行为不受温度控制的影响。

参 考 文 献

[1] Li Z G. Surface effects on friction-induced fluid heating in nanochannel flows[J]. Physical Review E, 2009, 79: 026312.

[2] Priezjev N V. Molecular diffusion and slip boundary conditions at smooth surfaces with periodic and random nanoscale textures[J]. Journal of Chemical Physics, 2011, 135(20): 204704.

[3] Priezjev N V. Rate-dependent slip boundary conditions for simple fluids[J]. Physical Review E, 2007, 75(5): 051605.

[4] Thompson P A, Troian S M. A general boundary condition for liquid flow at solid surfaces[J]. Nature, 1997, 389(6649): 360-362.

[5] Priezjev N V, Darhuber A A, Troian S M. Slip behavior in liquid films on surfaces of patterned wettability: comparison between continuum and molecular dynamics simulations[J]. Physical Review E, 2005, 71(4): 041608.

[6] Sendner C, Horinek D, Bocquet L, et al. Interfacial water at hydrophobic and hydrophilic surfaces: slip, viscosity, and diffusion[J]. Langmuir, 2009, 25(18): 10768-10781.

[7] Voronov R S, Papavassiliou D V, Lee L L. Boundary slip and wetting properties of interfaces: correlation of the contact angle with the slip length[J]. Journal of Chemical Physics, 2006, 124(20): 204701.

[8] Priezjev N V. Effect of surface roughness on rate-dependent slip in simple fluids[J]. Journal of Chemical Physics, 2007, 127(14): 144708.

[9] Huang D M, Sendner C, Horinek D, et al. Water slippage versus contact angle: a quasiuniversal relationship[J]. Physical Review Letters, 2008, 101(22): 226101.

[10] Liu C, Li Z G. Surface effects on nanoscale Poiseuille flows under large driving force[J]. Journal of Chemical Physics, 2010, 132(2): 024507.

[11] Priezjev N V, Troian S M. Influence of periodic wall roughness on the slip behaviour at liquid/solid interfaces: molecular-scale simulations versus continuum predictions[J]. Journal of Fluid Mechanics, 2006, 554: 25-46.

[12] Yong X, Zhang L T. Slip in nanoscale shear flow: mechanisms of interfacial friction[J]. Microfluidics and Nanofluidics, 2013, 14(1-2): 299-308.

[13] Ramos-Alvarado B, Kumar S, Peterson G P. Hydrodynamic slip length as a surface property[J]. Physical Review E, 2016, 93(2): 023101.

[14] Lichter S, Roxin A, Mandre S. Mechanisms for liquid slip at solid surfaces[J]. Physical Review Letters, 2004, 93(8): 086001.

[15] Lichter S, Martini A, Snurr R Q, et al. Liquid slip in nanoscale channels as a rate process[J]. Physical Review Letters, 2007, 98(22): 226001.

[16] Martini A, Hsu H Y, Patankar N A, et al. Slip at high shear rates[J]. Physical Review Letters, 2008, 100(20): 206001.

[17] Pahlavan A A, Freund J B. Effect of solid properties on slip at a fluid-solid interface[J]. Physical Review E, 2011, 83(2): 021602.

[18] Liu C, Li Z G. Flow regimes and parameter dependence in nanochannel flows[J]. Physical Review E, 2009, 80(3): 036302.

[19] Yong X, Zhang L T. Thermostats and thermostat strategies for molecular dynamics simulations of nanofluidics[J]. Journal of Chemical Physics, 2013, 138(8): 084503.

[20] Sun J, Wang W, Wang H S. Dependence between velocity slip and temperature jump in shear flows[J]. Journal of Chemical Physics, 2013, 138(23): 234703.

[21] Thompson P A, Robbins M O. Shear-flow near solids-epitaxial order and flow boundary-conditions[J]. Physical Review A, 1990, 41(12): 6830-6837.

[22] Wang F C, Zhao Y P. Slip boundary conditions based on molecular kinetic theory: the critical shear stress and the energy dissipation at the liquid-solid interface[J]. Soft Matter, 2011, 7(18): 8628-8634.

[23] Rapaport D C. The Art of Molecular Dynamics Simulation[M]. New York: Cambridge University Press, 2004.

[24] Sun J, Wang W, Wang H S. Dependence of nanoconfined liquid behavior on boundary and bulk factors[J]. Physical Review E, 2013, 87(2): 023020.

[25] Khare R, de Pablo J, Yethiraj A. Molecular simulation and continuum mechanics study of simple fluids in non-isothermal planar couette flows[J]. Journal of Chemical Physics, 1997, 107(7): 2589-2596.

[26] Nicolas J J, Gubbins K E, Streett W B, et al. Equation of state for the Lennard-Jones fluid[J]. Molecular Physics, 1979, 37(5): 1429-1454.

[27] Johnson K J, Zollweg J A, Gubbins K E. The Lennard-Jones equation of state revisited[J]. Molecular Physics, 1993, 78(3): 591-618.

[28] Cosden I A. A Hybrid Atomistic-Continuum Model for Liquid-Vapor Phase Change[D]. Philadelphia: University of Pennsylvania, 2013.

[29] Hansen J P, McDonald I R. Theory of Simple Liquids[M]. 3rd ed. New York: Academic Press, 2006.

[30] Kannam S K, Todd B D, Hansen J S, et al. Slip flow in graphene nanochannels[J]. Journal of Chemical Physics, 2011, 135(14): 144701.

[31] Batchelor G K. An Introduction to Fluid Dynamics[M]. New York: Cambridge University Press, 2000.

[32] Ashurst W T, Hoover W G. Dense-fluid shear viscosity via nonequilibrium molecular dynamics[J]. Physical Review A, 1975, 11(11): 658-678.

第 4 章　纳米结构上气液界面对滑移和流场特性影响的模拟研究

4.1　引　　言

在一般认识中，壁面粗糙度的引入会增加液体与壁面之间的流动阻力，但是仿生疏水表面的应用改变了人们这一观念。超疏水表面具有两个典型特征：低表面能和微纳米级粗糙结构 [1]。较低的表面能导致液体在表面张力的作用下无法进入微纳米结构内部，并在超疏水表面上形成一系列间隔排列的气液界面 [1]。气体的黏性系数远低于液体导致气液界面上液体具有较大的滑移和较小的剪切应力，从而显著降低液体的流动阻力 [1]。气液界面的稳定封存是疏水表面减阻的决定性条件，目前超疏水表面减阻及其机理存在两个方面的问题有待进一步研究：① 气液界面上滑移规律；② 高剪切率下气液界面的破坏和气体流失。

针对气液界面上的滑移规律主要存在三种不同观点，这三种观点都在文献中被广泛用来解释实验现象和数值模拟：① 气液界面上的滑移长度无限大，也即气液界面是无剪切界面 [2-4]；② 气液界面上的滑移长度是有限大的常数 [5]；③ 气液界面上的滑移长度是有限大的且具有各向异性 [6]。尽管对气液界面上滑移规律尚未有统一的认识，但是气液界面存在滑移必然会对流场产生明显的影响，前人的研究中通常采用有效滑移这一物理量来表征该影响。大量研究表明超疏水表面的气液界面具有很好的减阻效果，但是在高剪切率下，气液界面会出现被破坏，减阻失效。本章通过非平衡分子动力学模拟，直接从原子尺度计算超疏水纳米结构表面上气液界面的应力和滑移长度，给出纳米结构气液界面上的流动边界条件，并考察高剪切率下气液界面破坏机理及其演化规律。

4.2　纳米结构上两相流分子动力学模拟模型

在自然界中，超疏水微纳米结构表面的形貌一般是不规则的，例如，荷叶表面的微纳米形貌呈形状不一的圆突状，水黾腿部为长短不一的刚毛。为能准确控制超疏水表面的润湿性，人工仿生超疏水表面的微纳米结构多为规则的矩形沟槽。本章的分子动力学模型也采用矩形沟槽研究超疏水纳米结构表面上的流动特性，见图 4.1。液体采用 Lennard-Jones(LJ/12-6) 势能函数描述：

$$U_{ij} = 4\varepsilon \left[\left(\frac{\sigma}{r_{ij}} \right)^{12} - \left(\frac{\sigma}{r_{ij}} \right)^{6} \right] \tag{4.1}$$

其中，U_{ij} 和 r_{ij} 分别为两个原子之间的势能和距离；ε 和 σ 分别为 LJ/12-6 势能的特征能量和特征长度。为提高计算效率，势能在两个原子之间的距离大于一个截断半径后的取值为零。该截断半径的大小为 $r_{c} = 2.5\sigma$。固体原子与液体原子之间的势能作用也通过式 (4.1) 进行描述。固液原子之间势能的特征长度设置为 1σ。固液之间势能的特征能量反映了固液原子之间的相互作用强度，通过改变特征能量可调控固液之间的润湿特性，例如，$\varepsilon_{SL} = 1.0\varepsilon$ 对应液体在光滑固体平板上的超亲水润湿状态，$\varepsilon_{SL} = 0.01\varepsilon$ 为液体在光滑平板上的超疏水状态。

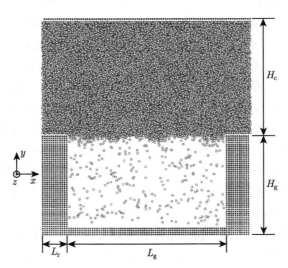

图 4.1　纳米结构固体表面流动系统的分子动力学模型

固体壁面采用晶格常数 $a = 1.2\sigma$ 构筑为面心立方结构。模型中纳米沟槽的宽度为 $L_{g} = 44.3\sigma$，深度为 $H_{g} = 26.4\sigma$，肋台的宽度为 $L_{r} = 6.9\sigma$。通过调整上壁面的位置可以改变通道的高度 H_{c}，从而改变液体内部的压强，由此获得不同形态的气液界面 (具体调节过程见 4.3 节)。整个模拟系统在 z 方向上的长度为 14.4σ。固体与固体原子之间不具有相互作用且下壁面固体原子始终保持静止。上壁面整体沿 $+x$ 方向移动以模拟 Couette 流动。纳米结构表面的气液界面由液体和纳米结构内部的蒸汽构成。为防止液体浸入纳米结构和有效驱动液体，共设置了 3 组固体壁面原子。第一组为上壁面区，即图 4.1 中倒三角 (▼) 所示原子，该区域的固体原子与液体原子之间的相互作用强度为 1.0ε。较强的固液相互作用能够促使上壁面有效的驱动流体。目前，虽然针对气液界面的滑移规律仍有争论，但是在超疏水表面上固液接触区域仍一致认为是无滑移边界条件 [2,3,5-8]。事实上在固液接触区域上也会存在一定的滑移，但这一滑移量为纳米量级，通常在超疏水表面滑移特性的实验和理论研究中被忽略，而在纳米流动系统中这一滑移将变得重要而不能被忽略。

本章中为与前人的理论以及实验结果进行对比，设置第二组固液滑移控制区原子，即图 4.1 中，正三角 (▲) 所示原子。通过调整该区域内固体原子与液体之间的相互作用就可方便地控制固液接触区域的滑移大小。当固液滑移控制区的固体原子与液体原子具有较强的相互作用时 (如 1.0ε)，下壁面固液接触区域将产生无滑移边界条件 [9]；当固液滑移控制区的固体原子与液体原子具有较弱的相互作用时 (如 0.1ε)，下壁面固液接触区将产生滑移边界条件。这样利用固液滑移控制区的固体原子与液体原子之间的相互强度就可以方便地研究气液界面相邻的固液界面处的滑移特性对气液界面滑移规律的影响。此外，第三组为低润湿固体区，即图 4.1 中正方形 (■) 所示原子。该组原子与液体原子之间的相互作用强度为 0.01ε，以防止液体进入纳米结构内部，维持气液界面的存在。已有研究表明固体表面与液体接触的第一层原子主导固液界面的性质，本章中下壁面固液界面的滑移特性由固液滑移控制区的原子控制。因此，低润湿区的设置在阻止液体原子进入纳米结构内部的同时，对下壁面固液界面处产生的影响可以忽略。

模拟中在 x 方向和 z 方向上施加周期性边界条件，在 y 方向上施加固定边界条件。液体原子在初始状态时以面心立方结构进行排列，然后通过 Nosé-Hoover 温度控制方法设置为 NVT 系综。模拟中温度控制为 $T = 0.8\varepsilon/k_{\mathrm{B}}$，$k_{\mathrm{B}}$ 为玻尔兹曼常量。首先系统经过 50 万步达到热力学平衡，然后对上壁面施加一个沿 $+x$ 方向的速度 U，再经过 100 万步，液体将达到定常 Couette 流动。模拟中时间步 $\Delta t = 0.005\tau$，$\tau = \sqrt{m\varepsilon/\sigma^2}$。然后将整个系统在 x 方向和 y 方向上划分二维网格，统计出速度，密度等流场特性在 xy 平面上的分布规律。

4.3 低剪切率下气液界面对滑移和流场的影响

4.3.1 气液两相共存压强和表面张力的计算

微纳米结构表面气液界面的形态能够对流动系统的有效滑移产生明显的影响。在简化后的矩形结构中，气液界面的形态表现为气液界面的凸出或凹陷程度，见图 4.2。一般通过表面接触角 θ 来定量表征气液界面的凹凸程度。接触角定义为气液界面在三相接触线处的切线与固体表面水平线之间的夹角。当 $\theta > 0°$ 时，气液界面向外凸出；当 $\theta = 0°$ 时，气液界面与固体表面齐平；当 $\theta < 0°$ 时，气液界面向纳米结构内部凹陷。在实验中通常通过调节液体内部的压强来控制气液界面的形态。本章可以通过调整上壁面的位置，改变通道的体积来调节液体内部的压强，进而控制纳米结构表面气液界面的形态。

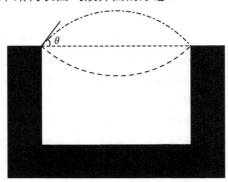

图 4.2　纳米结构表面不同气液界面形态示意图

当气液界面的接触角 $\theta = 0°$ 时，液体内部和纳米结构内部的压强相等，气液界面呈现平直的形态。在本章中将液体的饱和蒸汽当作纳米结构内部的气态。因此为能准确获得气液界面平直的形态，首先需要知道液体在所研究的温度状态下的饱和蒸汽压 P_{coex}，P_{coex} 又称为固液共存压强。为获得液体的饱和蒸汽压，可在下壁面为平直 (无纳米结构) 条件时，将上壁面的位置向上移动一个较大的距离，以创造液体饱和蒸汽出现的条件，见图 4.3。在计算气液共存压强时，需要对模拟

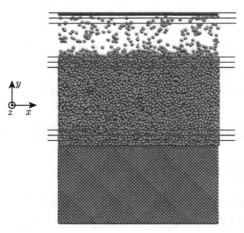

图 4.3　气液共存状态的分子动力学快照 (扫封底二维码可见彩图)

区域在 y 方向上进行分层划分，每一层 k 都平行于固体表面。由此便可计算不同位置处模拟系统中的压强，这一方法还可进一步计算出液体的表面张力。

在原子尺度上，体系的应力分为两部分：动能应力和位力应力。动能应力和位力应力分别源于原子的热运动和原子之间的相互作用。利用 Irving 等 [10] 提出的方法，对于片层 k 内应力张量计算公式为

$$p_{\alpha\beta}(k) = \frac{1}{V_{sl}} \sum_l m v_{l,\alpha} v_{l,\beta} + \frac{1}{V_{sl}} \left\langle \sum_{i<j} f_{\alpha,ij} \beta_{ij} \eta_k(\vec{r_{ij}}) \right\rangle \tag{4.2}$$

其中，$\alpha\beta$ 为 x, y, z 三个方向的组合，表示应力张量 $p(k)$ 的不同分量，如 $p_{xx}(k)$ 表示 $p(k)$ 的第一个分量；$v_{l,\alpha} v_{l,\beta}$ 为落入分层 k 内的原子 l 速度分量的乘积；V_{sl} 分别为第 k 个分层的体积，如果两个原子 i 和 j 之间的连线经过了分层 k 或者 i 和 j 均落在了分层 k 内，那么 i 和 j 之间的相互作用就会对 k 分层的应力做出贡献，也即进入求和 $\sum_{i<j}$；$\eta_k(\vec{r_{ij}})$ 为 i 和 j 原子之间连线落入分层 k 的比例。利用式 (4.2) 就可以计算不同分层内的压强，也即应力张量 $p(k)$ 的三个对角线分量 (正应力分量)。在系统内部没有流动时，应力张量 $p(k)$ 的非对角线分量 (也即切应力分量) 为零。当系统内部存在流动时，就可以利用式 (4.2) 计算液体内部的因流动而产生的剪切应力。

在热力学平衡状态下，系统中原子在三个方向的速度分量的统计平均值相等。根据平衡状态下温度和原子平均速度的关系 $\frac{3}{2} N k_B T = \sum_l 0.5 m (v_x^2 + v_y^2 + v_z^2)$，可得应力的动能贡献项 $\sum_l m v_{l,\alpha} v_{l,\beta} = k_B T \langle \rho(k) \rangle / V_{sl}$，$\rho(k)$ 为第 k 个分层的密度。此外，在图 4.3 中气液界面和固液界面处，液体在界面方向上的压强 $p_n(k)$ 与界面切向上的压强 $p_t(k)$ 并不相等，且根据二者的差别可计算出气液界面的表面张力，其中在界面切向上的压强分量 $p_{xx}(k)$ 与 $p_{zz}(k)$ 相等。因此，$p_n(k)$ 与 $p_t(k)$ 分别可由下述两个公式计算得到

$$p_n(k) = k_B T \langle \rho(k) \rangle + \frac{1}{V_{sl}} \left\langle \sum_{i<j} f_{y,ij} y_{ij} \eta_k(r_{ij}) \right\rangle \tag{4.3}$$

$$p_t(k) = k_B T \langle \rho(k) \rangle + \frac{1}{2V_{sl}} \left\langle \sum_{i<j} (f_{x,ij} x_{ij} + f_{z,ij} z_{ij}) \eta_k(r_{ij}) \right\rangle \tag{4.4}$$

图 4.4 为图 4.3 所示系统的密度分布曲线。图中圆圈示意了固体表面的位置。密度分布出现了三个明显的区域：(I) 区、(II) 区和 (III) 区。(I) 区为固液界面区。在固液界面区内，液相内部的密度分布呈现典型的振荡衰减分布，展现出了与液

相体相区不同的分层有序性。这一分层有序性表明液体在固液界面处表现出与固体相似的结构，故而被称为类固体结构。经过 $7\sigma \sim 8\sigma$ 固液界面区后液相进入其体相区，见图 4.4 中的 (II) 区。在体相区液体的密度分布不随位置的变化而变化，展现出各向同性。在液相体相区液体的密度为 $\rho_{\mathrm{L}} = 0.73\sigma^{-3}$。随着液相距离固体表面位置的增加，液相的密度开始减小，系统进入气液界面区，见图 4.4 中的 (III) 区。在气液界面区，系统的密度逐渐减小并最终进入气相的体相区。在气相体相区的密度值为 $\rho_{\mathrm{G}} = 0.02\sigma^{-3}$。在气液界面区系统的密度分布为双曲正切函数变化规律。双曲正切函数的具体形式可由 Cahn-Hilliard 有限扩散厚度的界面模型得到，即式 (4.5)。通过这一具体形式对气液界面分子动力学模拟结果进行拟合就可计算出函数中的各项参数。

$$\rho = \frac{1}{2}(\rho_{\mathrm{L}} + \rho_{\mathrm{G}}) - \frac{1}{2}(\rho_{\mathrm{L}} - \rho_{\mathrm{G}})\tanh\left(2\frac{y - R_0}{D_0}\right) \tag{4.5}$$

其中，D_0 为界面厚度；R_0 为等摩尔面的位置，其定义为密度值取 $0.5(\rho_{\mathrm{L}} + \rho_{\mathrm{G}})$ 时的位置，R_0 也可定义为气液界面的位置。图 4.4 中所示的系统中液体和气体的密度比 $\rho_{\mathrm{L}}/\rho_{\mathrm{G}} = 36.5$。这与常温常压下水和空气的密度比 ($\sim$55) 在一个量级。

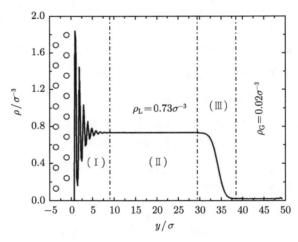

图 4.4　图 4.3 所示系统的密度分布曲线

图 4.5 为系统温度 $T = 0.8\varepsilon/k_{\mathrm{B}}$ 时，系统沿界面法向和切向的压强分布曲线。图中圆圈示意了下壁面所在的位置。根据沿界面切向的压强分布曲线可以将系统分为三个区域，分别在图中标示为 (I)、(II) 和 (III)。(I) 区域为固液界面区域。在固液界面区域内由于固体在界面切向上具有晶格结构，这一晶格结构会导致液体在近壁区形成类固体结构。液体这样的结构有序性导致了切向压强分布出现了剧

烈的振荡衰减分布。随着与固体表面距离的增加，液体的切向压强变为固定值，此时液相所处区域为体相区 ((Ⅱ) 区)。在这一区域内液相的特性呈现各向同性。经过液相的体相区后，系统进入气液界面区 ((Ⅲ) 区)。在气液界面区，沿界面切向的压强先减小后增大，最后进入气相的体相。在三个区域内沿界面法向的压强均保持为定值且等于液相和气相体相区的压强值。由压强分布曲线可知在系统温度为 $T = 0.8\varepsilon/k_B$，系统的气液共存压强为 $p_{coex} = 0.0134\varepsilon/\sigma^3$。图中在固液界面区和气液界面区会出现压强为负值。负压强的出现表明在这两个区域内系统只具有有限程度的稳定性，在这两个区域内系统可能会有新的表面生成。由于系统始终保持在共存压强条件下，因此系统仍处于热力学平衡状态，但是界面特性会在不同时间时有所涨落，例如，气液界面形状会出现亚纳米尺度的涨落。

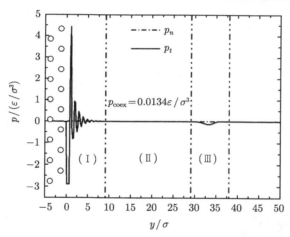

图 4.5 系统沿界面法向和切向的压强分布曲线

在图 4.3 所示的系统中液体的体相区足够厚，这样固液界面不会影响气液界面的性质。因此，就可以利用气液界面区压强张量分量的各向异性分布来计算液体的表面张力：

$$\gamma = \int_{y_1}^{y_2} [p_n(y) - p_t(y)] \mathrm{d}y \tag{4.6}$$

其中，γ 为表面张力；y_1 和 y_2 分别为气液界面的起止位置。利用式 (4.6) 和图 4.4 中的结果计算得到的表面张力为 $\gamma = 0.393\varepsilon/\sigma^2$。这一数值与前人的分子动力学模拟结果一致。

在具有纳米结构的固体表面，通过改变上壁面的位置调整通道高度控制液体体相区的压强，进而调控气液界面的形态。在液体体相区的压强等于气液共存压强 p_{coex} 时，气液界面两侧的压强相等，气液界面在纳米结构表面上的形状与固体表面平行。图 4.6 为上壁面在不同位置时液体体相区的压强变化曲线。随着液体上壁面位置的升高，液体体相区的压强逐渐减小。当上壁面位置为 $L_y = 33.8\sigma$ 时，液体体相区的压强等于气液共存压强 p_{coex}。此时，气液界面与固体表面保持水平。当液体体相区的压强大于气液共存压强 p_{coex} 时，气液界面向纳米结构内部凹陷；当液体体相区的压强小于气液共存压强 p_{coex} 时，气液界面向纳米结构外部凸出。图 4.7 为三种典型液体体相区压强条件下 (见图 4.6 中标示的 A，B 和 C 点)，纳米结构表面气液界面的形态。

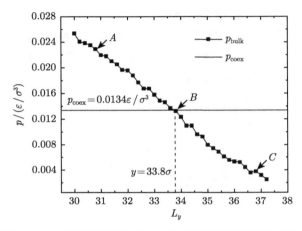

图 4.6　上壁面在不同位置时液体体相区的压强变化曲线

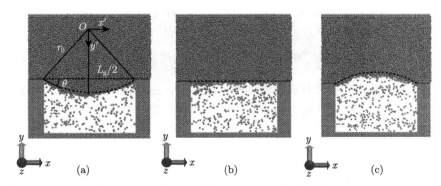

图 4.7　三种典型液体体相区压强条件下纳米结构表面气液界面形态 (扫封底二维码可见彩图)

图 4.6 中 A, B, C 处的三种压强条件下气液界面的形状分别依次为凹陷、水平和凸出。不同条件下气液界面的形状可用不同曲率半径的圆弧函数进行描述。圆弧函数的具体形式可由 Young-Laplace 方程确定。对于气液界面为二维圆弧情形下，Young-Laplace 方程为 $\Delta p = 2\gamma/r_0$。这样界面的形状函数为 $y' = \sqrt{(2\gamma/\Delta p)^2 - x'^2}$。

而气液界面的接触角 $\theta = \arcsin(\Delta p L_{\mathrm{g}}/4\gamma)$。利用 4.2 节的方法，分别计算图 4.6 中液相和气相的体相压强，计算得到的压强差分别为：$\Delta p_A = 0.00902\varepsilon/\sigma^3$，$\Delta p_B = -0.00023\varepsilon/\sigma^3$ 和 $\Delta p_C = -0.00946\varepsilon/\sigma^3$。接触角大小分别为：$\theta_A \approx -14.8°$，$\theta_B \approx 0.38°$ 和 $\theta_C \approx 15.5°$。在图 4.4 中气液界面接触角为 $0.38°$，可以认为此时气液界面为水平状态。因此在图 4.3 中取壁面位置 $L_y = 33.8\sigma$，认为系统达到了共存压强条件的结论是合理可靠的。

4.3.2 气液界面对流场的影响

由于气液界面的存在，系统中的流场特性不仅在 y 方向上具有梯度，在 x 方向上也会发生变化。为考察流场的二维分布特性，首先将系统在 x 方向和 y 方向上划分为二维均匀排列的细条，细条与 z 方向平行。x 方向和 y 方向上细条的宽度分别为 $\Delta x = 1.8\sigma$ 和 $\Delta y = 0.2\sigma$。这样间隔设置可以在计算时间和统计平均效果之间取得平衡。图 4.8(a) 为上壁面位置 $L_y = 33.8\sigma$ 时，系统的密度分布云图。密度场的统计平均结果与 4.3.1 节的接触角计算结果一致，即气液界面与固体表面平行。图 4.8(b) 为图 4.8(a) 中标记点 6 所在位置系统在 y 方向上界面附近的密度分布曲线。该曲线符合双曲正切函数的理论预测结果。基于该曲线可以定量地计算气液界面的位置。本章采用气液界面的等摩尔面来表征气液界面的位置，即系统密度值为 $\rho = 0.5(\rho_{\mathrm{L}} + \rho_{\mathrm{G}})$ 对应的位置。

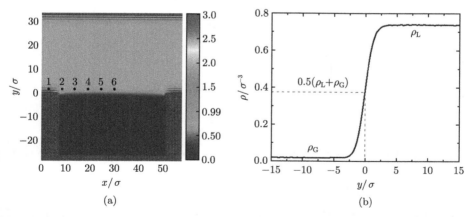

图 4.8 上壁面位置 $L_y = 33.8\sigma$ 时系统的密度分布云图 (a) 和图 (a) 中标记点 6 所在位置系统在 y 方向上界面附近的密度分布曲线 (b)(扫封底二维码可见彩图)

图 4.8(b) 中的计算结果表明气液界面位置 0σ，即与下壁面最顶层原子处于同一位置。这是 4.2 节中对下壁面润湿性设计的直接结果。在下壁面中最顶层原子与液体原子之间具有很强的势能相互作用，因此可以很好地束缚住气液界面，而

其余下壁面的原子则与液体原子之间具有很弱的势能相互作用，致使液体无法润湿纳米结构的侧壁。气液界面位置与下壁面最顶层原子相齐平的情形与前人理论分析和有限元模拟的条件相一致，从而使得本章得到的结果可与前人的结果进行直接对比。这样的对比可以更好地从原子尺度综合讨论前人关于气液界面滑移规律不一致的结果。

　　图 4.9 为图 4.8(a) 中 6 个黑点所示位置处系统沿气液界面法向的速度分布曲线。在图 4.9 中的黄色曲线为整个系统平均速度沿气液界面法向 (也即 y 方向) 的分布曲线。位置 1 处于固液界面内部，此时固液原子之间具有很强的相互作用。根据本章前面的结论以及前人的研究结果，液体此处应当为无滑移边界条件。在位置 2 处，用于统计计算的区域包含部分气液界面，此时在界面处已出现了少量滑移速度，随着速度分布所在位置向气液界面中心移动，气液界面上的速度逐渐增加，并在气液界面中心处取得最大值。根据气液界面的位置可以将速度分布分为两部分：液相部分和气相部分。

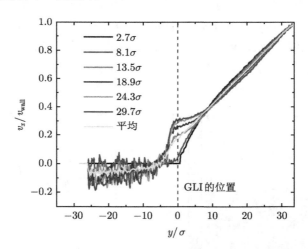

图 4.9　不同水平位置处系统沿气液界面法向 (y 方向) 的速度分布曲线 (扫封底二维码可见彩图)

　　在液相部分，对于无纳米结构的光滑平直通道，液体的速度应当符合线性分布，也即图 4.9 中的黄色曲线。气液界面的存在以及出现在气液界面上速度，导致液相部分的速度在气液界面附近以不同程度偏离直线分布。位置 1 处于固液界面区内部。在固液界面附近，位置 1 处速度分布的斜率随着与固体表面的距离减小而增大。而在液相的体相区，随着与固体表面距离的增加速度分布越来越靠近直线分布。可以预见，随着与固体表面距离的增加速度分布最终符合直线分布。位置 2 处于气液界面和固液界面的交界处，用于统计计算速度分布的区域同时包含气液界面和固液界面。因此，气液界面和固液界面同时对速度分布产生影响。固液界面的存在使得速度分布以斜率增大的方式偏离直线分布，而气液界面的出现导致液体在界面处存在速度。在位置 3 到位置 6 处，用于统计计算速度分布的区域仅包含气液界面。气液界面的出现使得速度分布出现了与固液界面处的分布相反的规律，也即气液界面导致速度分布在气液界面附近以斜率减小的方式偏离直线分布，且越靠近气液界面速度分布的斜率越小。在随着向气液界面中心移动 (位置 3 到位置 6) 这一偏离程度逐渐增大，并在气液界面中心处达到最大 (速度分布的弯曲程度最大，斜率最小)。

在液体体相区，随着与气液界面距离的增加，液体的速度分布逐渐向直线分布靠近。在气相体相区，图 4.10 结果表明在液体的带动下，气体在纳米结构内也出现了流动，且大部分气体的流动速度与液体的流动速度相反。这表明气体在纳米结构内是回流涡的形式，见图 4.10。图 4.9 中为更准确的给出气体速度的流动方向，将 y 方向上每 9 个统计小区域内的速度进行了平均，也即图中统计细条的在 x 方向和 y 方向的大小均为 $\Delta = 1.8\sigma$。图 4.10 中在固体内部也出现了速度矢量是因为在此处的速度统计区域同时包含了部分固液界面和气液界面。随着向气液界面中心靠近，气体的流动速度增大。但是，由于气体密度较小，气体的时间平均速度分布出现了较大的波动。因此，无法准确给出气体的速度分布。由于本章主要基于液相区域的信息分析气液界面的滑移规律，因此纳米结构内部的流动细节并非本章的研究关注点。

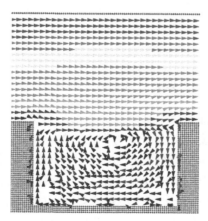

图 4.10 纳米结构固体表面气液两相流的二维矢量图 (扫封底二维码可见彩图)

上述液体的速度分布规律与前人的理论分析[5]和基于连续介质假设的数值模拟结果[6]相一致。在整个液相区不论固液界面还是气液界面处的速度分布在液体的体相区均未达到直线分布。但是，可以预见随着通道高度的增加液体的速度分布将最终符合直线分布。图 4.11 为根据图 4.9 中的速度分布计算得到液体在位置 1 到位置 6 的质量流量。图中直线是根据通道内液体平均速度分布计算得到的质量流量。图 4.11 结果表明气液界面的出现导致在液相体相区出现不同的速度分布，但是整个通道中的流量是一定的。在固液界面处，液体的速度为零，而在气液界面处液体具有较大的速度。边界速度条件的不同必将导致界面附近的速度分布出现差别。在整个通道内固定流量的约束下，体相区液体的速度分布将根据界面附近的速度出现相应的速度分布，即在气液界面处液体的速度向上偏离平均速度，而在固液界面处液体的速度向下偏离平均速度。在气液界面附近速度分布斜率的减小表明剪切应力也随着与气液界面距离的减小而逐渐减小。

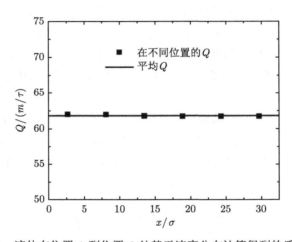

图 4.11　液体在位置 1 到位置 6 处基于速度分布计算得到的质量流量

4.3.3　气液界面对应力和滑移特性的影响

气液界面和固液界面附近液体速度分布的斜率变化表明液体中的剪切应力和正应力随之发生相应的变化。分子动力学模拟的优势之一就是可以从原子尺度直接通过统计平均获得给定位置处的应力张量，而不需要依靠流动中的本构关系。本节将基于 4.3.1 节中应力张量的计算方法系统考察纳米结构表面液体流动的应力分布特性，并进一步讨论气液界面出现对滑移特性的影响规律。图 4.12 为 4.3.2 节中 6 个不同水平位置处液体的剪切应力沿垂直气液界面方向 (y 方向) 的分布曲线。本章中液体的流动方向为 $+x$ 方向。而剪切应力是由于液体阻止流动而产生的，因此图中剪切应力 $s_{xy} < 0$。故而应力的大小由 s_{xy} 的绝对值定量表征。在水平位置 $x = 2.7\sigma$，也即 4.3.2 节中的位置 1 处，液体的剪切应力曲线为固液界面

内部上方的应力分布。在该位置处液体的剪切应力随着与固体表面距离的减小而逐渐增大,如图中曲线下方的箭头所示。这与固液界面附近液体速度分布的斜率随着与固体表面距离的减小而逐渐增大的规律相一致。

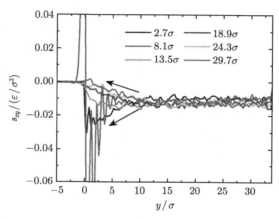

图 4.12   6 个不同水平位置处液体的剪切应力沿垂直气液界面方向 (y 方向)
的分布曲线 (扫封底二维码可见彩图)

在 $x = 8.1\sigma$,也即位置 2 处,剪切应力的统计计算区域同时包含了固液界面和气液界面。此时在界面附近液体的剪切应力出现了剧烈的振荡且应力绝对值最大超过了固液界面处应力的 10 倍以上。在 Müller 等纳米结构表面液体滑移研究中,纳米结构产生的气液界面并未对滑移和界面摩擦产生显著的影响。其推测由于纳米结构内壁对流体在垂直流向上产生类固体结构,因此在纳米结构边界处液体的流动会受到极大的阻碍,从而导致气液界面并未显著增加界面滑移的结果。图 4.12 的结果中在纳米结构边界处显著增大的剪切应力直接证实了前人的推测。并且剪切应力在纳米结构边界处的振荡范围为 $\sim 5\sigma$。这一振荡范围与 Müller 等研究中的纳米结构尺寸相当,此时纳米结构表面上的气液界面几乎全部落入了边界的影响范围内。由此定量证明了 Nikita 等的研究对纳米结构表面液体滑移特性的解释 [4]。此外,在基于连续介质假设的数值模拟中,液体在微结构边界会出现应力奇点 [6]。图 4.12 的结果为这一应力奇点的出现提供了原子尺度的支撑。

从 $x = 13.5\sigma$ 到 $x = 29.7\sigma$,也即位置 3 到位置 6,液体应力的统计计算区域只包含气液界面区。此时,液体的剪切应力出现了新的特点。与位置 1 处的剪切应力相反,随着与气液界面距离的减小,液体的剪切应力逐渐减小。并且,在同一界面法向位置处,随着向气液界面中心靠近,液体的剪切应力也逐渐减小。这与 4.3.2 节中位置 3 到位置 6 在气液界面附近的速度分布特性相一致,即不同水平位置处液体速度分布的斜率随与气液界面距离的减小而逐渐减小，并且向气液界面中心靠近液体的速度分布更高、斜率更小。

对于液相体相区内，液体在不同水平位置处速度分布的斜率差别不大，因此液体的剪切应力在体相区由于统计误差无法识别出完全对应液体速度分布特点的应力特性。尽管如此，从总体上看，液体在位置 1 和位置 2 处的体相区剪切应力高于位置 3 到位置 6 的剪切应力。而在液体的速度分布特性中，位置 1 和位置 2 处的速度分布斜率大于位置 3 到位置 6 的斜率。因此在体相区速度分布的斜率和剪切应力在这一程度上保持一致。

液体的剪切应力在界面法向上，特别是在界面附近随着与界面距离的变化而发生变化，表明对于某一液体微元 (如本章中的一个统计区域) 在界面法向上液体的剪切应力是不平衡的。而液体的流动是定常的，这就要求在界面切向上液体的正应力也会出现变化，以维持液体微元的受力平衡。

图 4.13 为不同界面法向位置处，液体压强 (以应力张力的正应力分量 s_{yy} 表征) 沿界面切向的分布曲线。在固液界面区，随与界面距离的减小，液体的切应力逐渐增加 (图 4.12)，表明液体微元下方的剪切应力大于上方的剪切应力，也即图 4.13 中 $s_{xy}^2 > s_{xy}^1$。这就要求在液体微元左侧的压强大于右侧的压强，也即在不同法向位置处的液体压强随 x 坐标的增加而减小，见图 4.13 中左右两侧的黑色短箭头所示。在气液界面区，液体的剪切应力随与界面距离的减小而减小 (图 4.12)，也即液体微元上方的剪切应力大于下方的剪切应力，也即图 4.13 中 $s_{xy}^1 > s_{xy}^2$。

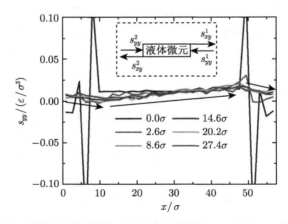

图 4.13　不同界面法向位置处，液体压强 (以应力张力的正应力分量 s_{yy} 表征) 沿界面切向 (x 方向) 的分布曲线 (扫封底二维码可见彩图)

因此液体微元右侧的压强大于左侧的压强，也即液体的压强随 x 坐标的增加而增加，见图 4.13 中黑色长箭头。由于周期性边界条件，液体出口处的压强等于入口处的压强。在法向位置 $y = 0\sigma$，即界面位置处，液体的压强在纳米结构边界处由于纳米结构侧壁第一层原子对液体结构的影响导致压强出现了剧烈振荡。这一现象与固液界面固体表面对沿界面切向正应力分布的影响类似。由于压强的剧烈振荡使得在 $y = 0\sigma$ 处的分布规律偏离上述规律。

气液界面上的滑移规律依旧采用 Navier 滑移模型计算。图 4.9 的结果表明纳米结构表面由于气液界面的出现，液体的速度分布已偏离直线速度分布。因此无法采用线性拟合整个通道中的速度分布来计算得到界面处的剪切率。在 Schäffel 等 [6] 的研究中为解决这一问题，假设在界面附近的液体速度分布依旧符合线性分布，但速度分布的斜率与体相区不同。因此，他们仅利用线性拟合了界面附近的速度分布来计算界面上的滑移长度。然而，在 Schäffel 等 [6] 的实验结果以及本章的数值模拟中，界面附近速度分布的斜率随与界面距离的变化，而发生明显的变化。因此 Schäffel 等的滑移长度计算方法导致界面处的速度分布斜率被明显高估，从而使计算结果会出现较大的偏差。

Schönecker 等 [5] 推导出了流场中流函数的解析表达式。但是基于流函数得到的速度分布表达式过于复杂而无法用于拟合。对于连续函数，高阶的多项式函数可以近似任意复杂形式的函数。因此为解决滑移长度的计算，本节采用多项式函数逼近法来拟合通道内的速度分布。图 4.14 为水平位置为 $x = 2.7\sigma$ 和 $x = 29.7\sigma$ 处，液体在界面法向上的速度分布。分别采用 2 阶和 3 阶多项式函数拟合速度剖面。结果表明 2 阶多项式函数依旧在界面附近会高估速度分布的斜率；而采用 3 阶多项式函数，就可以获得较好的拟合效果。再采用更高阶的多项式函数拟合，拟合精度 R^2 不再增加。但是，采用的拟合函数不仅需要对整个速度分布具有很好拟合精度，而且要在界面处由拟合函数获得的速度要与数值模拟结果相吻合。

图 4.15 为不同阶数的多项式拟合函数获得界面上滑移速度与模拟结果的对比。对于 2 阶多项式的拟合结果在固液界面处和气液界面处的滑移速度均与模拟结果有较大差别。对于 3 阶多项式函数尽管其对速度分布具有较高的拟合精度，但是在固液界面处得到的滑移速度与模拟结果仍有明显差别。当拟合函数的阶数到达 4 阶和 5 阶时，不管在固液界面或气液界面处由拟合函数得到的界面上的滑移速度和模拟结果均保持一致。因此，可以认为 4 阶多项式函数已经以较高的精度近似了液体速度分布的准确表达式。6 阶及以上的多项式函数已不能再提高由拟合函数计算得到的滑移速度与模拟结果的吻合程度，反而会由于拟合参数过多而引入新的误差。

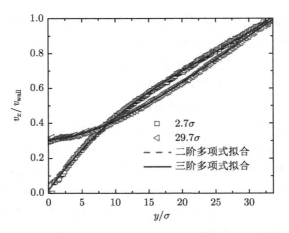

图 4.14　水平位置为 $x = 2.7\sigma$ 和 $x = 29.7\sigma$ 处液体在界面法向上的速度分布与 2 阶和 3 阶拟合函数之间的对比 (扫封底二维码可见彩图)

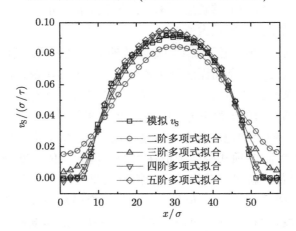

图 4.15　不同阶数的多项式拟合函数获得界面上滑移速度与模拟结果的对比 (扫封底二维码可见彩图)

　　图 4.16 为利用 4 阶多项式函数计算得到的界面上不同水平位置处的滑移速度, 界面剪切率和滑移长度。图中左右两侧的边缘为纳米结构左右边界的位置。在固液界面区液体的滑移速度为零, 此处由于固液原子相互作用强度很大, 而产生无滑移边界条件。在进入气液界面区域后, 界面上开始出现滑移速度。随着水平位置向气液界面中心靠近, 滑移速度逐渐增加, 并在纳米结构中心取得最大值。在固液界面区, 液体具有较大的速度剪切率。随着向纳米结构中心靠近, 液体的界面剪切率逐渐减小。在进入气液界面区域后, 液体的界面剪切率减小的速度增加, 且很快趋近于零。液体在界面上的滑移速度和剪切的变化直接决定了滑移长度的变化规律。

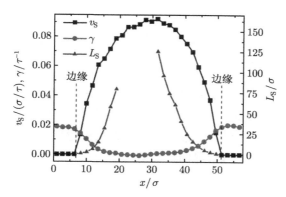

图 4.16 界面上不同水平位置处的滑移速度，界面剪切率和滑移长度 (扫封底二维码可见彩图)

从图 4.16 中可以看出，在固液界面上滑移长度为零，即无滑移边界条件。而在气液界面上，滑移长度在纳米结构边界附近随着与纳米结构中心距离的减小而迅速增加。这与纳米结构边界附近基于应力张量的直接计算结果相一致。在向纳米中心靠近的过程，液体的剪切率和剪切应力迅速减小并趋于零，从而使得滑移长度过大，以至于当前模拟条件下已无法获得准确结果。此时，液体流动可近似认为是无限滑移边界条件。综上可知，对于垂直流向的纳米结构固体表面，当固液界面为无滑移边界条件时，气液界面上液体流动表现为复合滑移边界条件，即在纳米结构边界附近液体流动的边界条件为有限滑移，而在纳米结构中心附近液体可认为具有无限滑移边界条件。

见图 4.16，当与纳米结构边界的距离大于 20σ 时，气液界面上就已具有很大的滑移长度，此时就可认为气液界面上的流动进入无限滑移区域。因此，纳米结构表面气液界面上有限滑移边界条件出现的范围是有限的，约为 20σ。在纳米结构尺寸较小时 (如 Müller 等 [4] 的研究)，气液界面所产生的滑移长度是有限的，其量值甚至小于平直纳米通道中降低壁面润湿性所获得滑移长度，这就解释了 Müller 等的研究中气液界面的出现对通道内等效滑移并无显著影响的结论。

而在以 Rothstein 为代表的疏水微结构表面滑移流动的实验和数值模拟研究 [1] 中，纳米结构尺寸非常大 ($>1500\sigma$)。此时有限滑移区域所占的比例很小，气液界面上绝大部分区域为无限滑移边界条件，此时气液界面可被整体认为是无限滑移界面。这就是为什么前人的研究中 [11,12] 采用气液界面为整体无限滑移边界条件的连续介质数值模拟与实验结果会十分吻合。气液界面的复合滑移边界条件，为进一步提出完整的纳米结构固体表面滑移边界条件奠定了基础。

4.4　高剪切率下气液界面的形态演化和应力释放

纳米结构气液界面的破坏具有多种形式,主要包括气体溶解和受剪破坏。气体溶解已有大量研究 [13]。上述纳米结构表面的流动构型为无滑移固液界面,主要分布在气液界面左右两侧。这也是现有研究中采用最多的流动构型。前面结果表明这样的流动构型下纳米结构气液界面在靠近结构边界位置处具有明显的剪切应力。当剪切强度过大时,气液界面将在剪切应力的作用下出现变形失稳。本节将初步研究在大剪切强度下,气液界面失稳后的形态演化规律。在界面形态演化过程中,保持液体内部压强不变。本节采用新的驱动方式。首先,将上壁面固体原子与液体原子的相互作用强度减弱至液体相互作用强度的 0.01 倍,消除上壁面对液体地束缚;然后,在靠近上壁面区域 (见图 4.17(a) 中的红色矩形区域) 内对液体原子施加驱动力 F,以驱动液体流动。驱动力大小设置为 $F = 0.1\varepsilon/\sigma$,根据本书第 5 章以及前人的研究结果表明这样的驱动力将在液体中产生很强的流动。上壁面在流动过程中始终保持静止。

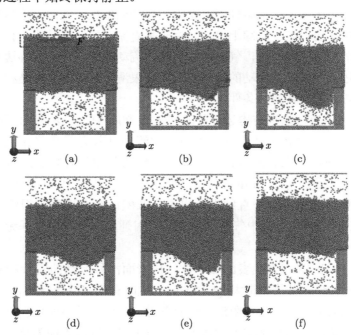

图 4.17　纳米结构表面高剪切强度下气液界面的形态演化过程 (扫封底二维码可见彩图)

图 4.17 为纳米结构表面高剪切强度下气液界面的形态演化过程。图 4.17 (a) 为无流动时的气液界面形状。在流动开始后,气液界面由于左右两侧受到较强的

剪切应力而具有较大的速度。在气液界面右侧，流动由于受到无滑移固液界面区
的阻挡而出现分流，一部分流体向上绕过固液界面区，另一部分液体向下并回流，
见图 4.17(b)。回流部分的液体将扩张气液界面，从而使气液界面向纳米结构内部
凹陷，致使气液界面的形状演变为烟斗状，见图 4.17(c)。烟斗状的气液界面，在流
动过程会发生周期性的回缩和扩张，最终纳米结构表面的流场出现一定的非定常
特性。气液界面左右两侧的固液界面区为气液界面的三相接触线提供了支持，但
同时也对气液界面上的流动产生了阻碍，导致在气液界面左右两侧出现较大的剪
切应力。如果可以通过流动构型的设计，使这部分剪切应力得到部分释放，以减
小固液界面区对气液界面流动的阻碍，就可以进一步增大气液界面上的滑移流动。

　　气液界面两侧的固液界面区由于是无滑移边界条件，因此对气液界面上的流
动产生阻碍。通过降低固液界面处固体原子与液体原子之间的相互作用强度，使
固液界面处也产生滑移，由此便可降低固液界面对气液界面上流动的阻碍，进而部
分释放气液界面上剪切应力，进一步降低液体在纳米结构表面的流动阻力。为验证
这一方法，本节设置气液界面两侧的固体原子与液体原子之间相互作用强度分别
为 $\varepsilon_{\mathrm{SL}} = 0.8\varepsilon_{\mathrm{LL}}, 0.6\varepsilon_{\mathrm{LL}}, 0.4\varepsilon_{\mathrm{LL}}$ 和 $0.2\varepsilon_{\mathrm{LL}}$ 条件下液体的流动。通过与 $\varepsilon_{\mathrm{SL}} = 1.0\varepsilon_{\mathrm{LL}}$
速度分布特性的对比，考察固液界面滑移对气液界面滑移和液体流场的影响。固
液界面和气液界面中心附近的速度分布可反映纳米结构表面液体的流动特性。本
节对比了水平位置为 $x = 2.7\sigma$ (固液界面中心附近) 和 $x = 29.7\sigma$ (气液界面中心
附近)，液体在界面法向的速度分布，见图 4.18。

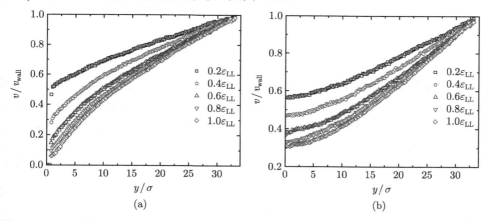

图 4.18　固液界面中心附近 ($x = 2.7\sigma$) 和气液界面中心附近 ($x = 2.97\sigma$) 处液体在界面法向
的速度分布 (扫封底二维码可见彩图)

　　随着固液界面固体原子和液体原子相互作用强度的减弱，液体在固液界面处
和气液界面处的速度均显著增大。在 $\varepsilon_{\mathrm{SL}} = 0.2\varepsilon_{\mathrm{LL}}$ 时，固液界面上的速度相比

$\varepsilon_{SL} = 1.0\varepsilon_{LL}$ 时的速度增加了约 9 倍，气液界面上的速度增加了约 1 倍。这些结果表明，固液界面上较弱的固液相互作用强度可以显著的释放气液界面在纳米结构边界附近的剪切应力，进而降低液体在纳米结构表面上的流动阻力。

图 4.19(a) 和 (b) 分别为液体在通道内的平均速度分布和液体沿平行界面方向的速度分布。随着固液界面处固体原子和液体原子之间相互作用强度的减小液体的平均速度分布显著增大。与此同时，气液界面上液体的速度也显著增大，表明纳米结构边界对气液界面上流动的阻碍得到了显著减小。

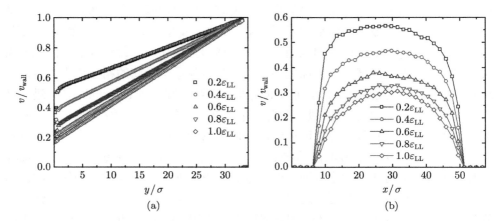

图 4.19   通道内液体的平均速度分布 (a) 和固液和气液界面上液体沿平行界面方向的速度分布 (b)(扫封底二维码可见彩图)

4.5   结 束 语

利用非平衡分子动力学模拟方法研究了纳米结构表面液体流动的滑移和流场特性。由于液体表面张力的作用，液体会在纳米结构表面形成气液界面。气液界面的存在显著影响系统的流动特性。通过移动上壁面的位置控制液体内部的压强，进而控制气液界面形状与固界面平行。模拟结果表明，在气液界面附近，液体速度分布的斜率逐渐减小，固液界面附近液体速度分布的斜率逐渐增大。但在不同水平位置处，基于速度分布计算得到的液体流量保持不变。与前人不同的是，通过 Irving-Kirkwood 方法计算系统局部位置处的应力张量，直接获得了不同位置处的正应力和切应力大小。研究表明，气液界面附近液体的剪切应力显著减小，而在固液界面附近随着与界面距离的减小，液体的剪切应力逐渐增大。液体的正应力在气液界面处随水平位置逐渐增加，而在气液界面两侧的固液界面处正应力随水平位置逐渐降低。对于某一流动微元剪切应力和正应力相互平衡，维持系统的定常流动。

参 考 文 献

[1] Rothstein J P. Slip on superhydrophobic surfaces[J]. Annual Review of Fluid Mechanics, 2010, 42(1): 89-109.

[2] Lauga E, Stone H A. Effective slip in pressure-driven Stokes flow[J]. Journal of Fluid Mechanics, 2003, 489: 55-77.

[3] Philip J R. Flows satisfying mixed no-slip and no-shear conditions[J]. Zeitschrift für Angewandte Mathematik and Physik ZAMP, 1972, 23(3): 353-372.

[4] Tretyakov N, Müller M. Correlation between surface topography and slippage[J]. Soft Matter, 2012, 9(13): 3613-3623.

[5] Schönecker C, Baier T, Hardt S. Influence of the enclosed fluid on the flow over a microstructured surface in the Cassie state[J]. Journal of Fluid Mechanics, 2014, 740: 168-195.

[6] Schäffel D, Koynov K, Vollmer D, et al. Local flow field and slip length of superhydrophobic surfaces[J]. Physical Review Letters, 2016, 116(13): 134501.

[7] Bolognesi G, Cottin-Bizonne C, Pirat C. Evidence of slippage breakdown for a superhydrophobic microchannel[J]. Physics of Fluids, 2014, 26(8): 082004.

[8] Zhou J J, Asmolov E S, Schmid F, et al. Effective slippage on superhydrophobic trapezoidal grooves[J]. The Journal of Chemical Physics, 2013, 139(17): 174708.

[9] Priezjev N V, Darhuber A A, Troian S M. Slip behavior in liquid films on surfaces of patterned wettability: comparison between continuum and molecular dynamics simulations[J]. Physical Review E, 2005, 71(4): 041608.

[10] Irving J H, Kirkwood J G. The statistical mechanical theory of transport processes. IV. The equations of hydrodynamics[J]. Journal of Chemical Physics, 1950, 18(6): 817-829.

[11] Karatay E, Haase A S, Visser C W, et al. Control of slippage with tunable bubble mattresses[J]. Proceedings of the National Academy of Sciences of the United States of America, 2013, 110(21): 8422-8426.

[12] Steinberger A, Cottin-Bizonne C, Kleimann P, et al. High friction on a bubble mattress[J]. Nature Material, 2007, 6(9): 665.

[13] 薛亚辉, 吕鹏宇, 段慧玲. 超疏水材料表面液–气界面的稳定性及演化规律 [J]. 力学进展, 2016, 46: 201604.

第 5 章　疏水性对流场特性影响的实验研究

5.1　引　　言

本章利用热线测速仪对平板湍流边界层流场和圆柱尾流场进行测量，得到疏水平板表面边界层以及圆柱尾流场内的速度剖面和湍流度的变化规律。通过对比光滑表面的结果，分别得到疏水平板表面的滑移特性和减阻规律，以及疏水圆柱的潜在减阻效果。根据小波分析理论提取出平板湍流边界层中的相干结构，研究疏水表面对湍流中涡结构的影响规律；同时分离圆柱尾流场中不同尺度的涡结构，对比分析其湍流强度。对比分析各实验结果，探索疏水表面在平板流动和圆柱绕流中的减阻效果，并分析影响减阻效果的因素。

5.2　实　验　方　法

5.2.1　平板流场测试方法

平板表面湍流边界层测试实验以重力式低速水洞 (图 5.1) 作为实验平台，该水洞利用水箱与出口间恒定的水位差所产生的重力势能，驱动实验段水流至稳定的流动状态 [1]。收缩段内安装了三层整流网，用于稳定来流。实验中，通过控制 4 组上水泵的开启数量和 2 组回流阀的开启角度，以及调节 2 个不同规格下水阀 (直径 0.2m 和 0.08m) 的开度范围，即可实现 0~2.0m/s 实验水速范围内连续可调的稳定流场。电磁流量计用于测量管道内的流量，进而推算出实验段处的平均流速，通过与液位观测装置的配合使用可以确认流速是否稳定。经反复测试，该系统的流速调节误差低于 1.0%，实验段中心湍流度低于 2.0%。另外，水洞各部分均采用柔性连接，能基本阻断外界振动能量向水洞的传递，最大限度地保证了实验段流场的稳定。

水洞实验段尺寸为 1.2m×0.2m×0.2m，实验中选用恒温式 IFA300 热线测速仪进行湍流边界层流场测试，测试原理见图 5.2，图中 U 代表来流方向，x 代表平行于实验板的方向，y 代表垂直于实验板的方向。坐标架放置在实验段正上方，探针从顶端的测试孔伸入水中，通过对坐标架的控制可以实现探针精确的上下移动，其移动误差小于 0.01mm。实验中，传感器选择 "TSI-1218" 型热膜探针，采样频率为 50kHz，采样周期为 10.24s，测点位于实验板 4/5 位置处，以确保测试流场为湍流边界层，通过在 y 方向移动探针即可测量完整的湍流边界层剖面[2]。

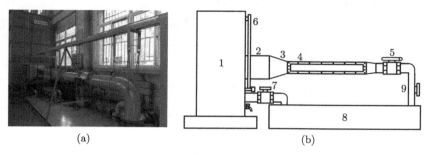

图 5.1 重力式低速水洞

1. 水箱；2. 稳定段；3. 收缩段；4. 实验段；5. 电磁流量计；6. 液位观测计；7. 回流阀；8. 蓄水池；9. 下水阀

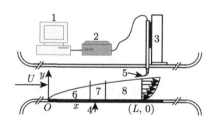

图 5.2 湍流边界层流场测试原理

1. 计算机；2. IFA300 热线测速仪；3. 坐标架；4. 实验板；5. 热膜探针；6. 层流边界层；7. 过渡层；8. 湍流边界层

一般将平板的壁面剪切层分为内层和外层两部分，内层靠近壁面，外层从内层开始直至剪切层的边缘。由于本章的研究重点是疏水表面的作用，因此分析对象在边界层的内层。当前研究表面，湍流边界层内层又依次分为三部分 (图 5.3)：黏性底层 $(0 < y^+ < 5, u^+ = y^+)$、过渡层 $(5 < y^+ < 30)$ 和对数律层 $(30 < y^+ < 200, u^+ = (1/K) \ln y^+ + A$，$K$ 为卡门常数)[3−7]，其中，无量纲速度 u^+ 和无量纲位置 y^+ 的计算公式如下

$$u^+ = u/U_\tau \tag{5.1}$$

$$y^+ = yU_\tau/\nu \tag{5.2}$$

其中，ν 为运动黏性系数；U_τ 为壁面摩擦速度，它与壁面切应力 τ_ω 和壁面速度梯度 $\left.\dfrac{\mathrm{d}u}{\mathrm{d}y}\right|_{\mathrm{wall}}$ 的关系为

$$\tau_\omega = \rho U_\tau^2 \tag{5.3}$$

$$\tau_\omega = \mu \left.\frac{\mathrm{d}u}{\mathrm{d}y}\right|_{\text{wall}} \tag{5.4}$$

实验中，壁面速度梯度可通过拟合黏性底层的实验数据得到，再根据式 (5.3) 和式 (5.4) 计算出壁面摩擦速度和壁面切应力，进而得到疏水表面的湍流边界层分布。

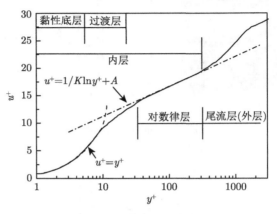

图 5.3　湍流边界层分布

当前研究普遍认为，低表面能和表面粗糙度是固体表面产生疏水性的两个主要因素 [8–12]。实验中平板模型的尺寸为 $0.4\text{m} \times 0.18\text{m}$，为制备疏水表面，首先在平板模型上涂覆疏水树脂 (丙烯酸树脂)，为增加粗糙度，进一步提高接触角，在丙烯酸树脂中添加含氟有机填料 (聚四氟乙烯 PTFE) 和碳管。图 5.4 为其中 3 种

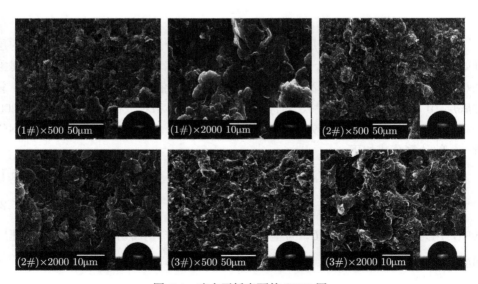

图 5.4　疏水平板表面的 SEM 图

(1#、2#、3#) 疏水表面放大 500 倍和 2000 倍的 SEM 图,图中可以看到微米级的突出物,即为填料的聚集体,在放大 2000 倍的 SEM 图可以看到碳管。实验中的疏水表面为随机微结构,这种表面的制造成本更低,制作方法更简单,对实际工程应用有较高的价值。图 5.5 为三种疏水表面的 XPS 能谱图,可见 F 和 C 元素数量很高,正是添加了聚四氟乙烯和碳管导致的,且 1#、2# 和 3# 表面有机填料的添加量依次增大。

实验所用三种疏水表面的接触角、表面能和粗糙度见表 5.1,接触角和粗糙度分别使用 DSA-100 接触角测试仪 (不确定度 ±3.0°,测试温度 20℃) 和 TR101 粗糙度测试仪测量,表面能使用 Owens-Wendt 方法 [13] 测量,测试液体为水和正十六烷。可见,1# 表面的疏水性最差,表面能最高,粗糙度最低,3# 表面的

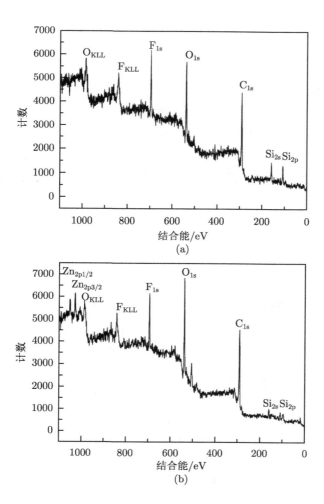

(a)

(b)

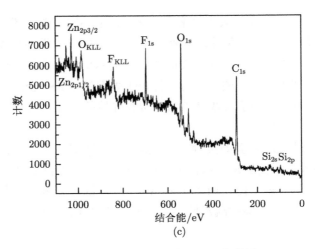

图 5.5　疏水平板表面的 XPS 能谱图

(a) 1#；(b) 2#；(c) 3#

疏水性最好，表面能最低，粗糙度最高，这与图 5.5 中各表面添加的聚四氟乙烯和碳管的量是一致的，说明有机填料的增加会使疏水性变好，从表 5.1 还可以看出，三种表面中粗糙度最高仅为 $2.460\mu m$，因此不会对边界层流场产生干扰。

表 5.1　疏水平板表面参数

编号	接触角/(°)	表面能/(mJ·m^{-2})	粗糙度 R_a/μm
1#	95.7	22.1	0.783±0.105
2#	99.6	19.5	1.437±0.065
3#	105.8	16.5	2.460±0.045

5.2.2　圆柱尾流场测试方法

圆柱尾流场测试与平板表面流场测试采用相同的重力式低速水槽，其能满足圆柱绕流尾流场测试需求 [14]。图 5.6 为实验装置示意图，其中，(a) 展示实验中圆柱模型、探针测点分布情况，(b) 则示意圆柱模型两端端板的相对安装位置。实验坐标系以圆柱中心为原点，顺流方向为 x 轴正方向，圆柱轴线向内为 y 轴正方向，z 轴正方向竖直向上。参考 Stansby [15] 的实验方法，圆柱两端分别垂直固定长 140mm×180mm×3mm 的端板，且在迎流面靠侧壁一侧铣 20° 楔形倒角 (图 5.6(b))，以隔离实验段壁面边界层干扰。水流速度使用 IFA300 恒温热线测速仪采集，采样率取 50kHz，并对输出信号低通滤波 (截止频率 25kHz) 单测点采集

10s。因模型上下对称，测试中仅在圆柱后尾流场上半部分布置 21 个测点，且测点由内而外呈疏化排布，最小相邻测点间距为 0.05 倍圆柱直径。

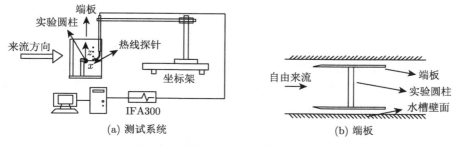

图 5.6 圆柱尾流场实验装置示意图

实验模型共 4 组，每组包括 3 条长 14cm，直径 1cm、1.5cm、2cm 的圆柱，模型材质为 LY12 铝合金。实验水速选用 0.11m/s、0.19m/s、0.66m/s，对应的圆柱雷诺数 (特征长度取直径) 为 1100、2200、2850、3800、6600、9900、13200。疏水涂层采用与平板表面疏水涂层制备方法类似的方法获得 [16]。使用的三种涂层的宏观性质见表 5.2，典型微观形貌见图 5.7。

表 5.2 疏水涂层的宏观性质

序号	润湿性	粗糙度/μm	接触角/(°)
1# 涂层	超疏水	3.38	165.5
2# 涂层	超疏水	3.09	153.5
3# 涂层	疏水	1.22	109.3
光表面	亲水	0.93	19.8

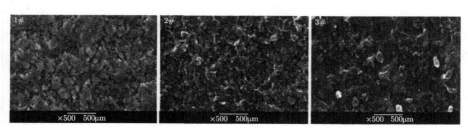

图 5.7 疏水圆柱涂层的微观形貌 (SEM)

5.3 疏水平板边界层流场

5.3.1 平均速度剖面

实验中测得边界层厚度 δ 约 12mm，以 δ 为特征长度的雷诺数 Re_δ 为 4.786×10^3，

说明实验中测点确实位于湍流边界层内部。根据本节的方法求得湍流边界层中壁面摩擦速度和壁面切应力的值见表 5.3，对应的流速为 0.4m/s。这里，定义减阻量 R 的计算公式为

$$R = \left(1 - \frac{\tau_{\omega h}}{\tau_{\omega 0}}\right) \times 100\% \tag{5.5}$$

其中，$\tau_{\omega h}$ 和 $\tau_{\omega 0}$ 分别为疏水表面和平板表面上的壁面切应力。可见疏水表面上的壁面摩擦速度和壁面切应力明显减小，且减阻量随疏水性的增加而增大，本节实验达到的最大减阻量约为 14.2‰。

表 5.3　边界层和减阻参数

编号	$U_\tau/(\times 10^2 \mathrm{m \cdot s^{-1}})$	τ_ω/Pa	$R/\%$
0#	1.704	0.290	—
1#	1.654	0.273	5.9±1.98
2#	1.611	0.259	10.7±2.13
3#	1.579	0.249	14.2±2.41

根据式 (5.1) 和式 (5.2) 求得的平均速度剖面见图 5.8，可见在无量纲位置 $y^+ < 80$ 的区域速度剖面随壁面疏水性的增加而抬升，但不改变对数律区的斜率。将 $3 < y^+ < 80$ 的近壁区放大可见，壁面疏水性的效应主要集中在黏性底层和过渡层，越接近壁面，疏水表面的作用越明显，这种抬升的效应使近壁区的速度梯度，即速度剖面的斜率降低，切应力减小。

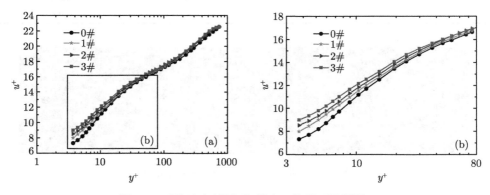

图 5.8　平均速度剖面 (扫封底二维码可见彩图)

5.3.2　湍流度分布

本节进一步研究疏水表面对湍流脉动的影响。湍流度 P_{int} 定义为湍流场中某点处湍流强度与平均速度的比值，即

$$P_{\text{int}} = \left(\frac{1}{N} \sum_{i=1}^{N} (u_i - U)^2 \right)^{1/2} \Bigg/ U \tag{5.6}$$

$$U = \frac{1}{N} \sum_{i=1}^{N} u_i \tag{5.7}$$

其中，u_i 为瞬时速度；N 为采样点数；U 为某一测点处的平均速度。0.4m/s 时的湍流度分布见图 5.9，可见在近壁区，湍流度随壁面疏水性的增加而减小，但湍流度的极值点不随壁面属性的改变而改变，均位于 $y^+ = 7$ 处。同样放大 $3 < y^+ < 80$ 范围内的湍流度曲线，可见壁面疏水性的作用主要集中于黏性底层和过渡层，与平均速度剖面的分析结果一致。

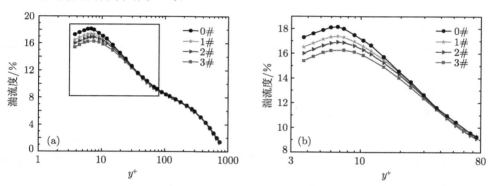

图 5.9　湍流度分布 (扫封底二维码可见彩图)

(b) 为 (a) 中方框部分的放大图

5.3.3　滑移特性

一般认为，疏水表面的减阻效果主要是由于壁面的滑移边界条件造成的 [17−19]，见图 5.10，在微结构的气液界面上会产生滑移速度 u_{S}，其计算公式为

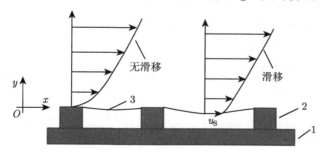

图 5.10　滑移示意图

1. 疏水表面；2. 微结构；3. 气液界面

$$u_{S} = L_{S} \left. \frac{\mathrm{d}u}{\mathrm{d}y} \right|_{\mathrm{wall}} \tag{5.8}$$

其中，u_S 为滑移速度；L_S 为滑移长度，两者可以通过拟合平均速度剖面曲线得到。在拟合曲线中，$y^+ = 0$ 处对应的无量纲速度即为无量纲滑移速度，$u^+ = 0$ 处对应的无量纲距离即为无量纲滑移长度。实验对应的滑移参数见表 5.4，可见疏水表面确实存在滑移，且滑移速度和滑移长度随壁面疏水性的增加而增加，实验中达到的最大滑移量为 18.290μm。

表 5.4　滑移参数

编号	$u_S/(\times 10^3 \mathrm{m \cdot s^{-1}})$	$L_S/\mu m$
1#	1.943	7.131
2#	2.957	11.440
3#	4.545	18.290

5.3.4　涡结构

1. 湍流猝发的提取方法

在湍流边界层中最重要的事件是湍流的"猝发"，其形成过程为：在近壁区，首先形成低速条带，条带出现后，便缓慢抬升，在 $y^+ = 15 \sim 30$ 处发生振动，这种上升的条带是一种马蹄涡结构，在上升的马蹄涡头部区域流向速度剖面上出现拐点，并形成局部高剪切层，高剪切层极不稳定，于是升高的条带发生振动并很快破碎，这种条带抬升并破碎的过程称为"上扬"，该过程产生极大的动量输运，可占到脉动动量系综平均值的 70% 左右，在湍流边界层内，雷诺应力就是在短时间内由这种"上扬"过程产生的。"上扬"条带的破裂伴随一股强烈的流向加速和向下的流动，这种加速向下流动的过程称为"下扫"，"下扫"过程的平均脉动动量约为系综平均值的 30% 左右，"下扫"的扰动在壁面附近能再次诱发新的条带结构，于是又一次出现拟序运动。"上扬"和"下扫"过程统称为湍流的"猝发"，是维持湍流，产生雷诺应力的主要机制 [20-24]。

本节将基于连续小波变换，精确提取出湍流的猝发事件，通过猝发事件的对比得到疏水表面对湍流涡结构的影响规律。一维信号 $u(t)$ 的小波变换 [25,26] 为

$$W_u(a,b) = \int_{-\infty}^{\infty} u(t)\bar{\psi}_{a,b}(t)\mathrm{d}t = \int_{-\infty}^{\infty} u(t)\frac{1}{\sqrt{a}}\bar{\psi}\left(\frac{t-b}{a}\right)\mathrm{d}t = \langle u(t), \psi_{a,b}(t) \rangle \tag{5.9}$$

其中，a 为放大参数；b 为平移参数；$\psi_{a,b}(t)$ 为小波函数；$\overline{\psi}_{a,b}(t)$ 为 $\psi_{a,b}(t)$ 的共轭函数，本节中选择 Haar 小波为基函数。

图 5.11 为各疏水表面上的湍流脉动速度信号，通过对该信号的连续小波变换得到小波系数的变化图，见图 5.12，图中可以清楚地看到湍流中拟序结构的分布，

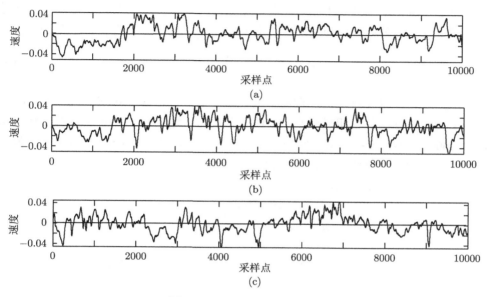

图 5.11 湍流脉动速度信号

(a) 1#；(b) 2#；(c) 3#

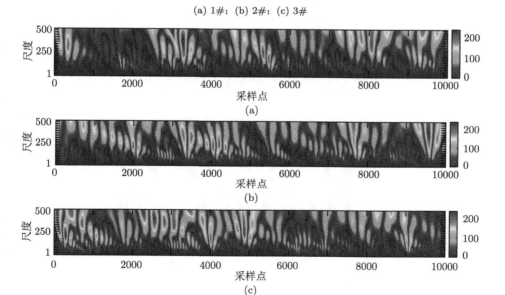

图 5.12 连续小波变换系数 (扫封底二维码可见彩图)

(a) 1#；(b) 2#；(c) 3#

据此可进一步提取出任一尺度对应的湍流拟序结构，因此，只要确定湍流猝发事件对应的尺度，即可将其提取出来。

　　由于湍流猝发事件对于湍动能和雷诺应力的产生贡献最大，因此，可通过对流场能量分布的分析得到猝发事件对应的尺度，小波分析中的能量公式 [27] 为

$$E(a) = \frac{1}{C_\psi} \int_{-\infty}^{\infty} \frac{|W_u(a,b)|^2}{a^2} \mathrm{d}b \tag{5.10}$$

　　根据上式求得 4 种表面上湍流脉动速度的能量分布曲线见图 5.13，可见疏水表面上的湍流脉动能量明显减小，4 种表面对应的能量最大尺度 a_m 分别为 478，410，366 和 342，这些尺度对应的小波系数波形即可从图 5.12 中提取出来，各表面上提取出的猝发事件波形见图 5.14。

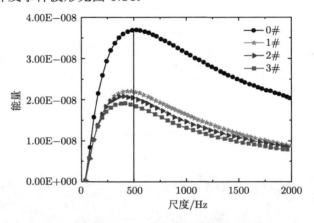

图 5.13　能量分布 (扫封底二维码可见彩图)

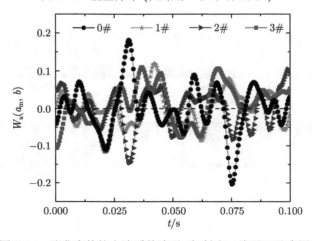

图 5.14　猝发事件的小波系数波形 (扫封底二维码可见彩图)

2. 疏水表面涡结构分析

上文虽然提取出了各表面上的湍流猝发事件，但由于湍流的非定常特性，仍然很难对比出疏水表面对湍流涡结构的影响。为此，现提出了一种基于统计平均方法的公式，用于进一步提取湍流猝发事件的上扬和下扫过程 [28,29]

$$
D(t) = \begin{cases}
1\ (上扬), & \delta W_u(a_m, b - \Delta t) < 0 \text{ 且 } \delta W_u(a_m, b + \Delta t) > 0, K(e_i) > 3 \\
-1\ (下扫), & \delta W_u(a_m, b - \Delta t) > 0 \text{ 且 } \delta W_u(a_m, b + \Delta t) < 0, K(s_i) > 3 \\
0, & 其他
\end{cases}
$$

$$(5.11)$$

其中，K 为平坦因子，

$$
K = \frac{\left\langle |W_u(a,b)|^4 \right\rangle_b}{\left\langle |W_u(a,b)|^2 \right\rangle_b^2}
$$

$$(5.12)$$

平坦因子代表概率密度函数的尖峰程度，概率密度函数分布越集中，平坦因子越大，高斯白噪声 (即随机信号) 的平坦因子为 3。在湍流信号分析中，平坦因子可以作为湍流间歇性的标志 [30,31]，因此，这里将 $K > 3$ 作为阈值提取湍流中的涡结构，提取过程见图 5.15，将脉动速度信号的极小值作为猝发事件的上扬过程，极大值作为下扫过程。

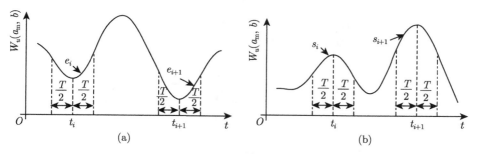

图 5.15 上扬 (a) 与下扫 (b) 过程的提取方法

将湍流信号中的所有上扬和下扫过程提取出后，即可利用相位平均方法得到上扬和下扫波形，相位平均的过程如下式所示

$$
\langle e(t) \rangle = \frac{1}{N_e} \sum_{i=1}^{N_e} W_u(a_m, b_i + t), \quad t \in \left[-\frac{T}{2}, \frac{T}{2} \right],\ D(t) = 1
$$

$$(5.13)$$

$$
\langle s(t) \rangle = \frac{1}{N_s} \sum_{j=1}^{N_s} W_u(a_m, b_j + t), \quad t \in \left[-\frac{T}{2}, \frac{T}{2} \right],\ D(t) = -1
$$

$$(5.14)$$

其中，N_e 和 N_s 分别为利用式 (5.11) 检测到上扬和下扫过程的个数；T 为猝发事件对应的时间尺度。在连续小波变换中，尺度 a 与信号频率 f 的关系为

$$f = \frac{f_c \cdot f_s}{a} \tag{5.15}$$

其中，f_s=50Hz 为采样频率；f_c=0.9961Hz 为 Haar 小波函数的中心频率，因此，猝发事件对应的时间尺度公式为 $T = 1/f = a_m/(f_c \cdot f_s)$，其中 a_m 为 5.3.4 节第 1 部分求得的能量最大尺度，从而可得到 4 种表面上猝发事件的时间尺度 T 约为 0.01s。

根据以上方法提取出 4 种表面对应的上扬和下扫波形见图 5.16，可见各波形可清楚地反映湍流脉动的变化，证明了该方法的可行性。从图中可以看出，疏水

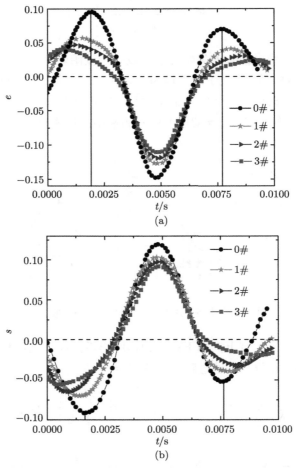

图 5.16　上扬 (a) 和下扫 (b) 事件的相位平均波形 (扫封底二维码可见彩图)

表面上湍流猝发的幅值降低，波长变长，说明疏水表面减小了固体壁面和流体粒子的作用，降低了湍流的脉动程度，增大了湍流涡结构的时间尺度。因此，疏水表面减弱了湍流中涡的强度，影响了湍动能、雷诺应力等参数的分布和强度，进而形成了宏观的减阻效果。

5.4 疏水圆柱尾流场

5.4.1 流场时域特征

为展示疏水表面水下润湿状态，这里分别以静水中平板和水流中圆柱模型为对象，进行了反复观测，结果见图 5.17。其中，图 5.17(a)、(b) 中是黄铜光板模型，表面用红色的 1# 疏水涂层喷涂出中英文字 ("疏水" 和 "Hydrophobic")；图 5.17(c)、(d) 是铝质圆柱模型，表面整体喷涂过褐色的 2# 疏水涂层。对比图 5.17(a)、(b) 可见，1# 疏水涂层部分在空气中呈红色，在水下则因包裹着一层微薄气膜而呈现亮银色，处于 Cassie 状态[32]。对比图 5.17(c)、(d) 发现，随流速不同，2# 疏水圆柱表面会呈现两种不同润湿状态：当 $Re < 4000$ 时，圆柱表面被气体完全裹覆，处于 Cassie 状态；当 $Re > 4000$ 时，圆柱表面呈涂层本色，气膜消失，呈 Wenzel 状态[33]。

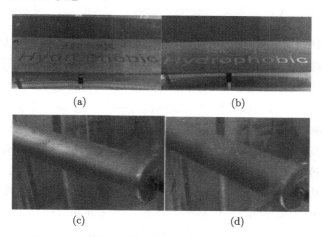

图 5.17 疏水表面状态 (扫封底二维码可见彩图)

(a) 空气中 1# 疏水涂层；(b) 水下 1# 疏水涂层；(c) 2# 疏水圆柱 ($Re < 4000$)；(d) 2# 疏水圆柱 ($Re > 4000$)

图 5.18 展示 $Re < 4000$ (此时圆柱处于 Cassie 状态) 时，不同疏水圆柱表面尾流场时均速度与湍流度分布曲线，图中测试剖面均位于 $x/d = 2$ 处，流速和 z

向高度均为无量纲值: $z' = z/d$ (特征长度为圆柱直径), $u' = u/u_0$ (特征速度取自由来流速度)。

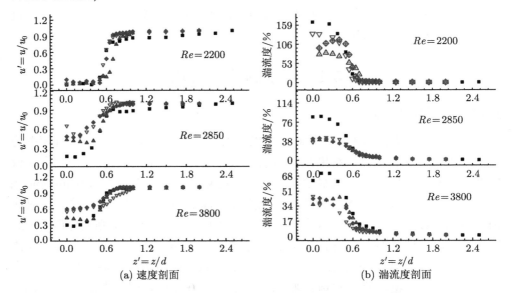

■ 代表光表面; ◇ 代表1#涂层;△ 代表2#涂层; ▽ 代表3#涂层

图 5.18　Cassie 状态下圆柱尾流场剖面 (扫封底二维码可见彩图)

　　分析图 5.18(a) 发现, 当 $Re = 2200$ 时, $z = 0$ 附近 (圆柱正后方) 流速几乎降至 0, 说明测试位置 $(x/d = 2)$ 位于漩涡区域内部的低速回流区; 当 Re 增至 2850 和 3800 时, $z = 0$ 附近流速得到明显回升, 说明随着 Re 的增大, 漩涡形成区域减小; 而从疏水圆柱较光圆柱更快的流速回升, 也说明疏水圆柱漩涡形成区域较短。对比图 5.18(a) 还能发现, 当 $Re = 2850, 3800$ 时疏水圆柱正后方流速明显高于光圆柱表面, 说明疏水涂层使得圆柱前后流场动量损失被有效降低, 证实 Cassie 状态下疏水圆柱能降低圆柱阻力。而对比图 5.18(b) 可见, 当 $Re < 4000$ 时, 3 种疏水表面圆柱尾流场中湍流度均低于光圆柱, 峰值湍流度的最大降幅近 50%($Re = 2850$, 1# 涂层), 这是因为圆柱与流体间的气膜层大大降低了圆柱表面流体所受剪切作用, 由此产生的漩涡和流速脉动显著减小。

　　当 Re 进一步增大, 疏水圆柱表面的润湿状态逐步向 Wenzel 状态过渡, 气膜层消失 (图 5.17(b)), 造成疏水圆柱表面的无序粗糙结构直接与水接触, 此时流场测试结果见图 5.19。与图 5.18 不同, 涂层圆柱表面尾流区内流速和湍流度均稍大于光表面, 说明涂层表面的粗糙结构已影响到尾流场分布。与文献 [34, 35] 中人为添加的宏观结构相比, 文中疏水表面的粗糙结构尺寸 (1.22~1.38μm) 小得多,这可能是这里未呈现出与文献中存在差异的原因。

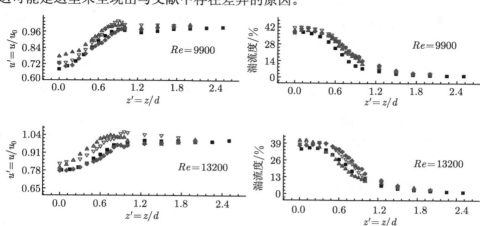

■代表光表面; ◇代表1#涂层;△代表2#涂层; ▽代表3#涂层

图 5.19　Wenzel 状态下圆柱尾流场剖面 (扫封底二维码可见彩图)

5.4.2　流场频域特征

斯特劳哈尔数 $St(St = f_0 d/u_0$, f_0 为涡街频率, d 为圆柱直径, u_0 为来流速度) 是反映圆柱后方卡门涡街频率的无量纲数, 且前人已给出公认的圆柱 St 随 Re 的变化规律。为分析疏水涂层对卡门涡街频率的影响, 这里运用快速傅里叶变换方法, 从圆柱后脉动速度信号中提取了不同 Re 下涡街主频率 (对象测点选 $z/d = 0.5$)。图 5.20 是实验获得的疏水涂层和光圆柱 St 随 Re 的变化规律。可以看出, 疏水涂层和光圆柱 St 随 Re 的变化都符合公认规律, 说明 Cassie 状态和 Wenzel 润湿状态下疏水表面并均未对圆柱尾流的涡街频率产生明显影响, 这与 You 和 Moin [36] 的模拟结果相符。

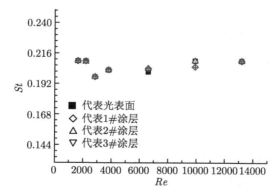

代表光表面
◇ 代表1#涂层
△ 代表2#涂层
▽ 代表3#涂层

图 5.20　St 随 Re 的变化规律 (扫封底二维码可见彩图)

　　圆柱后卡门涡街内漩涡间互相作用，会促使漩涡结构不断演化、分解，所以圆柱尾流场中会包括不同尺度漩涡，且不同位置处各尺度漩涡所占比重也不同。这里运用多尺度小波分解方法，研究了 Wenzel 状态下疏水圆柱尾流场中不同尺度涡结构的分布情况。分析中选取了 20 阶 [34] 正交小波作为基函数 $\Psi_{a\tau}(t) = \frac{1}{\sqrt{a}}\Psi\left(\frac{t-\tau}{a}\right)$，其中，$a$、$\tau$ 分别为伸缩因子和平移因子。同时采用幂级数离散法将小波基函数中 a、τ 限制在设定离散点上进行取值。这里取 $a = 2^j, \tau = k\tau_0$；同时根据 Nypuist 采样定理，由于 $\Psi(2^{-j}t)$ 的宽度是 $\Psi(t)$ 的 2^j 倍，相应的采样时间间隔则扩至 $\tau = 2^j k\tau_0$ (取 $\tau_0 = 1$)。

　　最终的基函数表达式为

$$\Psi_{j,k}(t) = 2^{-\frac{j}{2}}\Psi(2^{-j}t - k) \tag{5.16}$$

相应的离散小波变换函数为

$$\Psi_{j,k}(t) = 2^{-\frac{j}{2}}\Psi\left(2^{-j}t - k\right) = 2^{-\frac{j}{2}}\int_{-\infty}^{+\infty} s(t)\Psi(2^{-j}t - k)\mathrm{d}t \tag{5.17}$$

因此，原始信号可以被描述为

$$s(t) = \sum_{-\infty}^{\infty}\sum_{-\infty}^{\infty}\langle s,\Psi_{j,k}\rangle\Psi_{j,k}(t) \tag{5.18}$$

这里选定尺度 j_0 为临界尺度，则原始信号可以被分解成近似 (低频) 部分与细节 (高频) 部分：

$$s(t) = \sum_{j=j_0+1}^{\infty}\sum_{-\infty}^{\infty}\langle s,\Psi_{j,k}\rangle\Psi_{j,k}(t) + \sum_{j=-\infty}^{j_0}\sum_{-\infty}^{\infty}\langle s,\Psi_{j,k}\rangle\Psi_{j,k}(t) \tag{5.19}$$

其中，右端第一部分是尺度 2^{-j_0} 的近似信号，而第二部分是细节信号。

　　按上述方法可将瞬时流速信号分解到不同频率范围。然后通过对不同频率范围上近似信号的小波逆变换，还能重构出该频率区域内涡结构对应的脉动速度信息。文中在近似信号重构时，信号对应中心频率采用以下公式估算：

$$f_a = \frac{f_c}{a\Delta} \tag{5.20}$$

式中，f_a 为对应尺度下近似信号的准频率；f_c 代表所选用小波的中心频率；a 为小波尺度 ($a = 2$)；Δ 为原始信号采样周期。

　　这里对 $Re = 9900$ 时光圆柱后 $x/d = 2$ 处 3 个 z 方向典型位置 ($z/d = 1.5$、0.5、0，对应见图 5.21 中的测点 1、2 和 3) 的脉动速度信号进行了多尺度分解，结果见图 5.22。分析可得，$z/d = 1.5$ 点 (测点 1) 在尾迹区外，不能有效感受到卡门涡街的影响，速度波动微弱；$z/d = 0.5$ 点 (测点 2) 处于上方主漩涡区域，因而在涡街频率 f_0 处信号强且周期性显著，同时从 2 倍涡街频率信号 ($2f_0$) 的稳定幅度和周期性也已能分辨出下方主漩涡的微弱影响 (这也是前文中快速傅里叶变换方法提取涡街主频率时对象测点的选择依据)；$z/d = 0$ 点 (测点 3) 处于涡街两列主漩涡的中心线上，因而同时感受到两列涡的存在，即 2 倍涡街频率信号最强。上述结果均符合圆柱后涡街的实际分布规律，说明多尺度小波分解方法适用于圆柱尾流场涡结构分析。

图 5.21 z 方向测点位置示意

　　湍流度代表脉动速度的均方根与平均速度的比值，因此，从相同流速条件下，不同频率点上重构信号的湍流度大小可以比较出对应尺度涡结构的强弱。为展示 Wenzel 润湿状态下疏水表面对圆柱尾流场中不同尺度涡的影响，这里对 $Re=9900$ 时流速信号在 f_0 的整数倍点进行了多尺度分解和重构，然后重新统计 f_0 与 $2f_0$ 频率上重构脉动速度分量的湍流度，见图 5.23。

　　分析图 5.23 可得，沿 z 向从尾流中心到外围区域，1 倍 f_0 信号分量的湍流度先迅速增大后又逐步减小至接近 0，在 $z/d=0.5$ 附近最强 (最大值约 30%)；而 2 倍 f_0 信号分量的湍流度约从 20% 一直缓慢减小至接近 0。这些规律与卡门涡街中双侧漩涡的分布规律正好相对应。而与图 5.22 给出的该状态下总湍流度分布规律不同，1 倍 f_0 信号分量的湍流度表现为光圆柱高于疏水圆柱；而 2 倍 f_0 信号分量的湍流度则表现为二者基本吻合，其中，1#、2# 涂层圆柱略高于光圆柱。由此说明，疏水表面对各尺度涡结构的影响不同，大尺度涡结构被减弱，但小尺度涡结构却被增强。推测其原因在于：疏水表面大量无序微形貌造成壁面上杂乱不均匀的摩擦应力分布，一定程度上减弱了圆柱后方脱落大尺度漩涡的稳定性和秩序，使得大尺度漩涡间互相作用更强烈，尺度分解更快，即大尺度漩涡被更多地分解成更小尺度涡结构而减弱。对比图 5.23(a) 和 (b) 中还能看出，高频信号分量的能量相对较小，且沿 z 向分布更均匀，说明在 x/d=2.0 处尾流场中从主漩涡 (涡街频率 f_0) 向更小尺度涡传递能量的比例较低，同时这些小尺度涡更易于在涡结构横向升力的作用下在流场内垂直流向迁移。

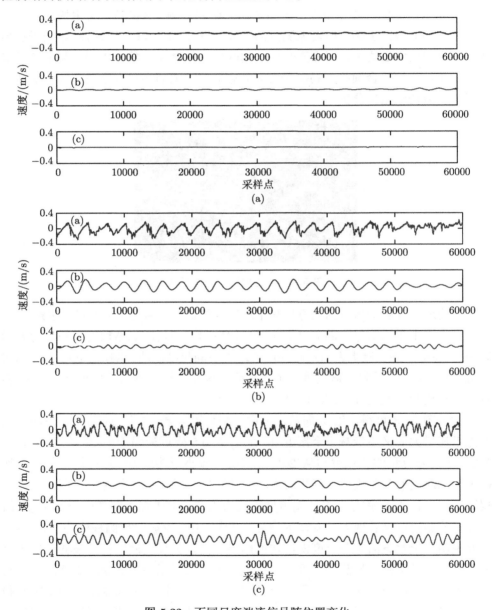

图 5.22　不同尺度湍流信号随位置变化

图中 (a)、(b)、(c) 分别代表：原始信号、f_0 分量信号、$2f_0$ 分量信号

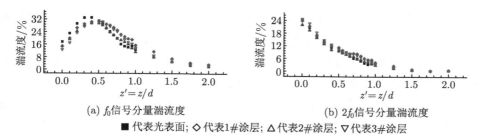

(a) f_0信号分量湍流度   (b) $2f_0$信号分量湍流度

■ 代表光表面; ◇ 代表1#涂层; △ 代表2#涂层; ▽ 代表3#涂层

图 5.23 疏水圆柱后重构信号的湍流度分布 $(x/d = 2.0)$(扫封底二维码可见彩图)

5.4.3 分离角

为直观展示圆柱后涡结构并提取圆柱分离角，这里采用粒子图像显示技术拍摄了疏水圆柱表面绕流尾流场。实验中, 示踪粒子直径为 $20\mu m$, 光源波长为 $532nm$ 的连续型平面激光。图 5.24(a)、(b) 分别为 $Re = 9900$ 时 1# 涂层的疏水圆柱与光圆柱流场中粒子迹线图, 而 (c)、(d) 分别为 (a)、(b) 中流场分离点处局部放大图。

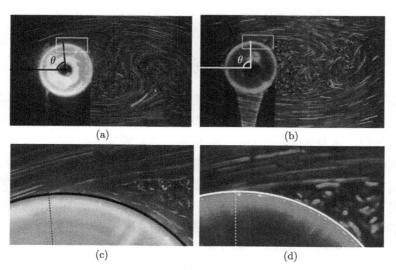

图 5.24 圆柱尾流场粒子迹线图 (扫封底二维码可见彩图)

(a)、(b) 分别为 $Re = 9900$ 时光圆柱与 1# 涂层的疏水圆柱尾流场分离角; (c)、(d) 分别为图 (a)、(b) 的局部放大图

以圆柱前驻点为起始点, 圆心为中心点, 与圆柱分离点所构成的角度为分离角 (见图 5.24(a)、(b) 中 θ), 分离角越大, 代表分离发生得越晚。通过对测试照片的图像处理, 可以给出不同状态下分离角测量值, 测量误差约 $\pm 1°$。图 5.25 给

出了光圆柱与 1# 涂层圆柱分离角随 Re 的变化过程。从图中可见，在测试 Re 变化范围内，二者的分离角均表现为随 Re 增大而微弱减小，而当 $Re > 4000$ 后则基本保持稳定值，也即随 Re 增大，二者的分离点均先沿圆柱表面向前缓慢移动，而后保持在固定位置；虽然疏水表面分离角变化总体规律与光表面相同，但在 $Re < 4000$ 时疏水表面分离角随 Re 增大而减小得更快，同时分离角总体上也比光圆柱小 $4°\sim6°$，这与 Muralidhar 等 [37] 实验中横向排布微形貌的疏水表面效果一致。

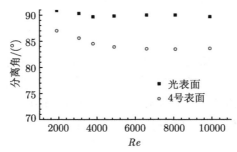

图 5.25　光圆柱与 1# 涂层圆柱分离角随 Re 的变化过程

5.5　疏水表面气液界面形态与流失现象

从综合平板表面流场与圆柱尾流场测试结果来看，部分疏水表面具有较好的减阻效果，但实验中也发现，一些疏水表面的减阻效果并不稳定，在流速增加后甚至出现增阻，这对于疏水表面的实际应用是不利的，下面基于平板模型对疏水表面的减阻模式和增阻的原因进行了分析。

在进行疏水表面的湍流边界层流场测试时发现，疏水表面刚浸入水中时，上面会附着一层气体，通过对实验的观察和总结，这里将疏水表面上的气膜分为两种存在模式：气层和气泡。气层模式见图 5.26(a)，疏水表面完全反光，说明所有气层连为一个整体，该模式一般在疏水性非常好的情况下存在；气泡模式见图 5.26(b)，在该模式下，气体以单个气泡的形式存在，这是由于壁面疏水性不是特别好，能够束缚住的气体有限，这时各处疏水性的差异就会造成气体的分离，从而形成单独的小气泡。

与气膜的两种存在模式相对应，本节建立了疏水表面的两种减阻模型，见图 5.27。在气层模式下，由于表面疏水性已达超疏水状态，因此气体能覆盖在整个疏水表面上，液体的流动将带动气体层沿流向运动，从而在气液界面上产生滑移速度；在气泡模式下，由于表面疏水性有限，气体不能充分铺展，因此以孤立的气泡模式存在于固体表面，气液界面上也会产生滑移速度，但与气层模式不同，气泡内的气体流动不是沿流向，而是在内部产生漩涡，同时，由于气泡是离散的，气泡界面上的速度分布将随位置的不同而产生较大的差异，除了由于滑移效应而减小的黏性阻力外，气泡的高度也会产生压差阻力，因此，在气泡模式下，疏水表面是否会产生减阻取决于黏性阻力和压差阻力变化量的差值。两者相比，由于压差的作用，当流速达到一定值时气泡会被流场带走，而气层的压差阻力较小，稳定性也更好，对湍流边界层流场不会产生较大的影响，由此可见，气层模式对于疏水表面减阻的维持更为有利。

图 5.26 疏水表面气膜存在模式

(a) 气层模式；(b) 气泡模式

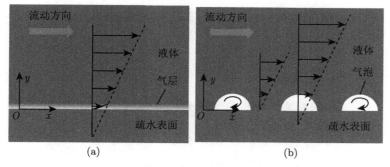

图 5.27 疏水表面减阻模型

(a) 气层模式；(b) 气泡模式

虽然在气层模式下，气体的存在更为稳定，但也会由于流速的作用和壁面疏水性的不均匀而产生差异，在高流速下，气层会由厚变薄，图 5.28 显示了气层在流场的作用下变化的过程，图中可根据反光程度的不同分辨出气层的厚薄，两者间的分界线也非常清晰，随着流速的增加，分界线会进一步右移。图中也可以看

出，在该模式下，气层虽然会变薄，但气层仍然覆盖在整个表面上，厚度的变化
也会造成减阻效果的差异。

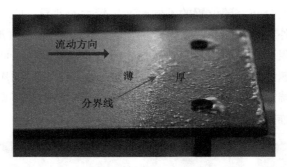

图 5.28　疏水表面气层消失过程 (气层模式)

在气泡模式下，由于气泡是凸出的，因此在流速作用下更容易被流场带走，从
图 5.29 中可以清楚地看到该过程，随着流速的增大，小气泡会首先聚集形成大气
泡，一些大气泡的尺度甚至会超过边界层的厚度，因此必然会对流场产生影响，当
气泡增大到一定程度时，在湍流和浮力的作用下会被带走，随着流速的进一步增
大，疏水表面上附着的气体最终会基本消失，只留下少部分气泡，这也与壁面疏
水性的不均匀有关，此时，疏水表面原先的减阻效果会减小甚至出现增阻。

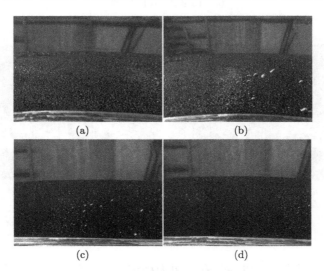

图 5.29　疏水表面气泡消失过程 (气泡模式)

综合上述分析，疏水表面上封存的气体对于其减阻具有重要意义，而疏水表
面上气膜的变薄或消失可能是减阻效果不稳定的主要原因。由于气膜的消失，疏

水表面的气液界面被固液界面所取代，壁面摩擦阻力增大，致使减阻效果减弱其至出现增阻。两种模式相比，气层模式的稳定性较好，且不会对流场产生较大的影响，对于疏水表面减阻的实际应用意义较大。因此，在固体表面维持稳定气膜成为超疏水表面减阻的关键。

5.6 结 束 语

在重力式低速水洞中利用热线测速仪对超疏水平板表面和超疏水圆柱尾流场进行了测试和分析；通过对平板表面平均速度剖面和湍流度的分析，证明了疏水表面在近壁区的减阻效果，并根据平均速度剖面的分布进一步计算了疏水表面的滑移参数，证实了滑移现象的存在，基于小波分析，提出了一种精确提取湍流相干结构的方法，表明疏水表面可以减弱湍流脉动，正是这些因素的作用，使疏水表面产生了减阻效果。另外，通过对实验现象的观察，总结了疏水表面气膜存在的两种模式，建立了对应的减阻模型，同时还观察到了在流场作用下，气层和气泡消失的过程，分析认为，正是气液界面的消失造成了疏水表面减阻不稳定的现象。超疏水圆柱尾流场的速度分布表明，气膜层大大降低了圆柱表面流体所受的剪切作用，使得由此产生的漩涡和流速脉动显著减小。尾流场的频域特性表明超疏水表面削弱了大尺度涡结构而增强了小尺度涡结构。此外还利用粒子图像显示技术对圆柱绕流的尾流场进行拍摄，获得了圆柱后方的分离角。两个实验同时表明，超疏水表面水下减阻的关键在于维持稳定的气膜。

参 考 文 献

[1] 胡海豹, 杜鹏, 宋东, 等. 水下固体壁面湍流边界层流场测试方法 [J]. 上海交通大学学报, 2013, 47(010): 1532-1536.

[2] Hu H B, Du P, Zhou F, et al. Effect of hydrophobicity on turbulent boundary layer under water[J]. Experimental Thermal and Fluid Science, 2015, 60: 148-156.

[3] Monty J P, Hutchins N, Ng H C H, et al. A comparison of turbulent pipe, channel and boundary layer flows[J]. Journal of Fluid Mechanics, 2009, 632: 431-442.

[4] Grass A J. Structural features of turbulent flow over smooth and rough boundaries[J]. Journal of Fluid Mechanics, 1971, 50(2): 233-255.

[5] Smith C R, Metzler S P. The characteristics of low-speed streaks in the near-wall region of a turbulent boundary layer[J]. Journal of Fluid Mechanics, 1983, 129: 27-54.

[6] Antonia R A, Luxton R E. The response of a turbulent boundary layer to a step change in surface roughness Part 1. Smooth to rough[J]. Journal of Fluid Mechanics, 1971, 48(4): 721-761.

[7]　Antonia R A, Luxton R E. The response of a turbulent boundary layer to a step change in surface roughness. Part 2. Rough-to-smooth[J]. Journal of Fluid Mechanics, 1972, 53(4): 737-757.

[8]　Miwa M, Nakajima A, Fujishima A, et al. Effects of the surface roughness on sliding angles of water droplets on superhydrophobic surfaces[J]. Langmuir, 2000, 16(13): 5754-5760.

[9]　Feng L, Li S, Li Y, et al. Super-hydrophobic surfaces: from natural to artificial[J]. Advanced materials, 2002, 14(24): 1857-1860.

[10]　Shirtcliffe N J, McHale G, Newton M I, et al. Dual-scale roughness produces unusually water-repellent surfaces[J]. Advanced Materials, 2004, 16(21): 1929-1932.

[11]　Yoshimitsu Z, Nakajima A, Watanabe T, et al. Effects of surface structure on the hydrophobicity and sliding behavior of water droplets[J]. Langmuir, 2002, 18(15): 5818-5822.

[12]　Kijlstra J, Reihs K, Klamt A. Roughness and topology of ultra-hydrophobic surfaces[J]. Colloids and Surfaces A: Physicochemical and Engineering Aspects, 2002, 206(1): 521-529.

[13]　Owens D K, Wendt R C. Estimation of the surface free energy of polymers[J]. Journal of Applied Polymer Science, 1969, 13(8): 1741-1747.

[14]　Gerrard J H. A disturbance-sensitive Reynolds number range of the flow past a circular cylinder[J]. Journal of Fluid Mechanics, 1965, 22(1):187-196.

[15]　Stansby P K. The effects of end plates on the base pressure coefficient of a circular cylinder[J]. Aeronautical Journal, 1974, 78(757): 36-37.

[16]　Luo Z Z , Zhang Z Z , Hu L T , et al. Stable bionic superhydrophobic coating surface fabricated by a conventional curing process[J]. Advanced Materials, 2008, 20(5):970-974.

[17]　Tretheway D C, Meinhart C D. Apparent fluid slip at hydrophobic microchannel walls[J]. Physics of Fluids, 2002, 14(3): L9-L12.

[18]　Choi C H, Westin K J A, Breuer K S. Apparent slip flows in hydrophilic and hydrophobic microchannels[J]. Physics of Fluids, 2003, 15(10): 2897-2902.

[19]　Watanabe K, Udagawa Y, Udagawa H. Drag reduction of Newtonian fluid in a circular pipe with a highly water-repellent wall[J]. Journal of Fluid Mechanics, 1999, 381: 225-238.

[20]　Nakagawa H, Nezu I. Prediction of the contributions to the Reynolds stress from bursting events in open-channel flows[J]. Journal of Fluid Mechanics, 1977, 80(1): 99-128.

[21]　Jiménez J, Kawahara G, Simens M P, et al. Characterization of near-wall turbulence in terms of equilibrium and "bursting" solutions[J]. Physics of Fluids, 2005, 17(1): 015105.

[22]　Schoppa W, Hussain F. Coherent structure generation in near-wall turbulence[J]. Journal of fluid Mechanics, 2002, 453: 57-108.

[23]　Jeong J, Hussain F, Schoppa W, et al. Coherent structures near the wall in a turbulent

channel flow[J]. Journal of Fluid Mechanics, 1997, 332: 185-214.

[24] Robinson S K. Coherent motions in the turbulent boundary layer[J]. Annual Review of Fluid Mechanics, 1991, 23(1): 601-639.

[25] Okamoto N, Yoshimatsu K, Schneider K, et al. Coherent vortices in high resolution direct numerical simulation of homogeneous isotropic turbulence: a wavelet viewpoint[J]. Physics of Fluids, 2007, 19(11): 115109.

[26] Kim Y H, Cierpka C, Wereley S T. Flow field around a vibrating cantilever: coherent structure eduction by continuous wavelet transform and proper orthogonal decomposition[J]. Journal of Fluid Mechanics, 2011, 669: 584-606.

[27] Daubechies I. The wavelet transform, time-frequency localization and signal analysis[J]. Information Theory, IEEE Transactions on, 1990, 36(5): 961-1005.

[28] Liu J H, Jiang N, Wang Z D, et al. Multi-scale coherent structures in turbulent boundary layer detected by locally averaged velocity structure functions[J]. Applied Mathematics and Mechanics, 2005, 26(4): 495-504.

[29] Onorato M, Camussi R, Iuso G. Small scale intermittency and bursting in a turbulent channel flow[J]. Physical Review E, 2000, 61(2): 1447.

[30] Xu C X, Li L, Cui G X, et al. Multi-scale analysis of near-wall turbulence intermittency[J]. Journal of Turbulence, 2006, 7: 25.

[31] Chernyshov A A, Karelsky K V, Petrosyan A S. Validation of large eddy simulation method for study of flatness and skewness of decaying compressible magnetohydrodynamic turbulence[J]. Theoretical and Computational Fluid Dynamics, 2009, 23(6): 451-470.

[32] Cassie A B D, Baxter S. Wettability of porous surfaces[J]. Transactions of the Faraday Society, 1944, 40: 546-550.

[33] Wenzel R N. Resistance of solid surfaces to wetting by water[J]. Industrial and Engineering Chemistry, 1936, 28: 988-994.

[34] Lee S J, Kim H B. The effect of surface protrusions on the near wake of a circular cylinder[J]. Journal of Wind Engineering and Industrial Aerodynamics, 1997, (71): 351-361.

[35] Nakamura Y, Tomonari Y. The effects of surface roughness on the flow past circular cylinders at high Reynolds numbers[J]. Journal of Fluid Mechanics, 1982, 123: 363-378.

[36] You D, Moin P. Effects of hydrophobic surfaces on the drag and lift of a circular cylinder[J]. Physics of Fluids, 2007, 19(8): 081701.

[37] Muralidhar P, Ferrer N, Daniello R, et al. Influence of slip on the flow past superhydrophobic circular cylinders[J]. Journal of Fluid Mechanics, 2011, 680: 459-476.

第 6 章　疏水表面气膜驻留过程的模拟研究

6.1　引　　言

第 5 章研究了疏水表面的减阻规律和减阻机理，并将疏水表面的减阻分为两种模式，同时在实验中发现疏水表面气体流失会造成减阻效果减弱。因此，有必要针对疏水表面上气层的驻留现象进行研究。本章利用格子 Boltzmann 方法 (lattice Boltzmann method，LBM) 对该现象进行了模拟，与传统的 CFD 方法不同，格子 Boltzmann 方法基于分子动理论，具有清晰的物理背景，非常适合于疏水表面流体流动特性的数值模拟。本章基于该方法，对疏水表面的表征，以及在两种减阻模式下 (气层模式和气泡模式)，疏水表面上气体的静态和动态特性进行了研究和总结，为后续气膜驻留方法的研究以及减阻效果的维持提供理论依据。

6.2　疏水表面气膜驻留过程模拟方法

6.2.1　格子 Boltzmann 方法

格子 Boltzmann 方法的基本思想 [1-4] 是：求出每个分子处于某一状态下的概率，通过统计方法得出系统的宏观参数。因此，一旦知道了分布函数就可以通过宏观流动变量与分布函数之间的关系得到宏观流动信息。格子 Boltzmann 方程的基本公式如下：

$$f_\alpha(\boldsymbol{x} + \boldsymbol{e}_\alpha \delta_t, t + \delta_t) - f_\alpha(\boldsymbol{x}, t) = -\frac{1}{\tau}[f_\alpha(\boldsymbol{x}, t) - f_\alpha^{(\mathrm{eq})}(\boldsymbol{x}, t)] \tag{6.1}$$

其中，f 为粒子的速度分布函数；$f_\alpha^{(\mathrm{eq})}$ 为局部平衡态分布函数；δ_t 为时间步长；τ 为无量纲弛豫时间。研究证明，从格子 Boltzmann 方程可进一步推导出流体的 Navier-Stokes 方程 [5-7]，因此，该方法可用于模拟各种流动问题。

本节所使用的格子 Boltzmann 基本模型是 D2Q9 模型 [8,9]，在流场区域的边界条件为周期性边界，壁面处选择半步长反弹边界 [10,11]。多相流模型选择伪势模型 [12,13]。对于 D2Q9 模型，$\boldsymbol{x}$ 处的流体粒子受到周围流体粒子的作用力为

$$\boldsymbol{F}_{\mathrm{int}}(\boldsymbol{x}, t) = -G\psi(\boldsymbol{x}, t) \sum_{\alpha=1}^{8} w_\alpha \psi(\boldsymbol{x} + \boldsymbol{e}_\alpha \delta_t, t)\boldsymbol{e}_\alpha \tag{6.2}$$

式中，参数 G 决定了流体粒子之间的相互作用强度；w_α 为权函数；$\psi(\boldsymbol{x}, t)$ 为有效密度函数。通过推导可知，当计算域内各点处密度相同时 (即有效密度 $\psi(\rho)$ 相同)，流体粒子间的作用力 $\boldsymbol{F}_{\text{int}}$ 为 0，即只有在相邻格点上产生密度差异时才会产生该作用力。

流体与固体表面间的作用力为 [14,15]

$$\boldsymbol{F}_{\text{ads}}(\boldsymbol{x}, t) = -G_{\text{s}}\rho(\boldsymbol{x}, t) \sum_{\alpha=1}^{8} w_\alpha \text{swi}(\boldsymbol{x} + \boldsymbol{e}_\alpha \delta_t) \boldsymbol{e}_\alpha \tag{6.3}$$

式中，参数 G_{s} 决定了固体表面对流体粒子的作用强度，通过改变 G_{s} 的值可以很容易地控制固体表面的润湿性，这里统一把参数 G_{s} 称为固液作用强度，但实际上格子 Boltzmann 方法中并没有液体、气体之分，只有密度的差异；swi 是指示器函数，当 $\boldsymbol{x} + \boldsymbol{e}_\alpha \delta_t$ 为固体表面格点时取值为 1，为流体格点时取值为 0。

疏水微结构表面存在多相流动，因而需要在基本格子 Boltzmann 方法中添加多相流模型。本书采用伪势模型，其状态方程 (equation of state，EOS) 的形式如下

$$p = \rho c_{\text{s}}^2 + \frac{G}{6} \psi^2(\rho) \tag{6.4}$$

状态方程描述了流体压强 p、温度 T 和密度 ρ(或摩尔体积 $V_m = 1/\rho$) 之间的关系，本书通过对比，选用了三种相对较好的状态方程，包括 mKM(modified Kaplun-Meshalkin)、PR(Peng-Robinson) 和 CS(Carnahan-Starling) 状态方程，下面以 PR 状态方程为例详细介绍在伪势模型中耦合真实流体状态方程的方法。

PR 状态方程的公式如下

$$p = \frac{\rho RT}{1 - b\rho} - \frac{a\alpha(T)\rho^2}{1 + 2b\rho - b^2\rho^2} \quad \text{或} \quad p = \frac{RT}{V_m - b} - \frac{a\alpha(T)}{V_m^2 + 2bV_m - b^2} \tag{6.5}$$

其中，$\alpha(T) = [1 + (0.37464 + 1.54226\omega - 0.26992\omega^2) \cdot (1 - \sqrt{T/T_{\text{c}}})]^2$，为增强普适性，这里将状态方程进行归一化处理

$$\tilde{p} = \frac{p}{p_{\text{c}}}, \quad \tilde{T} = \frac{T}{T_{\text{c}}}, \quad \tilde{\rho} = \frac{\rho}{\rho_{\text{c}}}$$

其中，$\tilde{p}$、$\tilde{T}$ 和 $\tilde{\rho}$ 为归一化参数；p_{c}、T_{c} 和 ρ_{c} 为临界参数。从而，归一化之后的 PR 状态方程如下

$$\tilde{p} = \frac{\tilde{c}\tilde{\rho}\tilde{T}}{1 - \tilde{b}\tilde{\rho}} - \frac{\tilde{a}\alpha(T)\tilde{\rho}^2}{1 + 2\tilde{b}\tilde{\rho} - \tilde{b}^2\tilde{\rho}^2} \tag{6.6}$$

为计算 $\tilde{a}$、$\tilde{b}$ 和 $\tilde{c}$ 的值，在 $\tilde{\rho} = 1$，$\tilde{T} = 1$ 时需满足以下条件

$$\tilde{p} = 1, \quad \left(\frac{\partial \tilde{p}}{\partial \tilde{\rho}}\right)_{\tilde{T}} = 0, \quad \left(\frac{\partial^2 \tilde{p}}{\partial \tilde{\rho}^2}\right)_{\tilde{T}} = 0$$

通过计算可得

$$\tilde{a} = 4.42001431, \quad \tilde{b} = 0.241890787, \quad \tilde{c} = 3.10913607$$

同理可以计算出 CS 和 mKM 状态方程的归一化方程及其系数值。

CS 状态方程的归一化方程及其系数值：

$$\tilde{p} = \tilde{c}\tilde{\rho}\tilde{T}\frac{1 + \tilde{b}\tilde{\rho} + (\tilde{b}\tilde{\rho})^2 - (\tilde{b}\tilde{\rho})^3}{(1 - \tilde{b}\tilde{\rho})^3} - \tilde{a}\tilde{\rho}^2 \tag{6.7}$$

$$\tilde{a} = 3.852462257, \quad \tilde{b} = 0.1304438842, \quad \tilde{c} = 2.785855166$$

mKM 状态方程的归一化方程及其系数值：

$$\tilde{p} = \tilde{c}\tilde{\rho}\tilde{T}\left(1 + \frac{\tilde{d}}{1/\tilde{\rho} - \tilde{b}}\right) - \tilde{a}\tilde{\rho}^2 \tag{6.8}$$

$$\tilde{a} = 4.5455, \quad \tilde{b} = 0.22, \quad \tilde{c} = 2.78, \quad \tilde{d} = 0.7759$$

在格子 Boltzmann 程序中，参与演化的并不是状态方程本身，而是有效密度函数 $\psi(\rho)$，根据式 (6.4) 可得

$$\psi(\rho) = \sqrt{\frac{6(p - \rho/3)}{G}} \tag{6.9}$$

将上述三种状态方程代入上式中参与演化，可见，状态方程是通过有效密度函数间接对计算产生影响的。由式 (6.2) 可知，此时流体粒子间的作用强度参数 G 会约去，因此，在耦合流体状态方程后，实际影响流体粒子间作用力的参数是状态方程中的温度 T，此时，气液相互作用强度 G 不起作用。

由式 (6.5) 可见，状态方程有 p-ρ 和 p-V_m 两种形式，前者较为常用，但后者对于临界参数的求解和单组份多相流中两相密度的确定至关重要。见图 6.1，当 $\tilde{T} > 1$(即 $T > T_c$) 时，p-V_m 为单调曲线，只有当 $\tilde{T} < 1$ 时，两相才能稳定共存 (即在一定范围内，对应同一个 p 值，可以存在多个 V_m 或 ρ)，见图 6.2，可以通过 Maxwell 等面积原理 [16-19](即图中 A 与 B 面积相同)

$$\int_{V_{m,l}}^{V_{m,v}} p\mathrm{d}V_m = p(V_{m,v} - V_{m,l}) \tag{6.10}$$

计算出可稳定存在的气相和液相的密度值，并代入格子 Boltzmann 程序中参与演化，图 6.2 中的第二个交点一般认为是 "非物理" 部分，不予考虑。图 6.3 即为利用 Maxwell 等面积原理计算出三种状态方程对应的两相共存曲线，可见各状态方

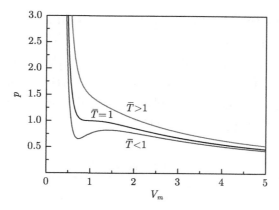

图 6.1 状态方程的 $p\text{-}V_m$ 曲线 (扫封底二维码可见彩图)

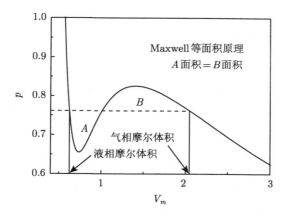

图 6.2 Maxwell 等面积原理

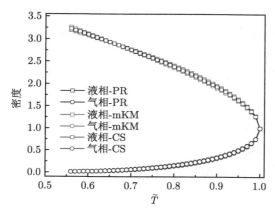

图 6.3 两相共存曲线 (扫封底二维码可见彩图)

程符合得较好，但是根据 Maxwell 等面积原理计算出的只是理论值，与实际演化之后的密度值仍会有一定差异，只能作为参考，在实际使用时，只需根据模拟时的温度找到对应的气液密度值，即可将该值作为初始值参与演化。

通过多种状态方程与 Shan-Doolen 作用力模型的耦合使用[20]，可以达到较高的密度比 (10^4 以上)，但为与实际情况对应，本节中选择两相密度比约为 1000(即实际中水和空气的密度比)，具体参数见表 6.1。

表 6.1　模拟参数

状态方程	CS	PR	mKM
归一化温度 $\tilde{T}$	0.6	0.7	0.63
两相密度比	1414.90	1287.01	1497.37

6.2.2　壁面润湿性的表征

1. 表面张力

在格子 Boltzmann 模拟中其实并没有液体和气体的区分，只有密度的不同，由 6.2.1 节可知，在相邻格点上产生密度差异时会产生流体粒子间的相互作用力，因此，在模拟多相流时，相界面处会始终存在该作用力，其宏观表现就是表面张力。

表面张力可以通过对 Laplace 现象 (图 6.4) 的模拟得到，此处模拟的计算域为 200×200，气泡的初始半径 R_0 选择 30、40、50、60 和 70，两相初始密度根据 6.2.1 节得到，演化 20000 步达到平衡。根据 Laplace 定律

$$\Delta p = \frac{\sigma}{R} + b \tag{6.11}$$

可知，通过拟合演化后气泡的内外压差 Δp 和半径 R 即可得到该温度 T 下的表面张力值 σ，拟合曲线和相关参数分别见图 6.5 和表 6.2，其中，r 为相关系数，可见拟合的相关度很高，拟合曲线的截距 b 接近 0。

2. 固液作用强度

在气液表面张力已知的情况下，通过调整固液作用强度 G_s，模拟一系列光滑壁面上的液滴静态接触角，即可得到该参数对固体壁面润湿性的影响规律。本节模拟的计算域为 300×150，液滴的初始半径为 R_0=50(初始状态见图 6.6)，选择 mKM 状态方程，液滴与底面相距 1 个格子，演化 20000 步后得到稳定的静态接触角。

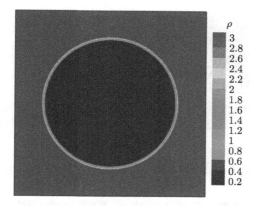

图 6.4 计算域 (扫封底二维码可见彩图)

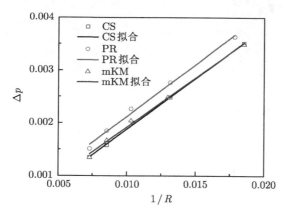

图 6.5 Laplace 定律曲线 (扫封底二维码可见彩图)

表 6.2 Laplace 定律相关参数

状态方程	$\tilde{T}$	σ	$b/(\times 10^4)$	r
CS	0.60	0.193	-0.466	0.9987
PR	0.70	0.197	1.547	0.9925
mKM	0.63	0.187	4.891	0.9952

接触角随固液作用强度 G_s 的变化规律见图 6.7 和图 6.8，固液作用强度越大 (绝对值越小)，壁面对液滴的作用就越弱，液滴的接触角就越大，疏水性也越好。通过图 6.8 的拟合曲线可以看出，在光滑表面上，接触角随固液作用强度的变化规律为线性关系 ($y=440.04+157.4x$)，且在 $G_s \leqslant -2.22$ (即接触角大于 90°) 时，固体壁面表现为疏水性。

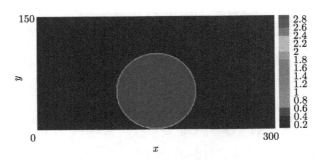

图 6.6　液滴初始状态 (扫封底二维码可见彩图)

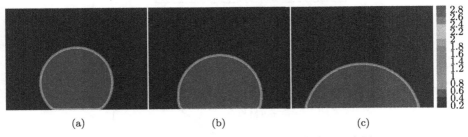

图 6.7　液滴静态接触角模拟 (扫封底二维码可见彩图)

(a) $G_s = -1.9$；(b) $G_s = -2.1$；(c) $G_s = -2.3$

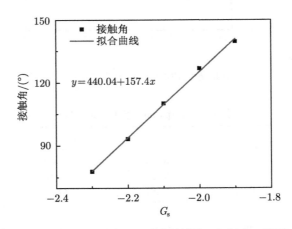

图 6.8　液滴静态接触角随固液作用强度的变化 (扫封底二维码可见彩图)

3. 表面微结构

　　通过研究在不同形状和尺寸的微结构表面上的接触角特性，即可得到微结构对固体壁面润湿性的影响规律。本书构筑的微结构表面见图 6.9，计算域尺寸为

300×150，液滴的初始半径为 50，选择 mKM 状态方程，液滴与微结构表面相距 1 个格子，演化 20000 步后得到稳定的静态接触角。

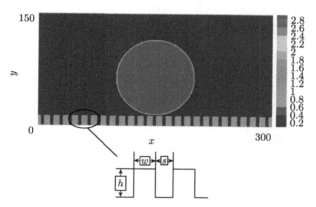

图 6.9 微结构表面 (扫封底二维码可见彩图)

在不同固液作用强度下液滴的静态接触角的变化见图 6.10 和图 6.11，可以看出，在微结构表面上，液滴随固液作用强度的变化也是线性关系，固液作用强度越大 (绝对值越小)，则液滴接触角越大，表面越疏水，从图 6.10 可以看出，固液作用强度超过一定值之后，液滴的接触模式会发生变化，由 Wenzel 模式过渡到 Cassie 模式，说明 Wenzel 模式和 Cassie 模式是在壁面属性不同时产生的两种不同的接触模式，可以通过调节壁面属性实现两种模式的转换。见图 6.11，通过与光滑表面数据的对比可以看出，在疏水情况下，微结构的存在会增大壁面的接触角，使其疏水性更好。

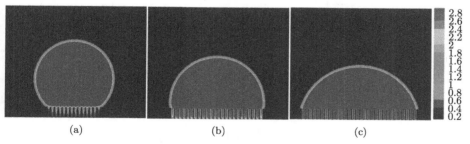

图 6.10 微结构表面上液滴静态接触角 (扫封底二维码可见彩图)

(a) $G_s = -1.9$；(b) $G_s = -2.1$；(c) $G_s = -2.3$

微结构表面的气液界面分数也会影响壁面的润湿性，设置 $G_s = -2.2$，气液

界面分数的定义为 $f_v = s/(s+w)$，此处共设计了七种气液界面分数的壁面，f_v 分别为 0.286、0.333、0.4、0.5、0.6、0.667 和 0.714，液滴静态接触角随气液界面分数的变化规律见图 6.12，可见，气液界面分数越大，壁面的疏水性越好，但两者并没有定量的对应关系。

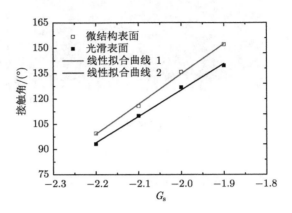

图 6.11　液滴静态接触角随固液作用强度的变化 (扫封底二维码可见彩图)

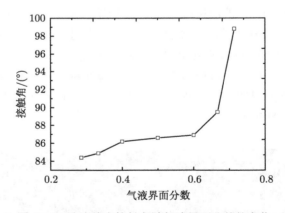

图 6.12　液滴静态接触角随气液界面分数的变化

6.3　疏水表面气层特性

6.3.1　静态特性

模拟的初始状态见图 6.13，可以通过设置不同的固液作用强度，研究静态情况下微结构处的气液界面特性，演化 20000 步之后系统达到平衡，平衡之后的部分结果见图 6.14, 可见壁面表现为亲水性 ($G_s = -2.3$) 时, 液体会完全进入微结构间隙中; 表现为疏水性 ($G_s = -1.9$) 时, 在微结构间隙处会维持稳定的气液界面。A 处 (微结构间隙中心) 纵向的密度分布见图 6.15, $y = 0$ 处 (下壁面) 为微结构壁面, $y = 160$ 处 (上壁面) 为光滑壁面, 通过两者的对比可以看出, 在疏水性较好时, 气液界面可以稳定地维持, 且疏水性越好, 能够维持的气液界面越高, 界面高度在 $G_s = -2.2$ 处出现阶跃, $G_s < -2.2$ 时气液界面将不能维持, 液体完全进入微结构内部, 因此, 较好的疏水性对于气液界面的维持非常重要。但同时也可以看到, 固液作用强度对于整体的密度分布也会有影响, 固液作用强度越大, 相同位置处的流场密度越低, 这是因为计算域太小致使壁面作用影响到整个流场, 当计算域加大后, 该效应便可以忽略了; 受壁面的影响近壁面和微结构处密度分布也会降低, 这是由壁面密度与流体密度的差异而形成的过渡层, 过渡层的厚度也会受到固液作用强度的影响, 但该层的存在并不会影响到气液界面的分析结果。

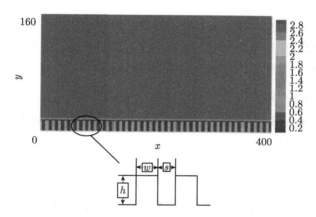

图 6.13　流场初始状态 (扫封底二维码可见彩图)

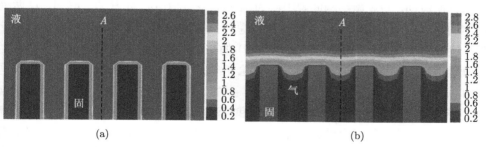

图 6.14　微结构处的密度分布 (扫封底二维码可见彩图)

(a) $G_s = -2.3$; (b) $G_s = -1.9$

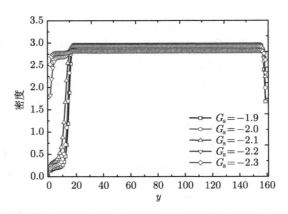

图 6.15　微结构间隙中心 A 处的纵向密度分布 (扫封底二维码可见彩图)

6.3.2　动态特性

本节模拟泊肃叶流动时的气层动态特性，计算域和流场初始状态与静态特性的模拟相同，通过在左侧施加不同的作用力来驱动流场，研究在不同流速、不同固液作用强度和不同微结构尺寸下的气层动态特性。

1. 流速的影响规律

模拟中，设置固液作用强度 G_s 为 -1.9，驱动力 f_x 分布设置为 0、5.00×10^{-6}、7.00×10^{-6}、9.00×10^{-6}、1.00×10^{-5}、2.00×10^{-5} 和 3.00×10^{-5}，演化 20000 步之后达到平衡，中心流速分别为 0、0.063、0.088、0.11、0.13、0.25、0.38，对应的雷诺数 Re 分别为 0、54.81、76.56、95.7、113.1、217.5、330.6，可见本节的模拟均处于层流状态，流速进一步增加会造成计算的发散，因此，本节的研究仅限于层流。

取 $Re=95.7$ 时的结果为例，其平衡后的流场速度分布见图 6.16，可以看到明显的分层流动，假设微结构间隙中心为 A 点，微结构中心为 B 点，取 A、B 两处纵向的速度剖面，见图 6.17，速度剖面总体呈抛物线形，与传统管道流的结论一致，通过与上壁面 (光滑壁面，蓝色曲线) 的结果对比，可以看到在近壁面处，由于气层的影响，微结构上方的速度剖面会抬升，速度的增大值即为滑移速度，同时可以发现，在气层模式下，A 点和 B 点的速度剖面在微结构上方是基本重合的，正是由于气层的完全覆盖，微结构和气液界面上方的流速差异更小，且均存在滑移，这与前人的研究结论是不同的，他们认为，在气液界面上方存在滑移，而微结构上方是无滑移的，因此，这也是气层模式对于减阻的意义，只要能够形成一层完整的气层，即可实现滑移效应和减阻效果的维持。至于图 6.17 中微结构间隙内部出现的流速反向, 是外部流场的驱动而导致的, 由于其不会对微结构上方流场的分析结果产生影响, 本章不做讨论。

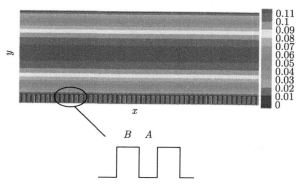

图 6.16 流场速度分布云图 (Re=95.7) (扫封底二维码可见彩图)

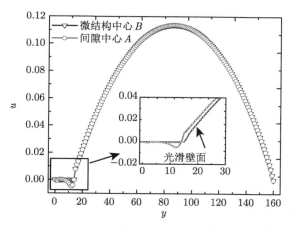

图 6.17 速度剖面对比 (Re=95.7) (扫封底二维码可见彩图)

根据微结构上方的速度剖面分布, 可计算疏水微结构表面上的滑移参数。由于管道内层流流动的速度剖面为抛物线, 可据此拟合各速度剖面数据, 滑移速度 u_s 和滑移长度 L_s 的定义见图 6.18。求得各流速下 A 点和 B 点的滑移参数见表 6.3, 可见滑移速度随着流速的增大而增大, 微结构和气液界面处均存在滑移, 但微结构上方的滑移速度略低于气液界面处的滑移速度, 滑移长度与流速之间没有明确的对应关系, 微结构和气液界面处的滑移长度差别不大, 证明了气层模式对于维持滑移效应具有重要作用。

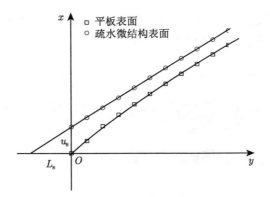

图 6.18　滑移示意图 (扫封底二维码可见彩图)

表 6.3　滑移参数

Re	A 点		B 点	
	$u_s/(\times 10^2)$	L_s	$u_s/(\times 10^2)$	L_s
54.81	0.499	3.091	0.356	2.977
75.56	0.634	2.663	0.469	2.846
95.7	0.770	2.910	0.581	2.846
113.1	0.837	3.006	0.637	2.949
217.5	1.509	2.720	1.199	2.720
330.6	2.171	2.649	1.760	2.659

　　根据 6.2 节的壁面切应力公式 (6.4) 和滑移公式 (6.5) 可进一步求得疏水微结构表面的减阻参数,减阻量的定义与 5.3 节相同,求得的壁面切应力与减阻量见表 6.4。可见在各个流速下气层表面的阻力会明显降低,通过对比可以发现,减阻量与流速并没有明显的对应关系,但在微结构 (B 点) 处的减阻量比气液界面 (A 点) 处的减阻量还要高,气液界面处的最大减阻量为 24.13%,微结构处的最大减阻量为 45.91%,这主要是气液界面处的滑移速度较大,造成近壁面处的速度梯度增大,进而导致壁面切应力的增加。因此,在层流状态下,气层模式对于维持减阻效果具有重要作用。

　　与静态特性的分析相同,此处进一步提取出气液界面 (A 点) 处的纵向密度分布,见图 6.19,可以看出,在不同流速下,纵向的密度分布完全一致,说明在层流状态下,液体流速对气液界面的状态基本没有影响,因此,气层模式下,在层流时流速不会造成气液界面状态的变化,滑移效应和减阻效果可以长期维持。

表 6.4 减阻参数

Re	光滑壁面	A 点		B 点	
	$\tau_\omega/(\times 10^3)$	$\tau_\omega/(\times 10^3)$	$R/\%$	$\tau_\omega/(\times 10^3)$	$R/\%$
54.81	0.573	0.508	11.34	0.344	39.97
75.56	0.802	0.750	6.48	0.474	40.90
95.7	1.03	0.833	19.13	0.587	43.01
113.1	1.15	0.877	23.74	0.622	45.91
217.5	2.29	1.76	23.14	1.27	44.54
330.6	3.44	2.61	24.13	1.90	44.77

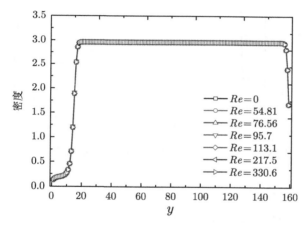

图 6.19 气液界面 (A 点) 处的纵向密度分布 (扫封底二维码可见彩图)

2. 固液作用强度的影响规律

本节研究在动态情况下，固液作用强度对气液界面的影响，并与静态情况下的结果进行对比。$Re=95.7$ 时的模拟结果见图 6.20，随着固液作用强度的增加，气液界面维持的高度越大，且在 $G_s=-2.2$ 时界面状态产生跳跃，在 $G_s<-2.2$ 时液体将完全进入微结构，后面将会与 6.4.1 节相对比，可发现动态和静态下的密度分布完全一致，说明在动态和静态的情况下，固液作用强度的作用机理是一致的，气层的维持状态也完全相同。因此，在层流状态下，若想调节气液界面的状态，可以忽略流速可能带来的影响。

3. 微结构的影响规律

设计微结构宽度 w 为 4，间距 s 分别为 4 和 8，对应的气液界面分数 f_v 分别为 50.00% 和 66.67%，将驱动力 f_x 设置为 9.00×10^{-6}，固液作用强度 G_s

为 −1.9，演化 20000 步之后 A 点处的流场速度分布见图 6.21，可见微结构间隙越大，A 点处的速度剖面抬升的幅度越大。两种情况下对应的滑移和减阻参数见表 6.5，各参数的定义与前文相同，可以看出，气液界面分数越大 (间隙的宽度越大)，滑移速度和滑移长度越大，减阻量越高。因此，气液界面分数的增加对于滑移和减阻是有益的。

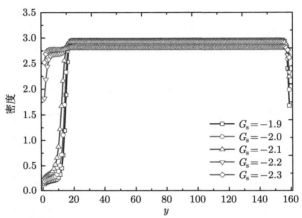

图 6.20　微结构间隙 (A 点) 处的纵向密度分布 ($Re{=}95.7$)(扫封底二维码可见彩图)

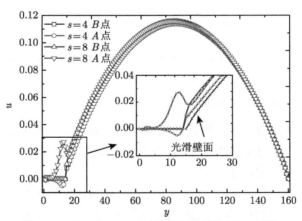

图 6.21　速度剖面对比 (扫封底二维码可见彩图)

表 6.5　滑移与减阻参数

	$u_s/(\times 10^2)$	L_s	$\tau_{\omega h}/(\times 10^3)$	$\tau_{\omega 0}/(\times 10^3)$	$R/\%$
$s=4$	0.770	2.846	5.109	6.185	17.39
$s=8$	1.024	5.531	2.692	6.217	56.69

6.4　疏水表面气泡特性

6.4.1　静态特性

液滴的接触角可以反映固体壁面的润湿性,接触角越大,疏水性越好,接触角越小,亲水性越好。与液滴的模拟类似,疏水表面上气泡的模拟可以通过将液滴模拟中的气液两相颠倒来实现,最终得到壁面润湿性对气泡的作用,并同液滴的结果进行对比,总结壁面特性对气泡的影响规律。

1. 固液作用强度的影响规律

气泡初始状态见图 6.22,计算域为 300×150,状态方程选择 mKM,气泡初始半径 R_0 为 50,演化 20000 步后得到稳定的静态接触角,接触角随固液作用强度 G_s 的变化规律见图 6.23 和图 6.24,可以看出,气泡的特性与液滴相反,固液作用强度 G_s 越大,气泡的接触角越小,且在相同 G_s 时,两者接触角之和约为 180°,因此可以得出结论,气泡和液滴的接触角同样都可以反映壁面的润湿性,且在光滑壁面上 (保证固液作用强度和气液两相介质相同),两者的接触角为互补的关系,图 6.25 直观地反映在光滑壁面上,液滴和气泡静态接触角随壁面润湿性的变化情况。因此,壁面的疏水性越好,气泡的接触角越小,越不容易被流场带走,当疏水性非常好时,整个壁面上的气泡将连成一片,从而由气泡模式过渡到气层模式,但实际中,仅靠在光滑壁面上调节固液作用强度并不会达到这种效果,还需要在壁面上设计不同的微结构。

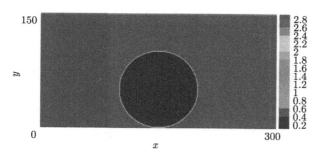

图 6.22　气泡初始状态 (扫封底二维码可见彩图)

2. 微结构的影响规律

为了进一步研究气泡在疏水微结构表面上的特性,构筑了与 6.3 节对应的疏水微结构表面,初始状态见图 6.26,演化 20000 步后得到稳定的静态接触角,随固液作用强度变化的部分结果和规律曲线见图 6.27 和图 6.28，可见固液作用强度越大，气泡的接触角越小，两者呈线性关系，与光滑表面相比，微结构的存在也会使气泡的接触角更大，因此，与光滑表面不同，在微结构表面上，气泡与液滴的接触角之和并不是 180°，由此可见，不管是液滴还是气泡，在疏水情况下，

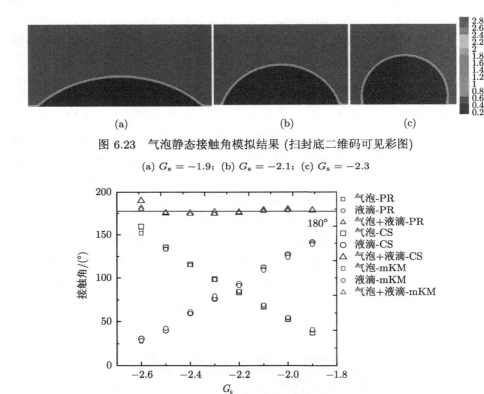

图 6.23　气泡静态接触角模拟结果 (扫封底二维码可见彩图)

(a) $G_s = -1.9$；(b) $G_s = -2.1$；(c) $G_s = -2.3$

图 6.24　液滴和气泡静态接触角随 G_s 的变化规律 (扫封底二维码可见彩图)

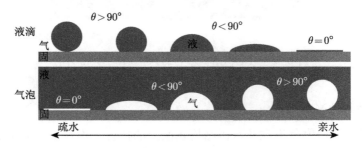

图 6.25　液滴和气泡接触角随壁面润湿性的变化 (扫封底二维码可见彩图)

微结构的存在都会使其接触角更大，无论是光滑表面还是微结构表面，接触角随固液作用强度的变化都呈线性关系。气泡的静态接触角随气液界面分数的变化规律见图 6.29，气液界面分数越大，气泡的接触角越大，但两者并没有明确的对应关系。

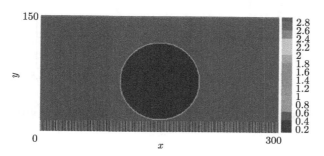

图 6.26　气泡初始状态 (扫封底二维码可见彩图)

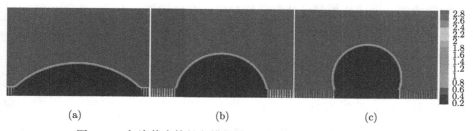

图 6.27　气泡静态接触角模拟结果 (扫封底二维码可见彩图)

(a) $G_s = -1.9$；(b) $G_s = -2.1$；(c) $G_s = -2.3$

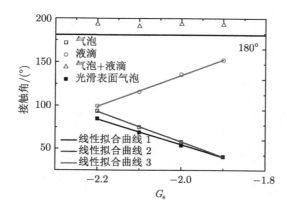

图 6.28　气泡静态接触角随 G_s 的变化规律 (扫封底二维码可见彩图)

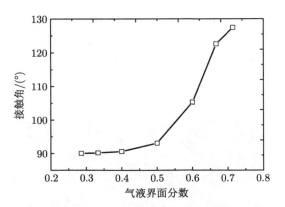

图 6.29　气泡的静态接触角随气液界面分数的变化规律

6.4.2　动态特性

本节将进一步模拟气泡的动态行为, 研究光滑和疏水表面上的气泡特性, 得到气泡随流速、固液作用强度和微结构尺寸的变化规律, 为进一步揭示气泡模式下的减阻机理提供理论依据。

1. 流速的影响规律

流场的初始状态见图 6.30, 计算域为 600×100, 选择 CS 状态方程, 固液作用强度 G_s 为 -2.2, 流场为泊肃叶流动, 首先在壁面上设置一圆形气泡, 静态演化 2000 步后在左侧施加一作用力 f_x 驱动流场, 以演化到 20000 步的结果作为对比, 见图 6.30, 驱动力越大 (即流速越大), 气泡在 20000 步内移动的距离越长。气泡各移动参数的定义见图 6.31, 其中, O_1 为下壁面原点, O_2 为气泡接触线的中心点, 图 6.32 为气泡移动参数随中心流速的变化规律, 可见, 在光滑壁面上, 气泡的移动距离与流速之间为线性关系, 且接触线的长度随流速的增加而降低, 接触线越短, 移动的距离越长, 说明气泡越容易被流场带走。

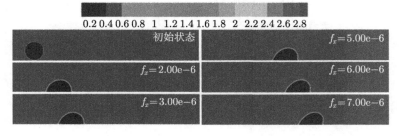

图 6.30　不同流速下气泡的移动 (20000 步) (扫封底二维码可见彩图)

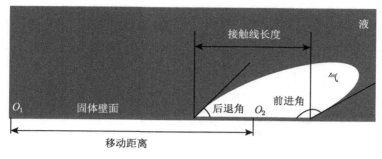

图 6.31 气泡移动参数示意图

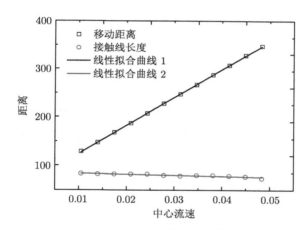

图 6.32 气泡移动特性与流速的关系

气泡的形变特性可以通过前进角、后退角和接触角滞后 (滞后角) 来衡量，前进角和后退角的定义见图 6.31，滞后角为前进角和后退角的差值，这三个角度随流速的变化规律见图 6.33，可见三者与流速之间基本为线性关系，流速越高，气泡的前进角越大，后退角越小，滞后角也越大，说明气泡的形变随流速的增大而增大，气泡的稳定性也越差。

根据接触角滞后的现象可进一步推导出气泡的受力特性，见图 6.34，其中 θ_A 为前进角，θ_R 为后退角，在此过程中，气泡只受到流场的作用力和表面张力。在水平方向上，气泡在流场作用力 F_{init} 的作用下移动距离 d_{s} 的过程中，外界对气泡所做的功 W 可表示为

$$W = F_{\text{init}} \cdot d_{\text{s}} \tag{6.12}$$

表面张力在水平方向所做的功可表示为

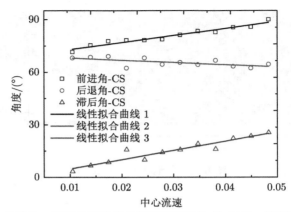

图 6.33 前进角、后退角和滞后角随流速的变化 (扫封底二维码可见彩图)

$$W' = W_A + W_R = [\gamma_{\mathrm{lg}} \cdot \cos(\pi - \theta_A) + \gamma_{\mathrm{ls}} - \gamma_{\mathrm{sg}}] \cdot b \cdot d_{\mathrm{s}}$$
$$+ (\gamma_{\mathrm{lg}} \cdot \cos\theta_R + \gamma_{\mathrm{sg}} - \gamma_{\mathrm{ls}}) \cdot b \cdot d_{\mathrm{s}} \tag{6.13}$$

其中，W_A 和 W_R 分别为前进角和后退角处的表面张力所做的功；γ_{lg} 为气液表面张力；γ_{ls} 为固液表面张力；γ_{sg} 为固气表面张力；b 为垂直纸面方向的宽度。根据能量守恒，令 $W = W'$ 可得

$$F_{\mathrm{init}} = [(-\gamma_{\mathrm{lg}} \cdot \cos\theta_A + \gamma_{\mathrm{ls}} - \gamma_{\mathrm{sg}}) + (\gamma_{\mathrm{lg}} \cdot \cos\theta_R + \gamma_{\mathrm{sg}} - \gamma_{\mathrm{ls}})] \cdot b$$
$$= (\cos\theta_R - \cos\theta_A) \cdot \gamma_{\mathrm{lg}} \cdot b \tag{6.14}$$

由于此处的各算例中 b 和 γ_{lg} 均相同，因此 $(\cos\theta_R - \cos\theta_A)$ 就可以反映气泡的受力，据此计算出气泡受力随流速的变化曲线见图 6.35，可见气泡的受力随流速的增大而增大。因此，流速的增加会使气泡的接触线长度减小，受力增大，气泡的稳定性降低，这也是 5.5 节中气泡数量会随着流速的增加而逐渐减少的原因，模拟结果与实验现象是一致的。

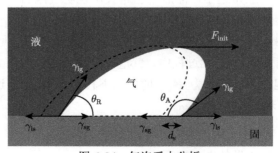

图 6.34 气泡受力分析

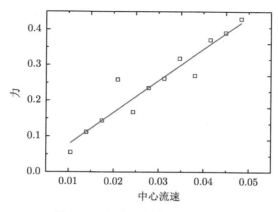

图 6.35 气泡受力随流速的变化

2. 固液作用强度的影响规律

流场的计算域 (图 6.36) 与 6.4.2 节的第 1 部分相同，不同的是，本节选择 PR 状态方程，流场为 Couette 流动，即在流场顶端施加一速度来驱动整个流场，这样可以严格保证流速的一致性，通过给壁面设置不同的固液作用强度，即可研究该参数对气泡的影响。

本节设置顶端驱动流速为 0.1，演化 10000 步之后的结果见图 6.36，可见在 10000 步时气泡的移动并不明显，具体的移动参数见图 6.37，可以看出，固液作用强度越大，气泡的移动距离越小，接触线长度越长，且两者的变化与固液作用强度之间呈线性关系，说明疏水性越好气泡越稳定，从图 6.36 中可以看出，正是由于在壁面疏水性较好时，气泡是摊开在壁面上的 (呈现锐角)，该状态的稳定性较高，更容易驻留在壁面上，也说明固液作用强度是通过对气泡接触角的影响而间接产生作用的，接触角越小，气泡越稳定。

图 6.36 不同 G_s 下气泡的移动 (10000 步) (扫封底二维码可见彩图)

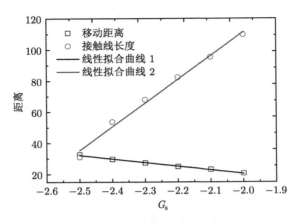

图 6.37　气泡移动特性随 G_s 的变化

气泡的形变特性见图 6.38，可以看出，固液作用强度越大，前进角、后退角和滞后角越小，说明疏水性越好，气泡的形变越小，同时可以发现，固液作用强度越大，前进角和后退角的差别越小，滞后角接近 $0°$，说明固液作用强度越大，气泡越对称，在 $G_s > -2.1$ 时，气泡基本可以不发生形变而稳定地停留在壁面上。气泡的受力特性见图 6.39，固液作用强度越大，气泡受力越小，在 $G_s = -2.0$ 时气泡受力接近 0，此时气泡将很难被流场带走。因此固液作用强度越大，越有利于气泡的稳定，在实际中，就表现为壁面的表面能越小，气泡的稳定性越好。

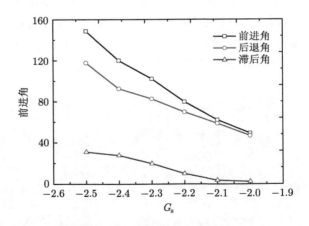

图 6.38　前进角、后退角和滞后角随 G_s 的变化

以 $G_s = -2.4$ 时的结果为例，研究在流速作用下气泡脱离壁面的过程，见

图 6.40，气泡在流场的作用下沿壁面移动，在移动的过程中形变逐渐增大，与壁面的接触线长度逐渐减小，在 20000 步时气泡刚好脱离壁面，最终被流场带走。该过程是在壁面润湿性和流速的共同作用下导致的，在流场初始时刻，气泡迎流面将首先受到作用而运动，在流场加速的过程中，迎流向三相接触线 (二维模拟中为一个点) 的运动比背流向更快，在此过程中，如果追上背流向接触线，则气泡将脱离壁面，若流场稳定后仍未与背流向接触线相遇，则气泡将保持该状态而停留在壁面上，流速越小，则接触线相遇的时间越长，固液作用强度越大，接触角越小，气泡左右两侧流场的差异越小，且此时接触线长度越长，迎流向和背流向的接触线越不容易相遇。因此，流速越小，固液作用强度越大时，气泡越稳定。

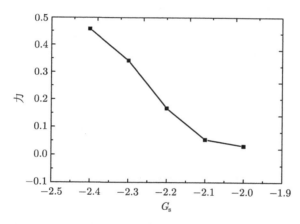

图 6.39 气泡受力随 G_s 的变化

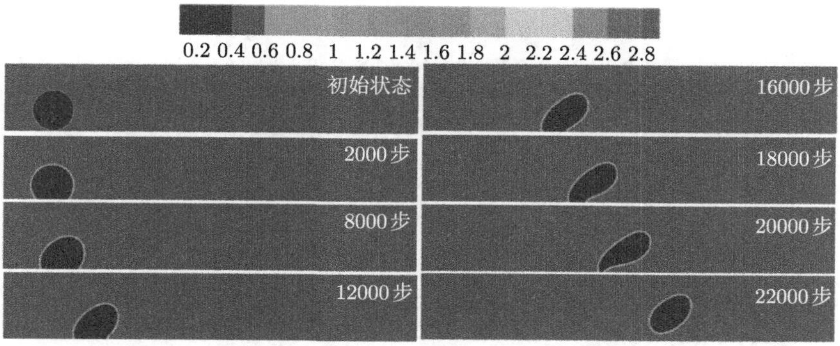

图 6.40 气泡脱离壁面的过程 (扫封底二维码可见彩图)

3. 微结构的影响规律

本节研究微结构对气泡驻留特性的影响,计算域为 800×160,G_s 设置为 -2.2,选择 mKM 状态方程,流场为 Couette 流动,计算至 25000 步。图 6.41 为气泡移动特性随气液界面分数的变化规律,可见,气液界面分数越高,气泡的移动距离越短,说明微结构可以起到让气泡固定在某一位置的作用,即阻止了气泡的移动,但同时发现,气泡的接触线长度也越短,对气泡的稳定性来说,这两点是相互矛盾的。

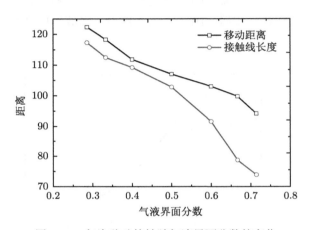

图 6.41　气泡移动特性随气液界面分数的变化

根据 6.4.1 节气泡在微结构表面的静态特性可知,微结构的存在会使气泡的接触角增大,同时造成接触线变短。图 6.42 为不同气液界面分数时的气泡形态,

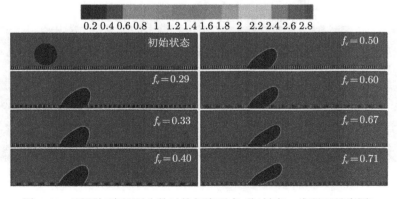

图 6.42　不同气液界面分数时的气泡形态 (扫封底二维码可见彩图)

可以看出，气液界面分数越大，气泡与壁面的接触越少，形变也越大，图 6.43 中前进角、后退角和滞后角的变化可以定量地反映这种特性，从图 6.44 中气泡的受力可以看出，气液界面分数越大，气泡受到流场的作用力越大。由此可见，微结构的存在对于气膜的驻留和减阻效果的维持并不是完全有利的，它虽然可以让气泡移动性减弱，但同时也让气泡的形变和受力变大，在实际设计微结构尺寸时，就需要权衡这两方面的作用，使微结构的尺寸最优化。

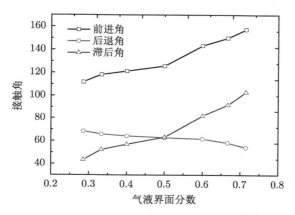

图 6.43　前进角、后退角和滞后角随气液界面分数的变化

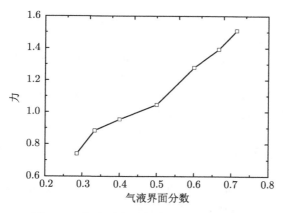

图 6.44　气泡受力随气液界面分数的变化

6.5　结　束　语

利用改进的格子 Boltzmann 方法对疏水表面上的气膜特性进行了研究，着重模拟和分析了两种减阻模式下的气膜静态和动态特性。在气层模式下，较大的固

液作用强度 (较低的表面能) 可以更好地维持气液界面，流速对气液界面的状态没有影响，完全覆盖的气层可以更好地维持疏水微结构上的滑移效应和减阻效果，微结构气液界面分数的增加有利于疏水表面的减阻。在气泡模式下，光滑壁面上气泡的静态接触角与液滴互补，固液作用强度的增加使气泡的接触角降低，微结构的存在使气泡的接触角增大；在动态情况下，流速越低，固液作用强度越大，气泡的稳定性越高，微结构的存在并不完全有利于气泡的稳定，需从其移动性、形变特性和受力特性等多方面考虑使减阻效果达到最优化。

参 考 文 献

[1] He X, Luo L S. Theory of the lattice Boltzmann method: from the Boltzmann equation to the lattice Boltzmann equation[J]. Physical Review E, 1997, 56(6): 6811.

[2] Chen S, Doolen G D. Lattice Boltzmann method for fluid flows[J]. Annual Review of Fluid Mechanics, 1998, 30(1): 329-364.

[3] Benzi R, Succi S, Vergassola M. The lattice Boltzmann equation: theory and applications[J]. Physics Reports, 1992, 222(3): 145-197.

[4] Shan X, Chen H. Lattice Boltzmann model for simulating flows with multiple phases and components[J]. Physical Review E, 1993, 47(3): 1815.

[5] Qian Y H, d'Humières D, Lallemand P. Lattice BGK models for Navier-Stokes equation[J]. Europhysics Letters, 1992, 17(6): 479.

[6] Chen H, Chen S, Matthaeus W H. Recovery of the Navier-Stokes equations using a lattice-gas Boltzmann method[J]. Physical Review A, 1992, 45(8): R5339.

[7] He X, Luo L S. Lattice Boltzmann model for the incompressible Navier-Stokes equation[J]. Journal of Statistical Physics, 1997, 88(3-4): 927-944.

[8] Wolf-Gladrow D A. Lattice-Gas Cellular Automata and Lattice Boltzmann Models: an Introduction[M]. Berlin: Springer, 2000.

[9] Li L, Mei R, Klausner J F. Lattice Boltzmann models for the convection-diffusion equation: D2Q5 vs D2Q9[J]. International Journal of Heat and Mass Transfer, 2017, 108: 41-62.

[10] Martinez D O, Matthaeus W H, Chen S, et al. Comparison of spectral method and lattice Boltzmann simulations of two-dimensional hydrodynamics[J]. Physics of Fluids, 1994, 6(3): 1285-1298.

[11] He X, Zou Q, Luo L S, et al. Analytic solutions of simple flows and analysis of nonslip boundary conditions for the lattice Boltzmann BGK model[J]. Journal of Statistical Physics, 1997, 87(1/2): 115-136.

[12] Sbragaglia M, Benzi R, Biferale L, et al. Generalized lattice Boltzmann method with multirange pseudopotential[J]. Physical Review E, 2007, 75(2): 026702.

[13] Liu M, Yu Z, Wang T, et al. A modified pseudopotential for a lattice Boltzmann simulation of bubbly flow[J]. Chemical Engineering Science, 2010, 65(20): 5615-5623.

[14] Martys N S, Chen H. Simulation of multicomponent fluids in complex three-dimensional geometries by the lattice Boltzmann method[J]. Physical Review E, 1996, 53(1): 743.

[15] Shan X, Doolen G. Multicomponent lattice-Boltzmann model with interparticle interaction[J]. Journal of Statistical Physics, 1995, 81(1/2): 379-393.

[16] Yuan P, Schaefer L. Equations of state in a lattice Boltzmann model[J]. Physics of Fluids, 2006, 18(4): 042101.

[17] Bao J. High Density Ratio Multi-Component Lattice Boltzmann Flow Model for Fluid Dynamics and CUDA Parallel Computation[D]. Pittsburgh: University of Pittsburgh, 2010.

[18] Zhang R, Chen H. Lattice Boltzmann method for simulations of liquid-vapor thermal flows[J]. Physical Review E, 2003, 67(6): 066711.

[19] Kupershtokh A L, Medvedev D A, Karpov D I. On equations of state in a lattice Boltzmann method[J]. Computers & Mathematics with Applications, 2009, 58(5): 965-974.

[20] 郭照立, 郑楚光. 格子 Boltzmann 方法的原理及应用 [M]. 北京: 科学出版社, 2009.

第 7 章 基于动态补气的疏水表面气液界面维持方法实验研究

7.1 引　　言

研究表明，水下超疏水表面由于其极低的表面能和表面微结构，能在水下束缚一层薄薄的气膜，使得原有部分固液接触模式转变为气液接触模式，发生速度滑移，从而产生减阻效果。然而，在水流冲刷作用下，超疏水表面的气膜会流失破坏，随着气膜的破坏，维持其减阻效果的部分滑移边界条件也随之消失，有的甚至由于超疏水表面的微结构而产生增阻效果。因此，维持水下超疏水表面减阻效果的关键在于维持水下超疏水表面气膜的有效包裹。本章通过实验观测了超疏水表面气膜破坏过程，并提出了两种维持超疏水表面气膜的方法，通过流场测试分析了两种方法的可行性和优缺点。

7.2　基于小量通气的气液界面维持方法

7.2.1　实验方法

实验发现当气泡接触到水下不同润湿性表面时，其表现出来的接触状态与空气中液滴的接触状态正好相反。特别地，当气泡接触到水下超疏水表面时，气泡会立即铺展到超疏水表面，与其超疏水表面原有的气膜融合。受此启发，作者所在团队提出了一种基于气体动态补充的超疏水表面气膜维持方法。该方法的思路是：在水流作用下，超疏水表面气膜难以避免会被来流破坏带走，从而使得超疏水表面水下减阻效果消失，而本方法则是利用了超疏水表面在水下亲气的效果，当超疏水表面气体流失以后，人为地向其表面通入空气，利用气泡在超疏水表面迅速铺展的特点，恢复超疏水表面的气膜包裹状态从而延续其水下减阻效果。

通过平板实验，评估了基于气体动态补充的超疏水表面气膜维持方法的有效性，实验装置见图 7.1。实验中用到了两种不同疏水性的平板，一种由中国科学院兰州化学物理研究所提供 (疏水平板)，接触角 134.5°，前进角 140°，后退角 120°，表面粗糙度 $R_a = (2.63 \pm 0.37)\mu m$。另一种为商用超级干涂层表面 (超疏水平板)，接触角 165.8°，前进角 167°，后退角 165°，表面粗糙度 $R_a = (3.04 \pm 0.41)\mu m$。

对照组为一块光滑亲水铝板，接触角 42.3°，前进角 70°，后退角 36°，表面粗糙度 $R_a = (0.28 \pm 0.01)\mu m$。实验过程中，通过靠近平板前缘的直径为 0.8mm 的孔向平板表面通气，通气速率由微量注射泵控制。实验发现，在来流作用下，通到亲水平板表面的气体不会在平板表面附着，会形成一连串孤立的气泡在浮力作用下上浮同时被水流带走，而通到疏水表面和超疏水表面的气体则会附着在平板表面，但两种平板表面的气膜形态却相差很大，疏水表面的气体虽然会附着在其表面，但其铺展得并不充分，会形成一条宽约 1.2cm，厚约 8mm 的气膜 (几乎和壁面边界层厚度相当)，同时该气膜容易在来流作用下被剪切应力拉断，形成一个个孤立的气泡在疏水表面向前移动。而通到超疏水表面的气体则铺展得很充分，能形成宽约 4cm，厚度小于 0.8mm 的均匀气膜。因此，下文利用 PIV (粒子图像测速法) 测试分析了超疏水表面基于气体动态补充所形成气膜表面的流场。

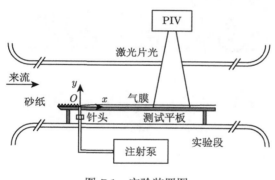

图 7.1 实验装置图

7.2.2 气膜形态

1. 静态特性

根据第 6 章疏水表面上气泡的静态模拟可知，壁面的疏水性越好，气泡的接触角越小。图 7.2 为实验中气泡在三种表面上的静态接触角，平板表面为 158.2°，SH(超疏水) 涂层表面为 51.8°，超级干涂层为 24.4°，可见气泡的静态特性与模拟结果是一致的，且两疏水涂层均具有微结构，因此与液滴的接触角并无互补关系，亲水平板表面的气泡接触角应该更大，通气孔处的表面张力作用才使其稳定在壁面上，此处的实验证实了第 6 章气泡模拟结论的合理性。

2. 动态特性

动态情况下的气膜状态见图 7.3，流速为 1.21m/s，通气速率约为 2mL/s，可以看出，在亲水表面上，气泡不会附着，而是被流场带走，气膜与平板间呈一夹角

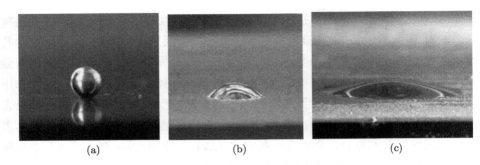

图 7.2　静态气泡图 (扫封底二维码可见彩图)

(a) 平板；(b) SH 涂层；(c) 超级干涂层

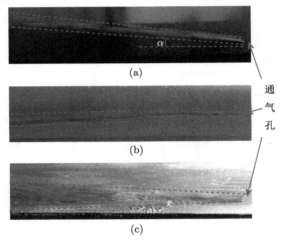

图 7.3　气膜动态图 (扫封底二维码可见彩图)

(a) 平板；(b) SH 涂层；(c) 超级干涂层

α，流速越大，α 越小，且气膜在向后运动的过程中会逐渐失稳，形成一个一个的气泡，说明亲水表面不会封存住气体，而在疏水表面，气体可以沿着壁面运动而形成一层稳定的气膜，且疏水性越好，气膜摊开的面积越大，厚度也越小，气膜也就越稳定，可见好的疏水性对气膜的驻留非常重要，由于 SH 涂层表面上气膜的宽度太小 (约 1.2cm)，高度太大 (约 8mm)，会对边界层流动产生强烈的干扰，且这种气膜对于减阻的意义不大，因此，下文只对超级干涂层和光滑表面的边界层流场进行分析和对比来获得气膜的特性及其对减阻的影响。

7.2.3 减阻效果

实验测试了基于边界层动量损失厚度的雷诺数为 $Re=1360$、1780、2150 和 2430 时的平板表面流场，在该雷诺数范围下，流动已完全转捩为湍流。实验共测试了三种不同状态平板表面的流场，一种为光滑平板表面，一种为 Wenzel 状态下超疏水表面 (超疏水表面通过高速水流冲刷以后获得 Wenzel 状态)，另一种为通气状态下的超疏水表面流场 (Cassie 状态)。数据处理的点在 $x=20\text{cm}$ 处。

通常情况下湍流边界层分为内层和外层两个区域，内层靠近壁面也是本实验研究的重点，外层则一直延伸到剪切层的边缘。内层边界层可进一步分为黏性底层、过渡区和对数律层。而湍流边界层内层的无量纲速度剖面又服从 Prandtl 壁面律公式 $u^+ = f(y^+)$，无量纲速度 u^+ 和无量纲位置 y^+ 的计算公式如下：

$$u^+ = u/U_\tau \tag{7.1}$$

$$y^+ = yU_\tau/\nu \tag{7.2}$$

其中，ν 为运动黏性系数；U_τ 为壁面摩擦速度。许多实验都验证了这一规律，同时也有学者提出了公式来逼近这一规律 [1]。Reichardt 壁面律公式 [1,2] 就是其中精度较高的公式之一：

$$u^+ = \frac{1}{\kappa}\ln(1+\kappa y^+) + \left(A - \frac{\ln(\kappa)}{\kappa}\right)\left(1 - e^{-\frac{y^+}{11}} - \frac{y^+}{11}e^{-0.33y^+}\right) \tag{7.3}$$

式中，κ 为 Karman 常数，该部分内容即采用上述公式来拟合通过 PIV 测得的内层速度分布。由于通常情况下超疏水表面会存在滑移速度，因此，此处需要重新定义无量纲速度 $U^+ = (u+u_0)/U_\tau$，其中 u_0 为修正速度。Reichardt 公式中存在 4 个未知数：u_0、U_τ、κ 和 A，通过求解非线性方程组的最小二乘解即可得到上述未知数，然后，进一步计算求得速度剖面、滑移、减阻等相关参数。根据上述方法求得的相关参数见表 7.1。

表 7.1 当 $Re=2430$ 时边界层的参数 (拟合误差小于 2.0%)

平板	$U_\tau/(\times100\text{m·s}^{-1})$	$u_0/(\times100\text{m·s}^{-1})$	κ	A
光板	2.81	−0.82	0.40	5.00
除气超疏水板	3.25	−2.34	0.40	5.00
通气超疏水板	2.50	2.65	0.40	5.00

从图 7.4 平板表面涡量场分布中可以看出，Wenzel 状态下的超疏水表面涡量要强于光滑亲水平板表面，这是由于此时超疏水表面没有气膜覆盖，粗糙结构凸

出到流场中，相比于超疏水表面的疏水性，粗糙结构对流场的影响更为剧烈。当向超疏水表面通入气体时，其恢复到 Cassie 状态，相应地其表面涡量强度也小于亲水平板表面。在亲水平板与 Wenzel 状态下的超疏水表面，涡量分布主要集中在近壁区，然而，在 Cassie 状态下的超疏水平板表面涡量分布则相对远离壁面。这种涡量分布的改变抑制了流体与壁面之间的作用，从而降低了壁面切应力[3]。因此，超疏水表面的气膜能抑制平板表面涡量强度，这有利于实现超疏水表面水下减阻。

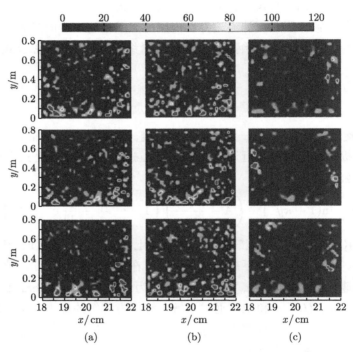

图 7.4　当 Re=2430 时平板表面涡量场 (扫封底二维码可见彩图)

(a) 光滑平板表面；(b) Wenzel 状态下超疏水平板表面；(c) Cassie 状态下超疏水平板表面

　　三种不同表面的剪切率分布可见图 7.5，可以看出剪切主要发生在近壁区。在 Wenzel 状态下超疏水平板表面，由于近壁区涡量的增加，其壁面剪切率也相应增加。而 Cassie 状态下超疏水平板表面存在滑移速度使得其表面剪切率远低于亲水平板和 Wenzel 状态超疏水平板表面的剪切率。

　　在求得摩擦速度 U_τ 以后，可进一步由公式 $\tau_\omega = \rho U_\tau^2$ 求得壁面切应力，结果见图 7.6。从图中可以看出，在相同雷诺数下，Wenzel 状态超疏水平板表面切应力

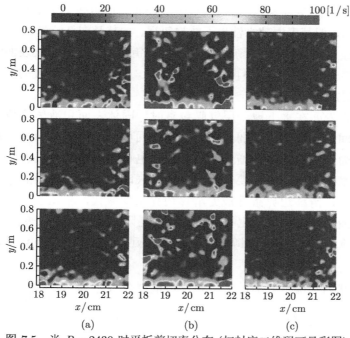

图 7.5 当 $Re=2430$ 时平板剪切率分布 (扫封底二维码可见彩图)

(a) 光滑平板表面；(b) Wenzel 状态下超疏水平板表面；(c) Cassie 状态下超疏水平板表面

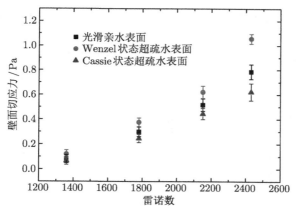

图 7.6 不同雷诺数下的壁面摩擦应力 (扫封底二维码可见彩图)

要大于光滑亲水平板表面切应力，而 Cassie 状态超疏水平板表面切应力则小于光滑亲水平板表面切应力，这也表明，超疏水表面气膜能极大地降低壁面摩擦阻力。总地来看，我们的实验结果与其他学者的实验结果比较符合，除了在较低雷诺数时 ($Re<1800$)，这可能是疏水表面性质、测试方法和分析方法等原因造成。在我

们的研究中，尽管 Wenzel 状态超疏水平板表面的增阻效果是由其表面粗糙度的不同所造成的，但其表面疏水性也不能被忽视，尤其是在低流速下。根据 Aljallis 等[4] 和 Song 等[5] 的结果，疏水表面在较高雷诺数时，由于其表面滑移边界条件随气膜的消失而消失，将不再具有减阻效果，而其表面粗糙度的影响将随流速的增加变得更加明显。

当超疏水表面在水下被一层气膜包裹时，固体表面和液体将被分隔开，流体与壁面之间的相互作用减弱，从而导致壁面剪切的降低，而当气膜消失，则会由于其表面粗糙结构产生增阻，这一现象也再次表明超疏水表面气膜在实现超疏水表面水下减阻中的重要性。当气膜消失时，超疏水表面的无序微结构将直接与水接触，滑移边界条件被无滑移边界条件取代，相比于表面疏水性，此时，表面粗糙度的影响成为主导，从而导致增阻。当向超疏水表面通入空气时，气膜将在超疏水表面铺展，超疏水表面重新构建起一个气液界面，此时减阻效果恢复。

Cassie 状态超疏水表面的滑移长度可根据公式 $u_S = L_S \left. \dfrac{\mathrm{d}y}{\mathrm{d}x} \right|_{\mathrm{wall}}$ 得到，式中 $\left. \dfrac{\mathrm{d}y}{\mathrm{d}x} \right|_{\mathrm{wall}}$ 为壁面速度梯度[6]，u_S 可由公式 $u_S = u_{\mathrm{rh}} - u_{\mathrm{rf}}$ 计算，u_{rh} 和 u_{rf} 分别为超疏水表面和光滑平板表面的参考速度。而 Cassie 状态超疏水表面的减阻率则可根据图 7.5 中的剪切率计算得到，公式为 $R = \left(1 - \dfrac{\tau_{\omega\mathrm{h}}}{\tau_{\omega\mathrm{f}}} \right) \times 100\%$，其中 $\tau_{\omega\mathrm{h}}$ 和 $\tau_{\omega\mathrm{f}}$ 分别为超疏水平板表面和亲水光滑平板表面的壁面切应力。结果见图 7.7。

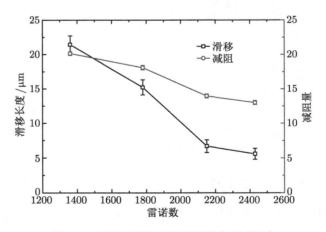

图 7.7　不同雷诺数下的滑移长度和减阻率

从图 7.7 中可以看出，在 Cassie 状态超疏水表面气液界面上存在明显的滑移，实验中测得的最大滑移长度为 21.43μm。同时可以看出，减阻率与滑移长度随雷诺数表现出相同的变化规律，大的滑移长度对应高的减阻率，随着流速的增加减阻率逐步降低。由于通入的空气会不断被来流带走，随着流速的增大，气膜也会变得越来越薄，因此要实现高流速下的有效减阻就必须加大连续通气的速率。实验中测得的最大减阻量大约为 20%。

总地来说，通过持续地向水下超疏水表面通入空气，能在较大流速下维持超疏水表面的 Cassie 状态，从而实现减阻效果，但该方法需要通过额外的设备持续不断地提供气体，也带来了额外能量的输入。

7.3 基于电解的气液界面维持方法

7.3.1 电解原理

海洋是自然界重要的组成部分，既养育了丰富多彩的海洋生物，又是名副其实的液体矿藏。在人类已知的一百多种化学元素中，有 80% 以上都可以在海洋中以各种形式找到，所以海水是一种成分极其复杂的混合物。海水中的主要元素有 Cl、Na、Mg、K、Br、S 等，其中以氯元素的含量最高，质量分数在 2% 左右；粗略地说 1kg 典型海水中就有 19g 氯，11g 钠，1.3g 镁和 0.9g 硫 (大部分以硫酸根的形式存在)。同时海水成分也不是一成不变的，通常会随着地理位置、海水深度以及季节温度改变而发生较大变化，但是由于海水中的氯离子的含量高于其他离子，同时氯离子具有较低的电极电势，所以可以基本认为电解海水的过程中主要发生阳极上的析氯反应以及阴极上的析氢反应，长期以来的工程实践也证明了电解过程中主要参与反应的是海水中的氢离子与氯离子。

根据电化学原理，电解海水过程中主要发生以下反应[7]：

$$阳极：2Cl^- == Cl_2 + 2e^- \tag{7.4}$$

$$阴极：2H_2O + 2e^- == H_2 + 2OH^- \tag{7.5}$$

$$溶液：Cl_2 + H_2O == HClO + Cl^- + H^+ \tag{7.6}$$

$$HClO + OH^- == ClO^- + H_2O \tag{7.7}$$

同时由于海水通电带来的巨大能量交换，以及海水中的氯化钠含量相较于氯碱工业使用的饱和食盐水要低得多，所以海水电解过程中还存在大量的副反应[7]，这些副反应可能会降低电解效率，同时增加电能消耗。

$$阳极副反应：6ClO^- + 3H_2O == 2ClO_3^- + 4Cl^- + 6H^+ + 3/2O_2 + 6e^- \tag{7.8}$$

$$2H_2O \Longrightarrow O_2 + 4H^+ \tag{7.9}$$

阴极副反应：$ClO^- + H_2O + 2e^- \Longrightarrow Cl^- + 2OH^-$ (7.10)

$$ClO^- + H_2 \Longrightarrow H_2O + Cl^- \tag{7.11}$$

溶液：$2HClO + ClO^- \Longrightarrow ClO_3^- + 2Cl^- + 2H^+$ (7.12)

　　由于海水中还存在少量的镁离子与钙离子，加上在阴极电离出的氢氧根离子，这些离子之间也会发生反应生成难溶于水的 $Mg(OH)_2$ 和 $Ca(OH)_2$ 并附着于电解电极表面，这样不仅会将海水与电极相阻隔，极大地降低了电解电压和工作效率，还容易造成电极间的短路损坏。所以在实际的应用过程中不得不定期对电解电极进行酸洗，以去除表面的附着物 [7]。诸多副反应尤其是析氧反应的存在往往也会加速电极表面活性材料的老化失效，进一步降低了电极寿命。此外，海水中的钙镁离子虽然不会直接参与电解过程中的电极反应，但这些离子的存在必然会对电解反应产生一定的影响。对此，大连理工大学的黄运涛 [8] 通过较为专业的实验方法进行了相关测试，结果发现钙镁离子的存在虽然提高了阳极电势，但是降低了电解槽的槽电压，有利于提高阳极的析氯效率。关于该种现象产生的原因目前还没有较好的理论分析结果，对其机理还有待进一步的研究。

　　同时在长期的工程实践中人们也发现海水中含量较少的锰离子也会逐渐积累到电极表面，而且沉积的二氧化锰并不能通过酸洗的方法除去，这样会使电极表面的催化涂层快速失去催化活性，降低电流效率并缩短电极寿命 [9]。所以在工程中海水电解时不可以忽略锰离子对电极的长期负面影响。

　　电解槽的总功率可以利用 $P = E \times I$ 进行计算，其中 I 为生产电流，往往由生产需要所决定。为了降低能耗，人们往往希望尽量降低电解电压 E 以降低能耗。在长期的工程实践中，人们总结出了一套计算电解槽槽电压的公式 [10]：

$$E = \Delta E + \Delta \eta + \Delta V_r + \Delta V_l \tag{7.13}$$

其中，ΔV_l 通常指的是在电极与导线或者导线连接之间的接触电阻带来的电压。若导线连接处出现虚接、氧化等问题时，接触电阻通常对槽电压有较大影响；但对于一般情况下状态良好的系统，接触电阻的作用往往可以忽略不计。ΔV_r 指的是两极板间的欧姆降，通常与电解溶液的性质有关，也会受电极材料与形状的影响。对于有气体产生的电解反应，由于极板间实际上是一种气液两相混合物，会对欧姆降产生较大影响，所以通常采用网状或多孔电极以降低气泡效应的影响。

　　$\Delta \eta$ 指的是两极板上由于极化现象而产生的过电势总和，或者被称为超电势。超电势产生的主要原因有电化学极化、浓差极化等。电化学极化是由于电解反应在电极表面发生非均相的化学变化，反应时必然会受到动力学因素的影响。通常每个电极反应都是由多个连续的基本步骤组成的，其中某一步骤所需的活化能最高，因而反应速率最慢，必须通过额外的能量消耗以推动反应进行，所以反应电流还会受到化学反应速率的影响；浓差极化指的是通电以后由于化学反应的进行与溶液中物质的运动，在电极表面附近的离子浓度会发生剧烈变化，产生浓度梯度，从而产生额外的电势。目前主要通过研究较高催化活性的合金涂层以降低超电势。并且超电势还无法利用理论分析的方法进行计算，原因在于大量的影响因素无法定量给出，同时还存在大量不可控因素的影响，实验发现即使是对于同一种电解反应，电极材料、电极形状、电流密度、温度以及浓度变化等对超电势均有影响，所以超电势只能通过实验的方法测得。ΔE 是在给定条件下电极反应的平衡电压，往往是由电解反应的性质决定，不可改变。

由于电解反应并不是自发的氧化还原反应，所以必须有外界的能量输入以推动反应进行。理论上必须满足 $\Delta E > E_0$，或者满足最小槽电压 $E_{\min} > E_0 + \Delta \eta + \Delta V_r + \Delta V_1$，反应才能够顺利进行，此时的槽电压 $E_{\min}$ 被称为实际分解电压，其数值只能通过实验的方法进行测量。而 E_0 代表了电解平衡时阳极电极电势与阴极电极电势之差，即 $E_0 = \varphi_{阳} - \varphi_{阴}$，被称为理论分解电压。其中 $\varphi_{阳}$ 与 $\varphi_{阴}$ 均可以通过能斯特方程进行理论计算[10]，以电极反应 " a 氧化物 $+ne^- = b$ 还原物"为例：

$$\varphi = \varphi_0 + \frac{RT}{nF} \times \ln\left(\frac{c_{r(氧化态)}^a}{c_{r(还原态)}^b}\right) \tag{7.14}$$

方程中 φ_0 为通过该反应在 298.15K(25°C)、反应离子浓度 1mol/L 或气体压强 100kPa 的条件下以标准氢电极为参照通过实验测量而来，被称为标准电极电势。T 为热力学温度 (单位 K)，R 为气体常数 ($R=8.3145\mathrm{J/(mol\cdot K)}$)，$F$ 为法拉第常数 ($F=96485\mathrm{C/mol}$)。公式中的 $c_{r(氧化态)}$ 与 $c_{r(还原态)}$ 为相对浓度，溶液通常用溶液浓度除以标准浓度 (1mol/L)，气体则代入相对分压计算 (气体压强除以标准压强 100kPa)，纯液体和纯固体则不代入计算。a、b 为反应方程中的化学计量数，n 为反应电极反应的电子数。针对海水电解的电极反应式 (7.4) 和式 (7.5)，查找资料可以找到析氢与析氯反应的标准电极电势分别为 $\varphi_{H0} = -0.8277\mathrm{V}$ 和 $\varphi_{cl0} = -1.35827\mathrm{V}$。

利用能斯特方程我们可以直接就温度、反应物浓度对理论分解电压的影响进行简要分析。对于析氢阴极来说，如果忽略电解进行过程中造成的海水 pH 值变化，以及温度对水的电离平衡影响，那么根据水的电离平衡，H^+ 浓度近似为 $10^{-7}\mathrm{mol/L}$。因为氢气很难溶于水，所以认为产生氢气的压强近似为大气压 101kPa。

将这些条件代入能斯特方程得：$\varphi_{H0} = -0.8277 - T \times 1.37563 \times 10^{-5}$ (T 为热力学温度)。可以看出在这种假设条件下，温度对阴极的电极电势的影响在 10^{-3} 量级，几乎可以忽略不计。

对于阳极来说，温度与氯离子浓度都会对电极电势产生影响。由于氯气易溶于水并且在水中存在反应化学平衡 (反应式 (7.3)、式 (7.4))，经理论计算溶液中氯气分压大约为 10^{-9}。假设海水密度与纯水近似相同 (1000kg/m^3)，那么氯离子浓度 $c_{Cl^-}\,(\text{mol/L})$ 与含盐量 m(NaCl 质量/海水总质量) 可以进行换算：$c_{Cl^-} = 17.094 \times m$。代入能斯特方程得：$\varphi_{Cl^-} = 1.35827 + 4.3087 \times 10^{-5} \times T \times \ln(3.4223 \times 10^{-12}/m^2)$。表 7.2 和表 7.3 分别计算了在 25℃ 下不同浓度海水的阳极电极电势以及海水浓度为 3% 时不同温度下的阳极电极电势。

表 7.2　25°C 下不同浓度海水的阳极电极电势

海水浓度	阳极电极电势/V
2%	1.119603
3%	1.109184
4%	1.101792
5%	1.096059

表 7.3　海水浓度为 3% 时不同温度下的阳极电极电势

温度/°C	阳极电极电势/V
15	1.117563
20	1.113386
25	1.109209
30	1.105033
35	1.100856

计算结果表明升高温度与增加氯离子浓度可以降低电解的理论分解电压，但从数值的变化幅度可以看出，在海水的正常浓度变化范围内，浓度虽然对阳极电极电势有一定的影响，但是影响并不是十分巨大，例如，浓度从 2% 变化到 5% 时，电极电势仅有 2.1% 的波动。同理温度变化对阳极电极电势的影响也不明显，温度从 15℃ 变化到 35℃ 时仅有 1.5% 的电势波动。虽然氯离子浓度和温度对电极电势的影响不大，但有研究指出温度与氯离子浓度对电解的电流效率也具有一定影响，所以在实际应用过程中应该注意这些影响因素。

综上所述我们可以利用式 (7.13) 计算电解槽的槽电压, 但是除了总槽电压 E 可以通过控制外接电源直接给出外, 其他压降大小尤其是超电势受很多复杂不可控因素影响, 只能通过实验的方法进行测量。所以有必要通过实验对海水电解中电压与电流的关系, 以及电极因素对电解的影响进行研究。

7.3.2 电解实验方法

在海水电解装置制作过程中将厚度为 3mm 的石墨板切割为 25mm×20mm 大小, 并在下部加工出凹槽以方便缠绕导线 (图 7.8(a))。两电极板之间利用 3mm 厚的绝缘有机玻璃做间隔来保证极距, 因此可以通过组合有机玻璃厚度来控制极距, 本次实验选用极距分别为 3mm、6mm、9mm 来进行实验测试。为了防止人造海水进入导线和电极板连接处, 造成电解设备与电源损坏, 利用防水硅酮胶对电极下部分进行了密封处理 (图 7.8(b)), 硅酮胶同时也在一定程度上保证了电极面积。实验电源采用学生直流稳压电源, 为保证用电安全实验全过程中控制最大电压不超过 20V, 最大电流不超过 10A。对于电解装置的槽电压与电解电流, 可以直接将万用表接入电路进行直观测量并记录数据。

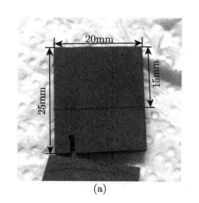

(a)   (b)

图 7.8 电解装置实物图

(a) 加工后的石墨电极; (b) 制作完成的实验电极

这套实验装置潜在的问题可能是由于实验电解装置被浸泡在大约 2L 的盐水中, 随着电解的进行人造海水的浓度是否会发生较大变化, 从而影响到实验的准确性。电流描述的是单位时间内流过导体某一横截面的电荷量, 而电化学反应正是依靠电子的转移进行的, 所以如果定量计算出反应过程中移动的电子数, 就可以定量推算出电解反应进行的程度。假设电解过程中只发生主反应 (式 (7.4) 和式 (7.5)) 而不发生其他副反应, 经换算 1A 的电流下每秒消耗氯约 0.00037g, 即以最大 10A 的电流电解 10min，会消耗氯 2.22g，相较于总共含氯约 36.41g 的溶液来说并不会引起浓度的巨大变化。并且由表 7.2 可知，如此小的浓度变化也不会对电极电势产生很大的影响，这表明即使是在烧杯中进行相关测试实验，也可以忽略电解带来的浓度变化，这些理论分析证明了实验方案是合理可靠的。但是另一方面电解会令溶液中的离子分布不均匀，产生的氯气也会大量溶解在水中，所以每次实验后要对溶液进行充分搅拌和静置，以确保溶液成分的均匀稳定。

7.3.3　电极极距对电解特性的影响

为了研究电解产气的相关规律，同时验证电解装置的可靠性，利用上文设计的实验装置，本节对两电极极距分别为 3mm、6mm 与 9mm 的电解装置进行了电流电压测量，并观察了电极表面的产气情况。在测量电流与电压的过程中，为了结果的准确，对每一种极距下的电解装置进行了多次测量，并保证每一组数据个数不少于 40 个，以尽量减少随机误差的影响。

在两极板极距分别为 3mm、6mm 与 9mm 时的电压与电流的关系见图 7.9。

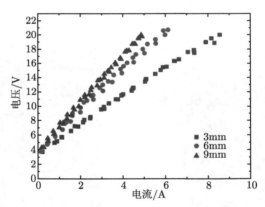

图 7.9　2 块极板下不同极距的伏安特性曲线

从实验获得的数据及拟合曲线可以看出，电极电解过程中电流与电压呈正比关系，电解反应的等效电路近似为纯电阻电路；但有相关研究通过交流阻抗法对电极进行测试[11]，认为等效电路中除了溶液与电极的电阻外，还包括电极极化、表面涂层等产生的电容 (图 7.10)。由于本章重点在于研究电解的产气规律，所以将其简化为纯电阻电路是合理的。随着电极极距增大，伏安特性曲线的斜率增大，说明等效电路中的电阻增大，即在相同的电压条件下，极距越大流过电极间的电流越小，这种结论符合人们的实践经验。同时可以发现拟合后的直线存在一定的截距，这就是电解反应的实际分解电压，实验测得电解浓度为 3% 的海水时实际分解电压在不同极距下有一定的差异，这可能是因为上文中提到不同电解条件下的超电势对实际分解电压有影响，还可能与现有实验条件下极距不同带来的测量误差有关。本次实验测得的实际分解电压范围在 3.633V 到 4.016V 之间。

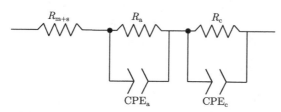

图 7.10 交流阻抗法测量的电解池等效电路 [8]

同时实验中还观察了电解过程中电极板上的气体产生情况。以 3mm 极距为例，当电压从 0V 逐渐增加，刚刚超过实际电解电压时，阴极首先出现气泡而阳极上并没有明显的气泡产生。随着电压的提高，阳极也会有气泡冒出，但是从产气量上来看阳极的产气始终要少于阴极，而不是理论上的阴极产氢与阳极产氯的比例 1:1(图 7.11(a))。产生这种现象的原因可能是各种阳极副反应的存在降低了氯气的产量；同时因为氯气易溶于水，在室温下 1 体积的水可以溶解 2 体积的氯气，并且氯气还会与水发生一系列的化学反应，所以直观反映出阳极的产气量少于阴极的产气量的现象。因为阴极的产气现象更为明显，所以后文重点对阴极现象进行观察。

图 7.11 实验现象对比

(a) 阴阳极产气对比；(b) 3mm 极距 8V；(c) 3mm 极距 18V

在电解起始的较小电压下，电极板上的气泡呈白色泡沫状，并紧密平铺在电极表面，在浮力的作用下快速上浮。直观观察气泡直径小于 0.5mm，并且在气泡产生和上升的过程中并没有发现小气泡融合成较大气泡，即气泡脱离电极后呈分散状态 (图 7.11(b))。随着电压加大产气速率有了明显提高，同时气泡的尺寸也有明显增大，产气现象从白色泡沫状逐渐变至无色较大气泡，并且上升速率也有了明显的增加 (图 7.11(c))，但是同样从气泡在电极表面产生到上浮的过程中，所有气泡均为独立运动，在溶液中也不会出现气泡融合的现象。

在对不同极距下的电解装置产气现象进行观察后发现，虽然减小极距可以降低等效电阻，提高电解电流，但就产气现象来说在相同电流下不同极距的产气现象并无明显差别，依然与上文观察的结论相同。

7.3.4　电极对数对电解特性的影响

增加电极板的数量，参照工业中常用的双极式电解槽的电路连接方式，将电极以并联的形式接入电路 (图 7.12)。按照 7.3.1 节提出的实验方案进行多对电极的伏安特性测量，实验结果如图 7.13 所示。

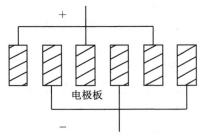

图 7.12　电极板连接电路

首先，伏安特性拟合曲线表明，增加极板数目的电解装置依然可以看作是电阻电路，即电极数目不会改变等效电路的性质；随着电极板数目的增加等效电阻减小，推测原因在于电路中当与多个等效电阻并联，总阻值就会比单个电阻的阻值小，同时增大了电极与溶液的接触面积，进一步减小了电解阻抗。但是计算发现电阻的数值并不符合并联电路电阻计算公式，其具体规律与计算方法还有待更进一步的研究。其次，实验结果表明拟合直线的截距即实际分解电压也会有一定的波动，但是波动多数情况下在 10% 以内，个别出现较大波动，可能是实验精度不高和电解条件改变所引起的。但是在现有实验精度条件下无法得出电解条件变化对实际分解电压的确切影响。

多块电极与一对电极的产气情况略有不同，但不同极距下的产气规律相似，所以本节就 6mm 极距不同极板数目下的产气现象进行分析。与 2 块极板下气泡尺寸会随电流的增大而增大不同，在 4 块和 6 块极板的条件下气泡尺寸没有明显的增大，始终呈现为白色泡沫状的微小气泡，随着电流的增加气泡产生和上浮的速率加快 (图 7.14)。在相同的电流条件下电极数越多，产生的气泡的体积越小，这种判断的依据在于气泡在溶液中停留的时间变长，溶液更容易因气泡变得浑浊。推测这种现象的原因在于随着电极数目的增加，电解的面积也在增加，直接造成了单位电极面积上通过的电子数减少，即电流密度减小，使单位面积上的产气量减小，所以气泡的尺寸也会相应减小。

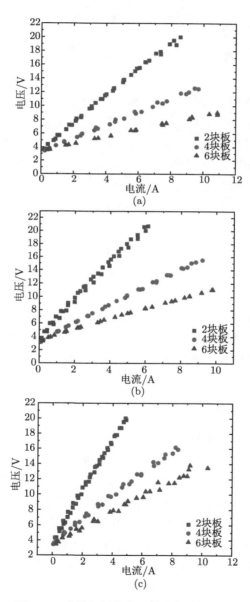

图 7.13 多块极板条件下的伏安特性曲线

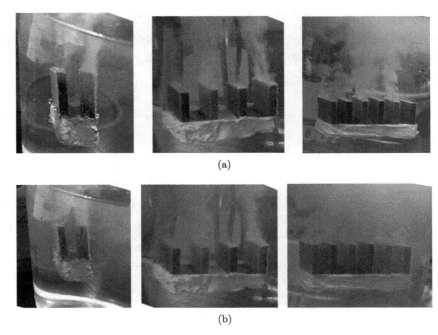

图 7.14　各种电极数目下的产气情况对比

(a) 电流约为 2A 时产气情况；(b) 电流约为 6A 时产气情况

在观察产气情况的实验中，发现虽然减少极距和增加电极数目有利于在同一电压下产生更大的电流，增加产气量，但电极数目增多会带来气泡体积减小、造成溶液长时间浑浊的问题，给气体的收集带来困难，在以后的研究中应该综合考虑这些问题的影响。

7.3.5　产气量与产气效率

为了比较直观的测量电解中的产气量，本节使用简单的向下排水法对电解装置产气量进行测量。实验装置由烧杯、量筒和漏斗组成，电极被浸泡在食盐水中进行电解反应，反应产生的气体被漏斗收集后被引入量筒 (图 7.15)，并将量筒内的液体排出，进而通过读取实验前后量筒内的液面差得出电解装置的产气量。实验采用容积为 100ml、最小刻度为 1ml 的圆柱直量筒，读数以凹液面的最低处为准。为确保产气量不超过量筒的量程，电解时间在 1min 到 3min 之间调整，并进行 3 次重复测量取平均值，计算得出每分钟电解装置的产气量。实验电源使用稳压电源，可以在实验过程中保证电压恒定，并通过 7.3.4 节所拟合的直线计算电流。

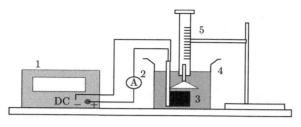

图 7.15 气体收集装置

1. 直流稳压电源；2. 电流表；3. 石墨电极；4. 电解槽；5. 量筒

在现实条件下因为氯气易溶于水，又可能存在各种副反应致使电解产气量少于理论值，而对本次研究有真正作用的是我们最终可以收集到的相对稳定的气体，所以有必要对电解装置的产气效率进行测试。

本节中定义电解装置的产气效率的计算方法为 $\eta = V_{实际}/V_{理论}$，所以就需要对理论产气量进行分析计算。上文提到由于电化学反应进程与电子的转移直接相关，电流又是描述电子运动的物理量，所以电解工业中往往通过控制电流来定量控制产量。在理想条件下，由反应 (7.4) 与反应 (7.5) 知，每 1mol 电子交换可以产生0.5mol 氢气和 0.5mol 氯气，所以平均下来 1mol 电子可以生成 1mol 的气体分子。根据标准状态下气体的摩尔体积为 22.4L/mol 即可估算产生的气体体积。电流的定义为 $I = q/t$（其中 q 代表电荷量，C；t 代表时间，s），即单位时间流过导体的电荷量，根据电子的电荷量约为 1.6×10^{-19}C，就可以换算 1A 的电流在单位时间内通过导体的电子数为 6.25×10^{18}，即 1.038×10^{-5}mol。所以经计算可得在1A 电流下的理论产气量约为 0.233ml/s。以下为实验测量并计算出的产气量与产气效率随电极数目的变化规律 (图 7.16)。

从实验结果中可以看出电解装置的产气量和电流近似呈正比关系，符合理想条件下的电解产气规律。因为存在上文指出的一些问题使产气量不能达到 100%，实验结果表明产气效率随电流存在微小波动，但基本是在一定的数量上下浮动，所以近似认为在实验的电流范围内，产气效率随电流没有过大变化。在 2 块电极的情况下，3mm、6mm 与 9mm 极距下的产气效率均在 75% 左右变化。在小电流情况下个别数据出现 90% 以上的效率，因为此时每分钟产气量较小 (不到 10ml/min)，所以 1ml 的读数误差会带来较大影响，随着电流加大，产气效率最终会趋于稳定。

以 6mm 极距为例分析，随着电极数目的增加，电流效率呈较为明显的下降趋势。分析可能的原因一方面在于电极数目增加，气泡体积减小使氯气更多地溶解在水中；另一方面在于气泡的体积减小使气体上浮速率下降，又有大量气泡悬浮在溶液中，受到水流搅动后会从收集装置中溢出 (图 7.17)，从而产生较大的测

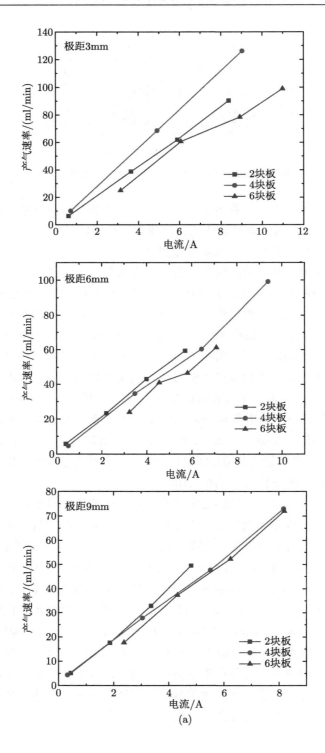

(a)

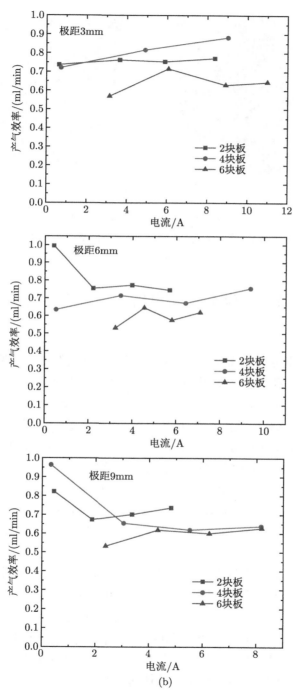

图 7.16 各种极距下产气量与产气效率随电极数目的变化曲线

图 7.17　微小气泡收集与溢出

量误差。综合实验结果和误差分析,在后续实验中按照平均 70% 的产气效率对产气量进行估算。虽然存在着实验结果精度不高的问题,但关于产气量的直观测量还是为后续工作提供了一定的参考依据。

7.4　疏水表面电解补气减阻性能

7.4.1　实验系统

本节实验在重力驱动式管道循环系统中进行,管道循环系统见图 7.18,其主要包括上水箱、下水箱、进水管和回水管等几大部分。上水箱和下水箱均采用 PVC 塑料制作,上水箱的尺寸为 1170mm×1720mm×480mm,高度为 3.75m,并有溢流装置,这样可使上水箱的液面基本保持不变且更加平稳,而且在水箱入口处设置有整流器用以去除来流中的湍流成分;下水箱的尺寸为 1170mm×1720mm×510mm,实验盛水约 1.15 吨,其底部开有排水口,直径为 10mm。回水管采用 PVC 塑料管制作,用于工作流体的回流。进水管则采用有机玻璃制作,其截面尺寸为 40mm×20mm,且由于长度的限制,进水管由三段有机玻璃管通过法兰连接而成。第一段为发展段,长度为 1500mm,主要用于发展湍流;第二段为实验段,总长度为 2000mm。

为直观展示不同气液界面覆盖处对应的减阻效果,我们每隔 20cm 开一个直径 2mm 的测压孔,用于测量压差。小孔间通过软管接入差压变送器 (Setra, USA),并进行万用表 (Aglient) 通道的设置,就可以采集压差信号。其中,本节采用的差压变送器是美国品牌 Setra,其测量范围是 0～2psi(1psi=6894.76Pa),输出的电流信号范围是 4～20mA,所需供电电压为 DC 24 V,非线性度误差为 ±20%。第三段则为流量监测段,长度为 480mm,与液体涡轮流量计相连接,用于实时显示流量。其中,该流量计的仪表型号为 LWGY-MK-DN32,其测量范围为 0.8～15m³/h,工作压力为 1.6MPa，供电电压为 DC 24V，实验采用上海沪光仪器厂的直流稳压稳流电源 (YJ83/3 型 30V/2A) 进行供电。另外，在涡轮流量计之后连接有 DN32mm 的球阀，用于调节来流速度，中间一段 450mm 长的软管，用于稳定流场，防止球阀调节时对流场产生影响。而且软管上外接热电偶，用于读取工作温度。此外，在进水管前方有 DN100mm 的球阀，在后期更换实验段时使用。

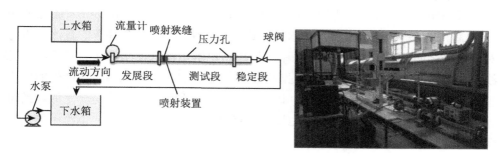

图 7.18　实验装置原理图

7.4.2　电解补气布置方法

本节采用电解食盐水的方法产生气体对超疏水表面流失气体进行动态补充，测试阻力压降模型为平板模型，为方便观察气液界面形态，我们仅对通道上表面做疏水处理并在平板模型上游布置正负两极铂金丝电极，电极布置方法见图 7.19，铂金丝电极直径为 d，间距为 b，负极在流向上游，正极在流向下游。电极经输出导线与外置可调电压直流电源相连。在通电条件下，负极产生氢气，正极产生氯

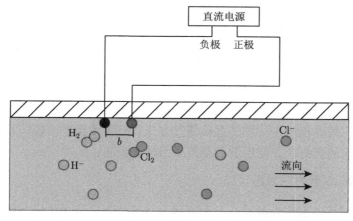

图 7.19　电解补气装置布置方法及气体产生原理示意图 (扫封底二维码可见彩图)

气，以此实现气体补充。在电解过程中，可以通过测试外置电源电流，实时显示电子数量，从电子量角度换算出实际产生的气体量。

7.4.3　含盐量、电压对电解气量的响应

首先我们对电解产气量的影响因素进行了探索，根据电解产气的机理，正负极得失电子表现为电解电源的输出电流。我们分别研究直径为 0.1μm 的铂金丝，正负极间距为 5mm，含盐量分别为 3.5% 和 4.0%，流速为 0.75m/s(施加剪切流速壁面气体堆积影响电极丝与水接触进一步发生电解) 的条件下的直流电压与对应电流之间的关系。从图 7.20 中可以看出电解电流基本与施加的直流电压呈线性关系，随电压提高，电流也逐渐增加，含盐量越高，相同电压下产生的电流也就越强。受到铂金丝直径影响，该工况下所能达到的最大电流是一定的。当超过这一临界值，即便进一步增加电压，电极丝产生发热变红现象，电流不再发生变化。

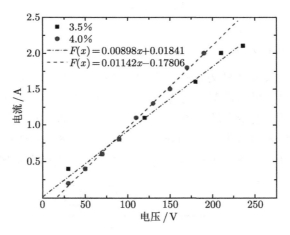

图 7.20　电解电流随电压变化曲线

该验证性实验证实了采用铂金丝电极电解水实现气体动态补充的可行性，铂金丝电解产生气体相较于传统的直接通气方式具有流量精确可控、且出气均匀不受重力场影响的优势，方便用于多种类型的模型表面。

7.4.4　电解补气状态下减阻性能

减阻效果是以水作为参照，对水流体不同流速下压降 (p) 进行测试，及可对其和流量电流信号（I_Q）的关系曲线进行拟合 (图 7.21)，根据拟合关系 $\Delta p =$

$0.00385 \times (I_Q)^2 - 0.01301 \times I_Q + 0.01696$ 即可以方便求出与工作流体同流速下自来水的压降,其中 Δp 代表的是压降,单位为 psi,I_Q 代表的是流量信号,单位为 mA。然后利用公式

$$DR = \frac{\Delta p_{\mathrm{shp}} - \Delta p_{\mathrm{water}}}{\Delta p_{\mathrm{water}}} \times 100\% \tag{7.15}$$

就可以表征不同情况下的减阻率。

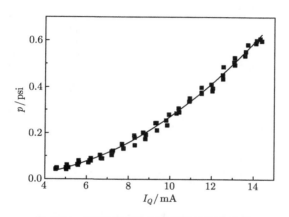

图 7.21 压降和流量电流信号的拟合曲线

另外,在得到自来水在不同流速下的实际压降后,就可以计算对应情况下的摩擦系数,其具体过程为:根据水平圆管内的压降公式

$$\Delta p = \frac{4\tau_{\mathrm{w}} l}{D} \tag{7.16}$$

可以得出 $\tau_{\mathrm{w}} = \dfrac{D \times \Delta p}{4l}$。其中,$\tau_{\mathrm{w}}$ 表示管壁上的切应力;Δp 为实验测得的压降;l 为测压孔间的距离;D 为特征尺度在这里选取方管宽度为特征尺度。又 $\tau_{\mathrm{w}} = \dfrac{1}{2} c_f \rho U^2$,其中 c_f 为摩擦阻力系数;ρ 为水的密度,单位为 kg/m³;U 为流体截面平均流速,单位为 m/s。

因此可以得出

$$c_f = \frac{D \Delta p}{2l \rho U^2} \tag{7.17}$$

为探究电解超疏水表面补气方式的减阻效果,在管道上表面喷涂超疏水表面(商用超级干涂层表面,接触角 165.8°,前进角 167°,后退角 165°,表面粗糙度 $R_{\mathrm{a}} = (3.04 \pm 0.41)\mu\mathrm{m}$)。并在管道上游布置铂金丝电极用来产气,差压变送器直接测试

管道内的压降。得到不同雷诺数条件下管道阻力系数的变化曲线见图 7.22。从图中可以看出，经长时间冲刷破坏后的超疏水表面气液界面消失，微结构产生粗糙增阻效果导致微结构表面反而比普通光滑表面的阻力更大。而接通电源以后，开始进行电解水，气液界面得到恢复，直观体现为阻力系数的降低，使得通道内阻力减小。

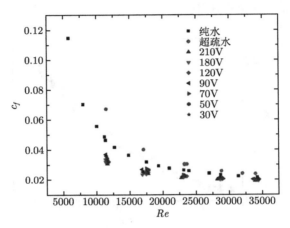

图 7.22　管道阻力系数随雷诺数的变化曲线 (扫封底二维码可见彩图)

不同电压产生不同电流，不同电流代表了不同的通气量，我们进一步观测了通电电压对减阻率的影响规律，见图 7.23。从图中可以看出，仅在上壁面做超疏水电解补气处理的条件下，已经可以产生 35% 的减阻率。且流速越低，减阻率也

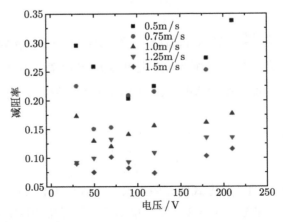

图 7.23　直流电压对减阻率的影响 (扫封底二维码可见彩图)

就越大，在低流速条件下减阻效果随通气量有先降低后增加的趋势，这是由于不同流速和通气量同时对气膜形态产生了影响，而气膜形态与实际减阻率密切相关。低流速、低通气量时，气液界面呈现极薄的气膜形态，但此时气膜仍然连成一片连通。随着通气量增加，剪切流动使气液界面发生撕裂。原本连成一片的气液界面转变为一个又一个非连续的气泡在表面移动，此时虽然减阻，但减阻率较低，随着气体量的进一步增加，新增的气量使得非连续的气泡重新连续，当气液界面重新连续后，减阻效果进一步增强，且随通气量的增加而增加。减阻率的这一点变化特性并没有在高流速下体现出来，这是由于剪切增强，气液界面失去了变为非连续气泡的可能。在不同通气量下，高剪切使得气泡刚接触超疏水表面便完全贴附流失，故而不同通气量条件下的减阻率较为一致。

7.5　结　束　语

针对超疏水表面气膜流失破坏的问题，我们提出了人工少量通气和电解产气两种方法，分别通过循环水槽和重力式低速水洞实验证明了两种方法的有效性；首先基于平板流动研究了传统水下超疏水表面气膜破坏过程，实验发现在来流的冲刷下，超疏水表面气膜很容易被流失、破坏，使其从 Cassie 润湿状态过渡为Wenzel 润湿状态，从而破坏其水下减阻效果，有的甚至由于其表面较高的粗糙度而出现增阻效果。基于气体动态补充的超疏水表面气膜维持方法，该方法通过持续向超疏水表面通入气体来维持其水下减阻有效性，PIV 测试结果表明，该方法有效地降低了固体近壁面的涡量分布和速度梯度，有效地减小了水下固体壁面的阻力。但该方法需要持续不断的气体补充，在减小阻力的同时也带来了额外的能量输入。通过电解电极装置系统研究了海水电解过程中电流、电压、产气量及电解效率随电极极距和数目等参数的变化规律，结果表明只有较大电解电压的条件才能满足超疏水表面的补气需求。通过在超疏水平板表面上游布置两道正负极铂金丝，电解 NaCl 溶液实现了超疏水平板表面最大减阻量达到 35%。直流电解补气是一种易于布置，精确调控的新型补气方法，该方法的提出为进一步维持超疏水表面气膜层提供了新思路。

参 考 文 献

[1]　Spalding D B. A single formula for the "law of the wall"[J]. Journal of Applied Mechanics, 1961, 28(3): 455-458.

[2]　Reichardt H. Vollständige darstellung der turbulenten geschwindigkeitsverteilung in glatten leitungen[J]. ZAMM-Journal of Applied Mathematics and Mechanics/Zeitschrift

für Angewandte Mathematik und Mechanik, 1951, 31(7): 208-219.

[3]　Zhang J, Tian H, Yao Z, et al. Mechanisms of drag reduction of superhydrophobic surfaces in a turbulent boundary layer flow[J]. Exp Fluids, 2015, 56(9): 1-13.

[4]　Aljallis E, Sarshar M A, Datla R, et al. Experimental study of skin friction drag reduction on superhydrophobic flat plates in high reynolds number boundary layer flow[J]. Phys Fluids, 2013, 25(2): 025103.

[5]　Song B W, Guo Y H, Luo Z Z, et al. Investigation about drag reduction annulus experiment of hydrophobic surface[J]. Acta Physica Sinica, 2013, 62(15).

[6]　Hu H B, Du P, Zhou F, et al. Effect of hydrophobicity on turbulent boundary layer under water[J]. Experimental Thermal and Fluid Science, 2015, 60: 148-156.

[7]　龙潇, 李金铖, 刘克成, 等. 浅析海滨电厂海水电解制氯技术 [J]. 给水排水, 2012, 48(S1): 270-273.

[8]　黄运涛. 海水直接电解制氯过程的研究 [D]. 大连: 大连理工大学, 2005.

[9]　刘坤. 涂层钛阳极抗锰离子污染性能研究 [D]. 大连: 大连理工大学, 2007.

[10]　刘宏波. 水电解制氢中气泡生长及磁场对气泡行为和两相流动特性影响 [D]. 重庆: 重庆大学, 2016.

[11]　西北工业大学普通化学教组. 普通化学 [M]. 西安: 西北工业大学出版社, 2013.

第 8 章 润湿阶跃平板表面间断气液界面变形破坏的实验研究

8.1 引　　言

理论上，采取气液界面隔断液体实现固体壁面减阻，其减阻效果随着气液界面尺寸的增加而增加[1,2]。在纳米尺度气液界面剪切变形、破坏过程和滑移行为研究的基础上，本章对采用壁面润湿阶跃束缚的毫米尺度气液界面在剪切流动下的变形和破坏过程及其对宏观流场的影响进行实验研究，说明毫米尺度气液界面在剪切流动下的变形和破坏规律，提出破坏准则，并对毫米尺度气液界面对流场和减阻的影响进行研究。

8.2　基于润湿阶跃效应的毫米尺度气液界面封存方法

首先对采用润湿梯度束缚毫米尺度气液界面进行实验验证，检验润湿梯度在毫米尺度束缚三相接触线的实际效果。

在尺寸为 76.2mm×25.4mm 的光洁载玻片上，构造出两种内区直径 5mm 的亲疏水相间表面 (图 8.1(c))：①内区亲水，外区超疏水，用于水滴静态接触实验；②内区超疏水，外区亲水，用于气泡静态接触实验。其中，疏水区域直接喷涂超疏水涂层 (Ultra-Ever Dry, Ultratech 公司，美国)，厚度约 10μm，表面粗糙度约 2.4μm，表观接触角约 165°，接触角滞后约 2°；亲水区域为光洁玻璃表面，表观接触角约 22°。图 8.1(d) 为亲疏水相间线处 SEM 图，左侧为有随机微纳复合结构的超疏水表面，右侧为光滑玻璃表面。

图 8.1(a)、(b) 分别为不同体积的水滴和气泡在①和②试件的亲疏水相间表面上的稳定驻存形态。从中可见，表观接触角随水滴/气泡体积增加而增大，而其三相接触线却始终位于亲疏水交界处：水滴体积由 10μl 增加到 50μl 时，接触角由 23.5° 增至 167.5°；气泡体积由 5μl 增加到 25μl，接触角由 13.5° 增至 82.5°。

上述接触角变化范围远大于超疏水涂层和光洁玻璃表面上的接触角滞后，说明亲疏水相间表面的确能束缚三相接触线运动，形成显著润湿阶跃[3]。另外，采用该原理，通过构造阵列化的亲疏水相间表面，同样能实现平板表面大面积气膜

的稳定贮存 [4]，图 8.1(e) 所示为尺寸 250mm×100mm 的平板表面上水下气膜整体封存效果。

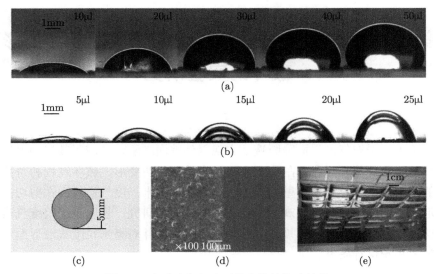

图 8.1　亲疏水相间表面静态接触实验结果

(a) 亲疏水相间表面水滴接触状态；(b) 亲疏水相间表面气泡接触状态；(c) 亲疏水相间表面示意图；(d) 亲疏水相间处 SEM 图；(e) 亲疏水相间表面气膜封存效果

　　该验证证实了采用润湿阶跃束缚毫米尺度气液界面的可行性，静态接触角测试结果与理论预测一致，也证实了人为构造大范围接触角滞后，可以在实际实验中做到毫米尺度气液界面的有效封存，为研究大尺度气液界面在剪切流动作用下的变形破坏过程打下基础。

8.3　毫米尺度气液界面剪切变形行为

8.3.1　实验方法

　　分别选用材质为玻璃、铝、聚甲基丙烯酸甲酯 (PMMA) 和聚四氟乙烯 (PTFE)，尺寸为 100mm×250mm 的光滑平板作为基底材料。通过在基板中心长方形区域喷涂前述超疏水涂层 (内区尺寸为 20mm×10mm、10mm×35mm、15mm×35mm 和 20mm×35mm，喷涂前对外区做物理隔离)，构造出不同亲疏水相间表面。各实验板表面亲水区域粗糙度均低于 0.38μm(TR101 粗糙度仪, 北京时代)，超疏水区域呈随机微纳复合结构。表 8.1 为各实验板表观接触角的测试结果 (DSA-100 接触角仪, Kruss, 德国)，测量误差 ±3.0°。

表 8.1 各实验板表观接触角 (CA) 的测试结果

编号	内区尺寸/mm×mm	内区 CA/(°)	外区 CA/(°)	润湿阶跃 $\Delta\theta$/(°)
1#	10×35	165.1	80.4	84.7
2#	20×10	22.1	22.1	0.0
3#	20×10	165.1	110.3	54.8
4#	20×10	165.1	80.4	84.7
5#	20×10	165.1	61.4	103.6
6#	20×10	165.1	22.1	144.0
7#	15×35	165.1	80.4	84.7
8#	20×35	165.1	80.4	84.7
9#	5×6	165.1	80.4	84.7

实验中, 先将待实验板固联于低速水槽实验段 (尺寸 100mm×100mm×500mm, 流速 0~1.2m/s) 的中心平面上, 然后采用医用微量注射泵 (WZS-50F2, 史密斯双通道微量注射泵) 向水下试件的超疏水区域精确通入定量气体, 形成特定厚度气膜 (气膜覆盖区与超疏水区基本等大)。为增强气膜监测效果, 采用 40W LED 平板灯从距离气膜约 200mm 的侧后方打光。气膜形态变化过程由布置于正前方的高速摄像机 (Red Lake, IDT N4) 实时记录, 采样频率取 200fps (每秒传输帧数)。

低速循环水槽的结构见图 8.2, 分别由驻留水箱、稳流段、收缩段、透明实验段、循环管道、循环水泵、导流板构成。水流动力来源于循环水泵, 经水泵输出后, 依次经过驻留水箱、稳流段、收缩段、流入实验段。该过程配合整流网蜂窝器整流, 故实验段内流场品质较好 (湍流度低于 1.0%)。实验段尺寸 0.1m×0.1m×0.5m, 流速调节范围 0~1.2m/s, 系统误差低于 1.0%。实验段透明, 可进行实时观察及 PIV 流场测试。

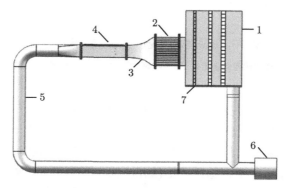

图 8.2 低速循环水槽的结构图

1. 驻留水箱; 2. 稳流段; 3. 收缩段; 4. 透明实验段; 5. 循环管道; 6. 循环水泵; 7. 导流板

8.3.2　波状变形产生规律

　　分别采取 1#~9# 实验板束缚不同厚度气液界面，施加 0~1.2m/s 的剪切流速，观测不同几何尺度气液界面在不同流速下的变形及破坏过程，选取 1# 实验板束缚 1.6mm 厚气液界面时在 0~0.54m/s 流速下的变形过程，见图 8.3，从图中可以看出，随着流速的增加，原本在静水中保持对称的气液界面发生不对称变形 [5,6]，在亥姆霍兹不稳定性的作用下，气液界面逐渐产生波状变形，呈现规则的锯齿状，且随流速的增加锯齿数量逐渐增加。与此同时，为平衡拖拽力的增量，气液界面呈现前接触角减小，后接触角增大的趋势。为定量表征变形规律，本节进一步系统地研究了前、后接触角，以及接触角滞后波峰数量随流速、厚度、气膜宽度的变化规律。

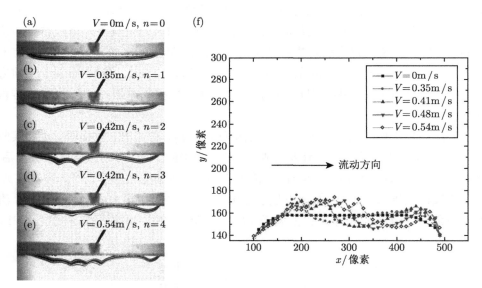

图 8.3　不同流速的剪切变形 (扫封底二维码可见彩图)

(a)~(e) 不同剪切速度下气膜波峰数量变化实验图；(f) 波峰轮廓对比图

　　开尔文-亥姆霍兹不稳定性是指两种流体做平行于水平界面的相对运动时的流动稳定性问题 [7,8](另一种被称为瑞利-泰勒稳定性 [9])。流动稳定性理论研究流体运动稳定的条件和失稳后流动的发展变化，包括转捩为湍流的过程，向湍流转捩，一般始于失稳但随着某流动参数 (如雷诺数) 逐渐增大，流动失稳后也可能过渡为另一种更复杂的层流，而不一定转捩为湍流，继续多次，最终失去层流的规律性，转捩为湍流。

本节所研究的润湿梯度束缚大尺度气液界面在剪切流动下的变形问题归根结底也是一种界面不稳定性问题。在水槽的剪切流动下, 内部气体流动速度梯度和外部流体的流动速度梯度将会产生差异, 当速度差满足亥姆霍兹不稳定性发生的临界条件, 即 $(U_1 - U_2)^2 > \dfrac{2(\rho_1 + \rho_2)}{\rho_1 \rho_2}\sqrt{\sigma g (\rho_1 + \rho_2)}$ 时, 不稳定性产生[7], 波状变形也随之产生, 这里 ρ_1 和 ρ_2 分别为两种流体的密度, σ 为表面张力, g 为重力加速度, U_1 和 U_2 分别为两种流体的内部速度。我们对比了长为 35mm, 宽为 10mm, 厚度分别为 3.8mm, 1.6mm, 0.3mm 下的润湿阶跃束缚气膜在剪切流动下的波峰产生规律, 结果见图 8.4。

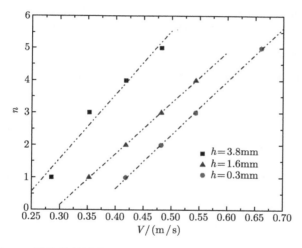

图 8.4 波峰数量随流速的变化规律 (扫封底二维码可见彩图)

从图 8.4 中可以看出, 不同厚度条件下气液界面的波峰产生规律大致服从线性分布规律。随着流体速度的不断增加, 剪切流动下的波状变形数量进一步提高。在实验观测中, 发现随着波峰数量提高, 波峰高度逐渐变低, 数量增加到 5 个以上时, 现有的观测方式无法清晰分辨具体的波峰数量, 故不同厚度气液界面波峰数量最多观测到 4 个。对比不同厚度气液界面的波状变形产生规律, 可以发现随着气液界面厚度增加波峰产生的初始流速逐渐降低。厚度为 0.3mm 的气液界面在剪切流速增加到 0.41m/s 时, 才产生第一个波状变形, 该速度较厚度为 3.8mm 的气液界面, 提升了近两倍。这也预示着气液界面厚度越低, 抗变形能力越强, 流场也更稳定。在出现第一个气膜波峰以后, 随着流场速度进一步增强, 厚度较高的气液界面波峰数量始终高于厚度较低的气液界面。

8.3.3　前、后接触角的变化规律

随后，我们进一步研究了润湿梯度束缚下前接触角和后接触角在剪切流动作用下的变形规律。根据卡特皮勒力公式，壁面对气液界面的束缚力与这两个角度密切相关。我们选取了长为 35mm、宽为 10mm、高为 4mm 的长方形气液界面观测前接触角和后接触角的变化规律，见图 8.5，从图中可以看出，实验开始之初，由于实验平板严格水平，前接触角与后接触角几乎相等。随流速增加，气液界面前接触角逐渐减小，后接触角逐渐增加，显示出不对称的后倾状态，气液界面变形显示出的接触角滞后逐渐增大。当前接触角大概与气泡在疏水壁面的接触角相等时，气液界面破坏，变化范围到此结束。根据卡特皮勒力预测公式 $F = L\gamma\left(\cos\theta_{\mathrm{R}} - \cos\theta_{\mathrm{A}}\right)$，该现象反映出壁面对气液界面的束缚力随着流速增大而逐渐增加，这一束缚力的增量，逐渐平衡了流速增加所带来的拖拽力增量。而水流给气液界面带来的拖拽力增量，一般研究认为与流速的平方成正比。我们进一步根据其前接触角和后接触角的变形，绘制出卡特皮勒力与流速的关系图，可以发现，基本符合前期研究的理论预期。

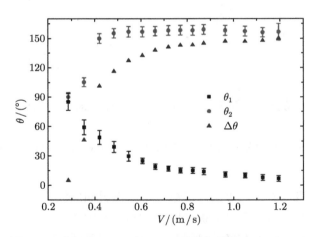

图 8.5　不同流速下的前接触角、后接触角及接触角滞后 (扫封底二维码可见彩图)

水流拖拽力受气液界面厚度的影响十分剧烈，厚度对前、后接触角及接触角滞后也将产生极其重要的影响。我们研究了厚度分别为 3.8mm、1.6mm 和 0.3mm 的三种气液界面的前接触角随剪切流速的变化规律，结果见图 8.6，从图中对比可以发现气膜越厚初始前进角越大，随流速增加，不同厚度的气液界面前接触角均逐渐降低，且最终值大致相等，都约等于气体在疏水表面的前进角。

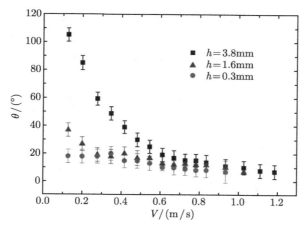

图 8.6 不同厚度下前接触角随剪切流速的变化规律 (扫封底二维码可见彩图)

与前接触角的变化规律形成鲜明对比, 后接触角随流速上升而逐渐上升。不同厚度气液界面的后接触角随剪切流速的变化规律见图 8.7。从图中可以看出, 由于初始平板位置经过严格的水平校准, 后接触角呈现随厚度增加而增加的状态。随流速提升, 后接触角逐渐增大, 三种不同厚度的后接触角最终值与气泡在亲水表面的后退角大致相等。另外, 由于气泡在剪切流动下呈现波状变形特性, 该变形影响了气液界面所受的水流拖曳力, 故后接触角在变化范围内呈现出了一定的平稳段, 在该变化段内, 后接触角并没有呈现出有规律的变化。

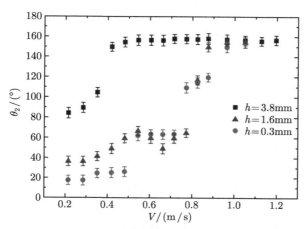

图 8.7 不同厚度下后接触角随剪切流速的变化规律 (扫封底二维码可见彩图)

前、后接触角的变化, 同时引起了接触角滞后的变化, 我们绘制出接触角滞后随剪切流速的变化曲线见图 8.8。从图中可以看出随流速增加, 接触角滞后也逐渐增大。流速为 0 时，气液界面形态大致前后对称，故接触角滞后基本为 0。不同厚度的气液界面呈现出不同程度的上升趋势。厚气膜在流速施加后有一段急剧上升过程而后趋于平稳，而薄气膜的接触角滞后增加速度随流速提升而逐渐增加。这是由于气液界面厚度不同，流速变化对气膜拖拽力的影响也有所不同。厚度越低，阻力越小，需要做出的接触角应变也就越小；厚度越高，阻力越大，在初始流速增加时所需的接触角滞后变化也就越剧烈。但观测整个接触角滞后的变化范围可以发现，不论气膜厚度多大，最终的接触角滞后值接近于亲水后退角与疏水前进角之差。这也意味着采用润湿梯度人为构造接触角滞后，最终的滞后值仅取决于所使用的材料本身，而不取决于气液界面的厚度。

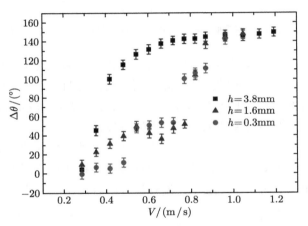

图 8.8　不同厚度下接触角滞后随剪切流速的变化规律 (扫封底二维码可见彩图)

在研究了不同厚度气液界面前接触角、后接触角和接触角滞后随剪切流速变化过程的基础上，本节进一步研究了相同厚度、不同宽度条件下气液界面的前、后接触角和接触角滞后随流速的变化情况。其中，前接触角随流速的变化过程见图 8.9。从图中可以看出，由于不同宽度条件下气膜厚度基本一致，初始前接触角值也基本相等，随着流速的提升，不同宽度气液界面前接触角均呈现出逐渐降低的趋势，且变化斜率基本重合。所不同的是，宽度较小的气液界面在更大的剪切流速下仍然没有脱离润湿梯度的束缚。这与宽度较大气液界面阻力变化更为剧烈密切相关，更宽的气液界面在剪切流的作用下，阻力起主导作用 [10]。

不同宽度气液界面的后接触角随流速的变化曲线与前接触角的变化曲线类似，且基本重合，不同之处在于宽度较大的后接触角在更低的剪切速度下发生破坏，变形终止。进一步绘制出不同宽度气液界面接触角滞后的变化过程，与前、后接触角变化过程相对应，接触角滞后随流速的变化基本重合，这一结果也预示着在变形过程中，宽度对气液界面前、后接触角及接触角滞后影响并不明显 (图 8.10)。

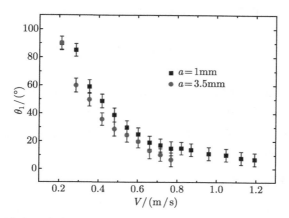

图 8.9 不同宽度下前接触角随剪切流速的变化规律 (扫封底二维码可见彩图)

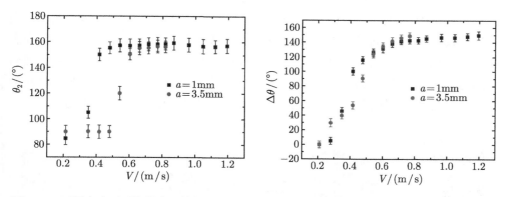

图 8.10 不同宽度下后接触角、接触角滞后随剪切流速的变化规律 (扫封底二维码可见彩图)

从力学平衡的角度可以对这个问题进行分析。根据 Mei 和 Klausner 在 1992 年提出的阻力预测公式 [11]

$$F_d \approx 1.7 \left(3\pi\mu u D_d\right) \qquad (8.1)$$

其中，μ 是液体黏度；u 是流动速度；D_d 是横截面积；与之形成对比的是卡特皮勒力 F_{sx}，对比两个力的力学公式可以发现，这两个力都是与宽度呈正相关，随着宽度增加，两个力的大小均增加。

$$F_{sx} = L\gamma\left(\cos\theta_R - \cos\theta_A\right) \qquad (8.2)$$

对比不同宽度气膜的最终结果可以推断，宽度的增加使同一流速下的壁面束缚力和流体对气液界面的拖拽力同时增大，其增量相互抵消，当气液界面变形到临界状态后，润湿梯度无法进一步明显地增加壁面束缚力，所以卡特皮勒力与流动拖拽力无法进一步平衡，于是气液界面进入破坏过程。

8.4　气液界面破坏行为

气液界面变形过程后随着剪切流动进一步增强，气液界面进入破坏过程。为进一步研究润湿梯度在平板流动中对气液界面的束缚效果，本节对不同润湿梯度、不同几何尺寸气液界面的破坏过程进行定义，并研究气液界面破坏过程的影响因素，找到最佳的气膜束缚方法。

8.4.1　气膜破坏过程定义

图 8.11 为不同流速作用下，1# 实验板的亲疏水相间表面上气膜变形和破坏过程。从中可以发现，气膜随切向水速增加会经历变形、后接触线 (气膜左边迎流侧的三相接触线) 前移及气体脱落等阶段 [12]。当水速低于 0.3m/s 时，气膜形态基本保持静止时的对称形状 (图 8.11(a)、(b))，说明水流对其拖拽力较小；当水速超过 0.3m/s，同时小于 0.9m/s 时，气膜变形为左右明显不对称的后倾姿态 (前接触角 β 增大，后接触角 α 减小，见图 8.11(c))，使得壁面束缚气膜的切向毛细力增加，正好平衡流速增加引起的拖拽力增量；水速达到 0.9m/s 时，气膜后接触角 α 缩小至超疏水表面气泡接触角 ($\sim15°$)，此时由润湿阶跃产生的切向毛细

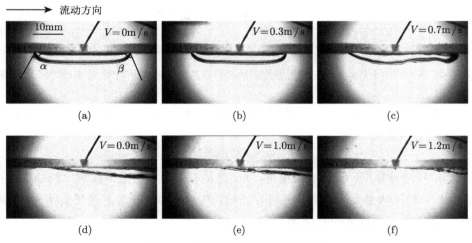

图 8.11　流场作用下气膜破坏过程

力达到最大 (图 8.11(d))；当水速进一步增加时，毛细力将无法平衡水流拖拽力，气膜左侧的后接触线首先沿水流方向移动 (图 8.11(e))，致使气体逐步向前聚集，直至完全从超疏水内区脱落 (图 8.11(f))。本章中，定义气膜完全脱离实验板时的水速为临界破坏流速。

8.4.2　润湿梯度对气液界面封存能力的影响

图 8.12 为 2#~6# 实验板上获得的亲疏水相间表面润湿阶跃 $\Delta\theta$ 与气膜临界破坏流速 V_{C} 的关系。需要特别指出，鉴于 4 种润湿阶跃为 0(内外区接触角均为 22.1°、61.4°、80.4° 和 110.3°) 的壁面上气膜最大破坏流速相差不大 (在 165.1°接触角表面通入的气体直接在表面大面积铺展，无法形成大尺度厚气膜)；同时接触角为 22.1° 时，气膜厚度与存在润湿阶跃平板上气膜厚度又较接近，故这里选取接触角为 22.1° 条件下润湿阶跃为 0 时气膜最大破坏流速来对比反映润湿阶跃存在对气膜最大破坏流速的显著提升作用。可以看出，破坏流速 V_{C} 随润湿阶跃 $\Delta\theta$ 增加而增大，但增速逐渐趋缓。该趋势与切向毛细力 (式 (8.2)) 随润湿阶跃变化规律相一致，说明提高亲疏水相间表面的润湿阶跃 $\Delta\theta$ 有利于气膜稳定封存。而增速趋缓的原因可能在于以下两个因素：气膜破坏临界状态时，后接触角 α 达到超疏水表面气泡接触角 (最小接触角 $\theta_{\min}$)，但前接触角 β 并未增至亲水表面气泡接触角 (最大接触角 $\theta_{\max}$)，故亲疏水相间表面产生的实际气泡束缚力小于式 (8.1) 的预测结果；随流速增加，水流对气膜的拖拽力增幅加剧。

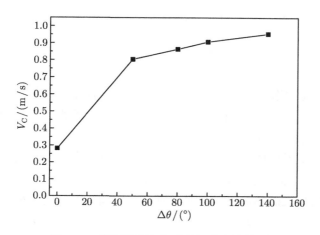

图 8.12　润湿阶跃与气膜破坏流速的关系

8.4.3　气膜尺寸对气液界面封存能力的影响

图 8.13 为 1#、7# 及 8# 实验板上测得的不同迎流宽度气膜上膜厚 h 与临界破坏流速 V_C 的关系。可以发现，随气膜厚度 h 增加，气膜完全破坏所需流速增大，说明厚气膜反而更稳定。其原因在于：随气膜厚度增加，其前接触角 β 和后接触角 α 的初始值均相应增大，意味着气膜迎流侧的后接触线更难达到在疏水区域移动的临界条件 (后接触角 α 减小至超疏水表面气泡接触角 $\theta_{\min}$)，即能承受更高流速拖拽。另外，随气膜迎流宽度增加，气膜完全破坏所需流速降低。随气膜迎流宽度/迎流面积增大，气膜所受流向压差阻力迅速增大，致使水流对气膜的拖拽力增量大于毛细力增量。

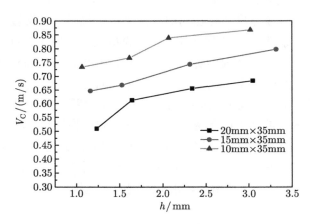

图 8.13　气膜厚度与破坏流速的关系

8.5　结　束　语

通过理论分析和实验研究，提出和验证了基于润湿阶跃的水下大尺度气膜封存方法。构造亲疏水相间表面能形成润湿阶跃，产生约束三相接触线移动的束缚力，有利于大尺度气膜的水下稳定封存。润湿阶跃值、气膜尺寸 (厚度和迎流宽度) 均影响气膜临界破坏流速；在适当流速范围内厘米尺度气膜可长时间稳定封存。气膜界面上滑移速度与流速正相关，实验中的最大滑移速度约占主流速度的25%。当流速向最大破坏流速靠近时，具有不同润湿阶跃的平板上气膜形态会显示出越来越大的差异，对应的滑移特性差异可能也会逐渐扩大，表明该现象需要通过涉及流速、润湿阶跃值及气膜形态等诸多因素进行研究。

参 考 文 献

[1] Golovin K B, Gose J W, Perlin M, et al. Bioinspired surfaces for turbulent drag reduction[J]. Philosophical Transactions of the Royal Society A: Mathematical, Physical and Engineering Sciences, 2016, 374(2073): 20160189.

[2] Lee C, Choi C H, Kim C J. Superhydrophobic drag reduction in laminar flows: a critical review[J]. Experiments in Fluids, 2016, 57(12): 176.

[3] Hu H, Wen J, Bao L, et al. Significant and stable drag reduction with air rings confined by alternated superhydrophobic and hydrophilic strips[J]. Science Advances, 2017, 3(9): e1603288.

[4] 胡海豹, 王德政, 鲍路瑶, 等. 基于润湿阶跃的水下大尺度气膜封存方法 [J]. 物理学报, 2016, 65(13): 201-207.

[5] Feng J Q , Basaran O A . Shear flow over a translationally symmetric cylindrical bubble pinned on a slot in a plane wall[J]. Journal of Fluid Mechanics, 1994, 275: 351.

[6] Harting J, Hyväluoma J. Slip flow over structured surfaces with entrapped microbubbles[J]. Physical Review Letters, 2008, 100(24): 203-206.

[7] García-Mayoral R, Jiménez J. Hydrodynamic stability and breakdown of the viscous regime over riblets[J]. Journal of Fluid Mechanics, 2011, 678: 317-347.

[8] 杨绍琼, 姜楠. 奇妙的 "波浪云"——浅谈开尔文-亥姆霍兹不稳定性现象 [J]. 力学与实践, 2014, 36(6): 802-805.

[9] Voropayev S I , Afanasyev Y D , van Heijst G J F . Experiments on the evolution of gravitational instability of an overturned, initially stably stratified fluid[J]. Physics of Fluids A Fluid Dynamics, 1993, 5(10): 2461-2466.

[10] Dilip D, Bobji M S, Govardhan R N. Effect of absolute pressure on flow through a textured hydrophobic microchannel[J]. Microfluidics and Nanofluidics, 2015, 19(6): 1409-1427.

[11] Mei R W, Klausner J F. Unsteady force on a spherical bubble at finite Reynolds number with small fluctuations in the free-stream velocity[J]. Physics of Fluids A, 1992, 4(1): 63.

[12] Gao P, Feng J J. Enhanced slip on a patterned substrate due to depinning of contact line[J]. Physics of Fluids, 2009, 21(10): 2859.

第 9 章　润湿阶跃圆柱表面连续气膜对阻力和流场影响的实验研究

9.1　引　　言

通过在固体表面构造亲疏水相间结构，利用其对三相接触线的束缚作用，能在水下固体表面封存厚尺度气膜。平板表面气膜实验已证明气液界面并非完全滑移边界条件，在流场中气膜会因压差阻力而变形，但同时气液界面的速度剖面结果显示，其部分滑移边界条件也能带来减阻效果。当两者同时作用时，气液界面的阻力特性 (减阻或增阻) 需要更直接的阻力测试。为了准确地测试气膜的阻力特性，本章基于 Taylor-Couette 流动，设计了一套利用黏度计 (Brookfield LV DV-2+, Brookfield AMETEK) 直接测量气膜阻力特性的装置。本章讨论了顺流方向连续性气膜的稳定性及其减阻效果。实验中顺流方向连续气膜通过在 Taylor-Couette 流动内转子表面封存周向连续性气环来实现。

9.2　实验条件与方法

9.2.1　实验设备与模型

实验中内转子所受到的流体阻力是通过黏度计 (Brookfield LV DV-2+) 测试得到该黏度计重复误差小于 0.2% 。实验过程中内转子通过一个小的挂钩与黏度计转轴相连，测试过程中内转子悬于外筒内，与外筒整个过程中无接触，从而保证了实验测得的阻力全部来自内转子所受到的流体阻力。实验之前需要将工作台与黏度计调水平，避免内转子在测试过程中产生晃动。在本章的连续气环减阻研究中共用到了两种不同的内转子模型，一种为外表面齐平的内转子，另一种为表面带有凹槽的转子，见图 9.1。

本章所用 Taylor-Couette 流动系统见图 9.2，由内转子、外筒和恒温水槽组成，内转子直径 $r_i = (12.5 \pm 0.02)\mathrm{mm}$，在本节实验中保持不变，外筒直径为 r_o，本节实验中共涉及 5 个不同值，具体值将在下文说明，内外圆柱直径比 $\eta = r_i/r_o$，内外圆柱之间的间距为 d，内转子长度为 $H = (91\pm0.1)\mathrm{mm}$，内转子长细比为 $\xi = H/(r_o - r_i)$，外转子高度为 $H_o = (111\pm0.1)\mathrm{mm}$，内转子与外转子底部之间

的距离为 $e = (10\pm0.1)$mm。内外转子之间充满了纯净水，整个装置放置在一个长 100mm，宽 100mm，高 111mm 的有机玻璃恒温水槽中，实验过程中保证水温始终维持在 $(25\pm0.2)°$C。内转子的转速 Ω 介于 10.47rad/s 与 20.93rad/s 之间，雷诺数定义为 $Re = r_i\Omega d/v$，实验过程中外圆筒固定，内转子旋转，因此以内转子直径做特征长度来定义雷诺数。

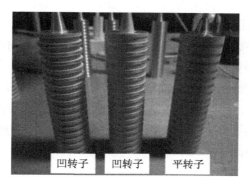

图 9.1 转子实物图

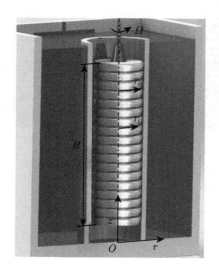

图 9.2 实验装置示意图

对于水下普通 Cassie 状态的超疏水表面，其表面气体主要封存于表面微结构之间的空隙中，其水下气液界面的维持离不开超疏水表面微结构的支撑，而相反，这些微结构在流场中也表现为垂直于来流的边界，从而限制了超疏水表面微气膜的减阻效果。通过亲疏水相间结构所封存的厚尺度气膜，其在水下的维持主要依靠亲疏水表面交界处接触角滞后对三相接触线的束缚作用和气液界面的表面张力，从而减少了垂直于流向的边界，能更好地减阻。本节创新性地在黏度计内转子表面构造了亲疏水相间的环形条带，在水下向超疏水表面注入空气，能在超疏水表面上封存厚尺度的环形气膜，该环形气膜在流向上没有边界，在增大其减阻效果的同时也减小了气膜在流向上被挤压的程度，提高了气膜的稳定性。

为了在内转子表面形成亲疏水相间的环形结构，首先在内转子表面套上 O 型橡胶环，然后在圆柱表面喷涂超级干底漆，等底漆完全凝固以后，再喷涂超级干面漆，最后将 O 型橡胶环剪断取下，便在内转子表面得到了亲疏水相间的环形结构 (图 9.3)。经过测试，形成的亲疏水相间结构中亲水条带宽度为 1mm，在第 9、10 章中保持不变，而超疏水条带的宽度则可以通过调节橡胶环之间的间距来调节，实验中共用到了 5 种不同宽度的超疏水条带宽度，分别为 2mm、3.5mm、4mm、4.5mm、6mm。

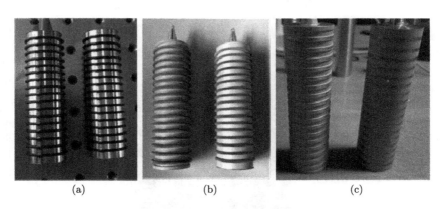

(a)　　　　　　　　(b)　　　　　　　　(c)

图 9.3　亲疏水相间结构制作过程

9.2.2　阻力测试方法

实验测得的阻力 (T_m) 为内转子受到的总阻力，它包括内转子侧面 (T) 和内转子上下端面 (T_b) 所受的阻力 [1,2]，本节研究气环的减阻效果，只关心被气环覆盖前后内转子侧面所受阻力的变化，故需要从总阻力中去除上下端面所受的阻力。本章通过实验测得了上下端面在实验中所受的阻力，并与相关文献做了对比，实验结果与其他学者的结果符合得较好。

这里我们以一种内外转子间距为例，展示内转子上下端面阻力的测试结果，并将其与其他学者的结果对比。此处用到的外筒直径为 17mm。实验测试方法如下：首先，将内转子调整到与外筒同轴的位置处，使内转子底面距离外筒底面为 10mm，然后向实验装置中加水，在不同水深、相同转速下测试内转子所受阻力，这样就可以得到内转子无量纲扭矩随内转子没入水中深度的关系，见图 9.4。由于内转子侧壁所受的阻力与其沾湿面积 (没入水中深度) 成正比，因此可以根据图 9.4 求得内转子侧壁和两端面各受到多少流体阻力。实验发现，上下端面阻力值约占测试总阻力的 12%。

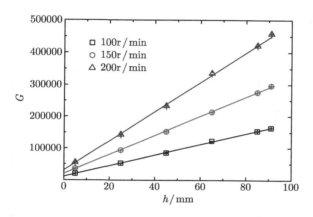

图 9.4　内转子无量纲扭矩与转子没入水中深度的关系

由于雷诺数不同，Taylor-Couette 流动可以分为许多不同的典型状态，包括层流流动、泰勒涡流动、波动泰勒涡流动、转捩流动、低湍流度湍流流动和高湍流度湍流流动等流动状态 [3,4]。该参数下的泰勒数 ($T_a = \rho \omega r_i d \mu^{-1} \sqrt{d/r_i}$，$r_i$ 为内转子半径，$d = r_o - r_i$ 为内外转子半径差) 是临界泰勒数 $T_{ac} = 41.3$ 的数十倍，而且，雷诺数 $Re = 660 \sim 1320$ 处于 10^3 这一量级，这一雷诺数范围正好落在 Taylor-Couette 流动的转捩流动状态 ($64 < Re_c < 500$) 与低湍流度湍流流动状态 ($Re_c < 10^4$) 之间。此时上下端面的阻力系数为 $C_b = 1.85 Q^{1/10} Re^{-1/2}$，而上下端面的阻力贡献为 $T_b = 2 C_b \left(\frac{1}{2} \rho \Omega^2 r_i^5 \right)$，其中 $Q = \frac{e}{r_i} \approx 5/6$，$e$ 为内转子底面与外筒底面的距离 [5]。计算发现，上下端面阻力值占测试阻力的比值介于 1.1 和 1.2 之间，与实验结果吻合，此时内转子侧壁的阻力系数可表示为：

转捩流动状态

$$C_{Re1} = 2 \left(\frac{d}{r_i} \right)^{0.3} Re^{-0.60} \tag{9.1}$$

低湍流度湍流流动状态

$$C_{Re2} = 1.03 \left(\frac{d}{r_{\mathrm{i}}} \right)^{0.3} Re^{-0.50} \tag{9.2}$$

而内转子侧壁所受到的扭矩可由公式 $T = C_{Re} \left(\frac{1}{2} \pi \rho \Omega^2 r_{\mathrm{i}}^4 L \right)$ 得到，其中 L 为内转子长度。图 9.5 中对比展示了实验结果与式 (9.1) 和式 (9.2) 的预测结果，图中纵轴为无量纲扭矩 $G = T / (\rho \nu^2 L)$，横轴为雷诺数 Re。可以看出，实验结果位于预测值的转捩流动状态与低湍流度湍流流动状态之间，这也进一步验证了本实验的流动状态。

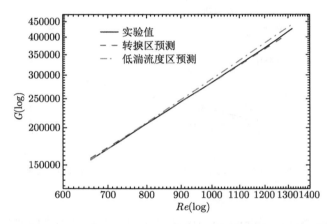

图 9.5　内转子无量纲扭矩随雷诺数变化对比图 (扫封底二维码可见彩图)

9.2.3　实验工况与数据处理

本节实验共测试了 5 种不同外筒直径、5 种不同气环宽度及 6 种不同平均气膜厚度，共计一百多种工况下的阻力测试实验，每种工况下共测试了 11 个转速，从 100r/min 到 200r/min，每隔 10r/min 取一个目标转速。阻力测试实验中，内转子的转速与阻力测试触发信号均通过程序控制，测试开始前，先控制黏度计缓慢加速到指定转速。在向黏度计输入目标转速后，其转轴会立即加速到目标转速，由于内转子的惯性，仪器受到很大的初始力矩，容易对仪器造成损伤，所以在加速过程中采用逐级加速的方法，其具体操作为：通过程序控制黏度计以 10r/min 的增量逐次调整转速，每次调整之前需在当前转速下停顿 5s，达到目标转速后等待 60s，待黏度计数据稳定后开始记录数据，每个转速下采集 20 个数据，每隔 1s 采集一次，采集完一个目标速度后调整到下一个转速继续采集，待所有转速测试完成以后再按照逐级减速的方法停止黏度计。本章后面部分展示了部分实验结果，通过对比分析并结合流场测试，合理解释了连续气环的减阻原理。展示的结果中对内转子阻力进行了无量纲化处理，无量纲扭矩定义为 $G = T/(\rho v^2 L)$，雷诺数为 $Re = r_i \Omega d/v$。图中给出的误差限为每个转速下 20 个数据点的方差。

9.3 亲疏水相间圆柱表面连续气液界面稳定性

9.3.1 连续气液界面静态稳定性及演化规律

本节在静态条件下研究了内转子表面形成稳定气环的机理及其演化过程，以超疏水表面宽度为 4mm 的内转子为例，首先将表面带有亲疏水相间结构的圆柱浸没在水中，此时超疏水表面附着有一层微气膜，但由于气膜厚度很薄，从侧面几乎观察不到气膜，只能从正面的反光特性加以识别。利用微量注射器，将一定量的空气缓慢注射到超疏水条带表面，注射过程中只需将针头靠近超疏水表面，产生的气泡一旦接触到超疏水表面原有的气膜，便会立即与其融合。当通入的空气较少时，气体会由于浮力的作用向上聚集到超疏水条带的上边缘。超疏水条与亲水条带交界的地方存在很强的接触角滞后，致使气泡的三相接触线被牢牢固定在该处，此时通入的气体只能沿环形超疏水条带的周向发展，形成一个宽度较窄的气环附着在超疏水条带的上半部分，而下接触线还在超疏水条带上，因此下接触角 (θ_d) 的大小为超疏水表面的气体接触角，上、下接触角之差将产生一个向下的卡特皮勒力来克服气环的浮力：

$$F = \gamma l \left(\cos\theta_u - \cos\theta_d\right) = F_B \tag{9.3}$$

式中，F 为卡特皮勒力；γ 为气液界面表面张力；$l = 2\pi r_i$ 为接触线长度；θ_u 和 θ_d 分别为气环的上、下接触角 (图 9.6(b))；F_B 为气环浮力，其大小为

$$F_B = \rho g V \tag{9.4}$$

式中，ρ 为水的密度；g 为重力加速度；V 为通入气体体积即气环的体积。

当通入更多的空气以后，一方面气环的上接触线固定在超疏水条带上边缘处，同时上触角 (θ_u) 进一步增大，下接触线则向超疏水条带下边缘移动而 θ_d 在下接触线接触到超疏水条带下边缘之前始终保持为超疏水表面的气体接触角不变。此时 θ_u 增大而 θ_d 保持不变，θ_u 与 θ_d 的差值也将增大，所提供的卡特皮勒力进一步增大，从而来平衡气环增加的浮力。继续增加通气量以后，下接触线将与超疏水条带下边缘接触，同样由于该处极大的接触角滞后，下接触线也将被固定在亲

疏水表面交界处。此时随着气体的增加，θ_u 与 θ_d 同时增大，但 θ_u 增大的速度更快，这样才能产生更大的卡特皮勒力来使气环受力平衡；直到 θ_u 达到其在亲水表面上的前进角时，气环将会由于上接触线的移动而破坏 (图 9.7)，此时气环达到最大通气量，可用以下公式预测：

$$V = \gamma l \left(\cos\theta_u - \cos\theta_d\right) / \rho g \qquad (9.5)$$

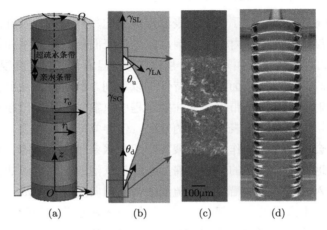

(a)　　　　(b)　　(c)　　　　(d)

图 9.6　气环封存原理图 (扫封底二维码可见彩图)

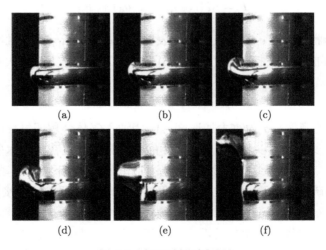

(a)　　　　　　(b)　　　　　　(c)

(d)　　　　　　(e)　　　　　　(f)

图 9.7　气环破坏过程图

亲疏水相间结构封存气体能力预测见表 9.1。

表 9.1 亲疏水相间结构封存气体能力预测

V/ml	θ_{u}/(°)	θ_{d}/(°)	卡特皮勒力/N	浮力/N
0.10	51	16	0.00095	0.00098
0.15	64	19	0.00145	0.00147
0.20	75	22	0.00192	0.00196

正是由于气环的浮力需要由上、下接触角之差所产生的卡特皮勒力来平衡,所以气环的横截面并不是上下对称的。由于内转子的直径比宽度大很多,所以气环可以近似为一个垂直方向上的二维气膜,此时,定义见图 9.8 的柱坐标系。

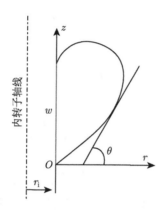

图 9.8 内转子表面气环坐标系

其中坐标原点在内转子表面气环下接触线处,z 轴平行于圆柱轴线向上,$z(r)$ 为气环横截面轮廓方程,气液界面的单位向量为

$$\boldsymbol{n} = s\nabla\left[z\left(r\right) - z\right] / \left|\nabla\left[z\left(r\right) - z\right]\right| \tag{9.6}$$

其中,$\nabla[z(r) - z] = z'\boldsymbol{e}_r - \boldsymbol{e}_z$ (s 是符号运算符,当 $\mathrm{d}r/\mathrm{d}l > 0$ 时取正,其中 l 是曲面坐标,r 是半径),此时曲率为

$$R^{-1} = \nabla \cdot \boldsymbol{n} = \frac{s}{r}\frac{\partial}{\partial r}\left(\frac{rz'}{\sqrt{1 + (z')^2}}\right) \tag{9.7}$$

Young 方程表达了气液界面两侧的压降,在恒温条件下其表达式为

$$R^{-1}\gamma_{\mathrm{LA}} = p_{\mathrm{A}} - p_{\mathrm{L}} \tag{9.8}$$

式中，p_A 为气泡内部的压力，p_L 为水中压力并且有 $p_L = p_0 - \rho g z$（ρ 为水的密度，p_0 为 $z = 0$ 处的压力）。当考虑由于液体旋转引起的加速度效应时能得到

$$p_L(r, z) = p_0 + \rho \omega^2 \frac{r^2}{2} - \rho g z \tag{9.9}$$

此处假设 $-\nabla p - \rho g e_z = -\rho \omega^2 r e_r$，式中 p_0 为 $z = 0$ 处且内转子角速度为 0 时水中的压力。这里以超疏水条带宽度 w 为特征长度来定义反毛细长度 $\gamma_c = w/l_c$（$l_c = \sqrt{\gamma_{LA}/(\rho g)}$）和反旋转毛细长度 $\gamma_\omega = w/l_\omega$（$l_\omega = \sqrt{\gamma_{LA}/(\rho \omega^2 w)}$），同时定义一个相对压力 $p = w(p_A - p_0)/\gamma_{LA}$，这样，拉普拉斯方程可以改写为

$$\frac{s}{r} \frac{\partial}{\partial r} \left(\frac{r z'}{\sqrt{1 + (z')^2}} \right) = p + \gamma_c^2 z - \gamma_\omega^2 \frac{(r^2)}{2} \tag{9.10}$$

边界条件为 $z(r_i = 0) = 0$ 或 1。为求解上述微分方程，我们记 $z'/\sqrt{1 + (z')^2} = \sin\theta$，$y = \sin\theta$，这样上述轮廓方程可以改写为

$$\frac{1}{r} \frac{\partial r y}{\partial r} = p + \gamma_c^2 z - \gamma_\omega^2 \frac{r^2}{2} \tag{9.11}$$

$$z' = s y \sqrt{\frac{1}{1 - y}} \tag{9.12}$$

通过数值求解，我们得到了上述方程的数值解，结果见图 9.9。

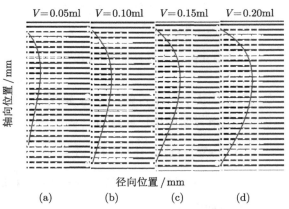

图 9.9　气环横截面轮廓图 (扫封底二维码可见彩图)

红线为理论解，阴影部分为相机捕捉的实际轮廓

为了下文统计气膜减阻规律，这里我们定义一个平均气膜厚度，即把气膜横截面假设为一个矩形区域并且每个气环覆盖整个超疏水条带，见图 9.10，此时气膜的厚度即为平均气膜厚度，其表达式为：$\mathrm{TH}_{aave} = \sqrt{(V + \pi w_{h0} r_i^2)/\pi w_a} - r_i$。

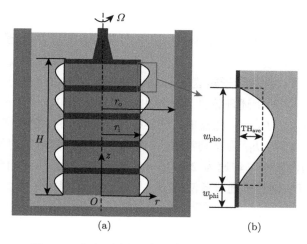

图 9.10 气环示意图 (扫封底二维码可见彩图)

9.3.2 连续气液界面动态稳定性

由于气环的厚度直接关系到其减阻效果，所以在实验中要尽量保持气环厚度不变，在阻力测试实验开展之前本节首先讨论了气膜在动态和静态下的稳定性。本节中气膜的破坏形式主要有两种：一种为气体向水中溶解，另一种为水流剪切破坏。

首先我们假设 P_A 为气环内部的压强，P_{A0} 和 $P_{A\Omega}$ 分别为内转子静止和内转子以转速为 Ω 转动时气泡内部的压强。杨式方程为 $R^{-1}\gamma_{LA} = p_A - p_L$，水中压强 $P_L = P_0 - \rho gz$ (ρ 为水的密度，P_0 为大气压)。当内转子静止时，$P_{A0} = \left(R_1^{-1} + R_2^{-1}\right)\gamma_{LA} + P_0 - \rho gz$，当 $\Omega = 20.93\text{rad/s}$ 时，同样考虑由水转动引起的离心加速度场作用，假设 $-\nabla P - \rho g e_z = -\rho\omega^2 r e_r$，则有

$$P_{A\Omega} = P_{A0} + \int_{r_i}^{r_i+s} \rho\omega^2 r dr \tag{9.13}$$

式中，s 为流场中某一点距圆柱表面的距离，其值介于 0 到 4.5mm；ω 为流场中某一点的旋转速度，实际上，ω 是一个关于 r 的函数，其值随 r 的增加而减小，为了简化，这里取 ω 为定值，并且为其最大值，这样理论上旋转加速度的贡献就比实际中夸大了。因此，旋转状态下气环内部的压强就可由以下方程表示：

$$P_{A\Omega} = \left(R_1^{-1} + R_2^{-1}\right)\gamma_{LA} + P_0 - \rho gz + \rho\Omega^2\frac{s^2}{2} + \rho\Omega^2 r_i s \tag{9.14}$$

上述方程中 P_{A0} 为 10^5 量级大小，而 $\rho\Omega^2\dfrac{s^2}{2} + \rho\Omega^2 r_i s$ 为 10 量级大小。气体状态方程为

$$PV = nRT \tag{9.15}$$

其中，P 为气体压强；V 为气体体积；n 为气体摩尔量；R 为理想气体常数；T 为理想气体热力学温度。

　　根据上述方程，当内转子转速从 $\omega = 0$ 提高到 $\omega = 10.47\mathrm{rad/s}$ 时，气环体积压缩了不到 1%，同时上述理论推导结果也被实验所证实。

　　进一步分析，当 $P_{A\Omega} > P_{\mathrm{equ}}$ 时，气环中空气将向水中溶解，其中 $P_{\mathrm{equ}} = k_{\mathrm{H}}c$ 为气体溶解平衡方程，k_{H} 为亨利常数，c 为水中气体溶解度。对于实验中用到的气体饱和水，当内转子以转速为 $20.93\mathrm{rad/s}$ 转动 4h 时，所观测到的气环溶解量小于 2%，而将气体饱和水通过煮沸的方式除去水中溶解的气体以后，气环将很快溶解，见图 9.11。

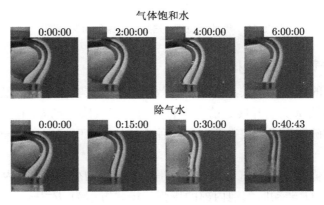

图 9.11　气环在水中溶解过程

　　另外，由于内转子旋转带动间隙流动中水一起旋转，这样整个流场受到一个离心力场作用，而相对于水，空气的质量很小，所以在这一过程中气环反而会受到水的反向压力，将气环向内转子表面压缩，使其更加稳定。当转速继续增大，气液界面处将会产生开尔文–亥姆霍兹不稳定性，由于实验转速相对较小，未达到产生开尔文–亥姆霍兹不稳定性的临界速度，所以在整个测试过程中连续气环都能稳定地封存于内转子表面。

9.4　连续气液界面减阻规律

9.4.1　气液界面阻力随雷诺数变化规律

　　在不同转速下，Taylor-Couette 流动将呈现出不同的流动状态，而在不同的流动状态下内转子无量纲扭矩随雷诺数变化规律也不同。图 9.12 展示了主要实验工况下的无量纲扭矩随雷诺数变化规律。图 9.12(e) 中气环宽度为 6mm，平均厚度为 0.62mm 时的数据缺失是由于该工况下，气环最大厚度太大，其变得不稳定，在内转子转动时很容易受到外界的扰动而破坏。

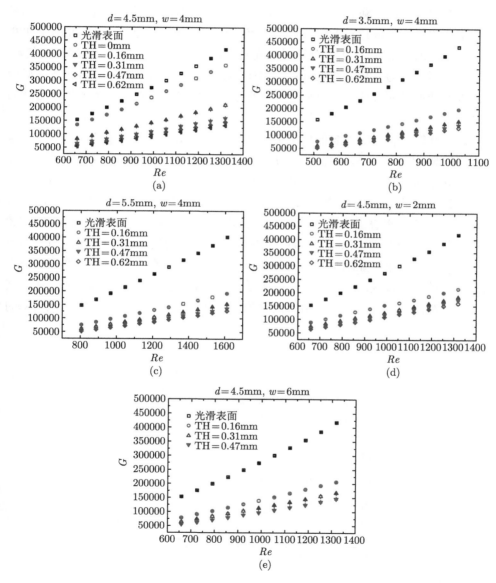

图 9.12　不同内转子无量纲扭矩随雷诺数的变化图 (扫封底二维码可见彩图)

从图 9.12 中可以看出，随着气环的引入，内转子所受的阻力出现了大幅的降低。以图 9.12(a) 为例，其展示了内外转子间距为 $d = 4.5\text{mm}$，气环宽度为 $w = 4\text{mm}$ 时，内转子无量纲扭矩随雷诺数的变化关系。可以看出光转子无量纲扭矩随雷诺数呈现出幂数增长关系，即 $G \sim Re^n$，其中 n 为幂指数 [3]，通过幂指数函数拟合发现，随着气膜的引入，内转子无量纲扭矩随雷诺数仍然呈现出幂指数增长关系，但是其幂指数 n 随着气环厚度的增加而减小。$n = 1.434$、1.426、1.323、1.292、1.263、1.246 分别对应光转子，有超疏水条带但未通气形成气环，通气后气环厚度为 $\text{TH} = 0.16\text{mm}$、$0.31\text{mm}$、$0.47\text{mm}$、$0.62\text{mm}$。这些变化必定伴随着流动形式的改变，本章后半部分将通过流场测试来对这一改变做出合理的解释。

基于光转子转动时受到的扭矩可以计算出气环引入以后带来的减阻效果，这里定义减阻率为 $\text{DR} = (T_s - T)/T_s \times 100\%$，其中 T_s 和 T 分别是光转子和有气环转子侧壁所受到的扭矩，图 9.13 以内外转子间隙 $d = 4.5\text{mm}$ 为例，展示了减阻率随雷诺数的变化关系 (其他内外转子间隙情况与此类似)。从图中可以看出，当超疏水表面未通入气环时，其处于自然 Cassie 状态时 (目前研究超疏水减阻研究的普遍方法)，其所产生的减阻效果不超过 15%。然而，当气环引入以后，减阻效果明显增加，随着气环厚度变厚，其减阻效果也逐步增加。但在实验所处的雷诺数区间，未发现减阻率随雷诺数有明显的变化，基于此，在下文中出现的减阻率均为所有雷诺数下的平均值，其误差限为所有雷诺数下减阻率的方差。

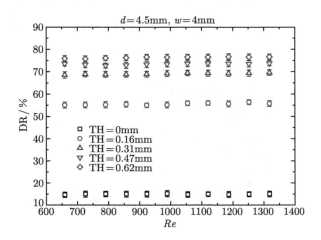

图 9.13 不同厚度连续气环减阻率随雷诺数的变化关系 (扫封底二维码可见彩图)

9.4.2 减阻率随气液界面几何参数变化规律

图 9.14 展示了典型工况下气环减阻率随气环厚度的变化关系, 从图中可以看出, 随着气环厚度的增加, 其减阻率也逐步增加, 但增长的速率则随气环厚度的增加而减弱。最终, 减阻率随气环厚度的增加有趋于稳定的趋势, 而减阻率的极限值为相应状态下, 气环覆盖面积占内转子的面积比 (即单个超疏水条带宽度与一个超疏水条带和一个亲水条带宽度之和的比值)。

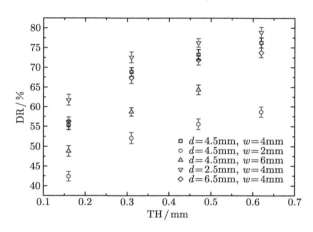

图 9.14 气环减阻率随气环厚度的变化关系 (扫封底二维码可见彩图)

图 9.15 展示了典型工况下气环减阻率随气环宽度的变化关系, 从图中可以看出, 当气环平均厚度不变时, 气环减阻率随气环宽度的增加呈现出先增长后减小的变化规律。在所测试的气环宽度中, 其最大减阻率出现在气环宽度为 4mm 时。分析其原因可以发现, 一方面, 随着单个气环宽度的增加, 内转子表面被气环覆盖的面积所占的比例增加, 从而使得减阻率随气环宽度的增加而增加；另一方面, 受浮力的影响, 气环在竖直方向的分布并不均匀, 使得气环上面厚下面薄, 随着气环宽度的增加, 这种分布的不均匀性进一步增加, 这就使得气环的减阻效果随之减弱。上述两种原因共同作用, 使得气环的减阻率随单个气环宽度的增加呈现出先增加后减小的变化规律。

图 9.16 展示了气环宽度为 4mm 时, 气环减阻率随内外转子间隙宽度的变化关系, 从图中可以发现, 当气环宽度和厚度均相同时, 随着内外转子之间间隙的增大, 气环的减阻率表现出一个轻微的减弱的变化过程, 即内外转子间隙越大, 气环减阻效果越弱。同时, 当气环厚度较薄时, 其随间隙宽度的增大, 减阻率最终趋于稳定。

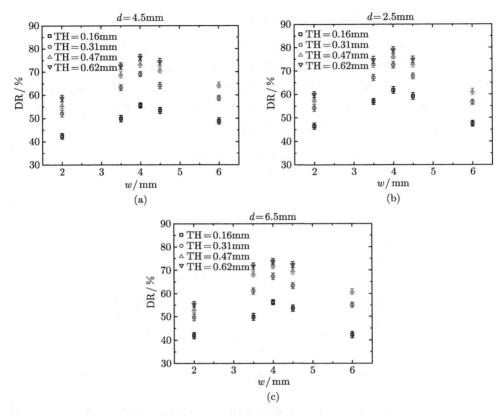

图 9.15　气环减阻率随气环宽度的变化关系 (扫封底二维码可见彩图)

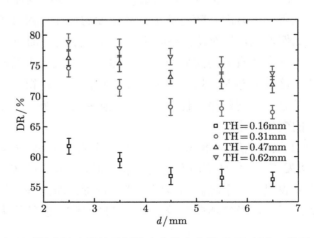

图 9.16　气环减阻率随内外转子间隙宽度的变化关系 (扫封底二维码可见彩图)

9.5 连续气液界面对流场影响规律

为了进一步解释根据阻力测试得到的减阻规律，本章利用 PIV 测试系统对 Taylor-Couette 流动的流场进行了测试。这里以内外转子间隙为 4.5mm 的实验工况为例做了详细的流场测试，并对阻力测试的结果做了合理的解释。

9.5.1 横截面速度剖面

图 9.17 为测试 Taylor-Couette 流动横截面流场的装置图，图 9.18 展示了内外转子之间间隙内的周向速度剖面，其在流场中的径向位置标注在后文图 9.20 中。实验所用的 PIV 系统为基于实验室现有的高速摄像机自行搭建，光源为片状连续激光，后期采用 PIVlab 软件对拍摄的流场照片进行处理得到流场速度和涡量分布。为便于比较分析，图 9.18 中间隙流动中的周向速度 u_θ 以内转子表面的线速度 Ωr_i 为特征速度做无量纲化处理，而在径向上的位置以间隙宽度为特征长度做无量纲化处理。

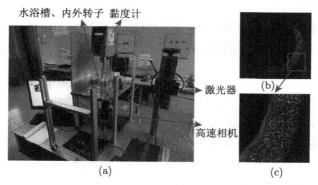

图 9.17 横截面流场的测试装置图 (扫封底二维码可见彩图)

(a) 实验装置图；(b) 流场 PIV 照片；(c) 局部放大

从图 9.18 中可以看出光滑内转子的 Taylor-Couette 流动中，其内转子和外筒近壁面各存在一个剪切率很高的区域，这是由于实验所处的雷诺数范围远大于 Taylor-Couette 流动一次失稳的临界雷诺数，此时间隙流动中存在着很强的泰勒涡。这些泰勒涡将内转子表面周向动量很大的流体运输到外筒近壁面，而将外筒近壁面的周向动量很小的流体传输到内转子近壁面，这就使得在内转子和外筒的近壁区形成两个强剪切层，而在间隙流动中心部位剪切很弱。

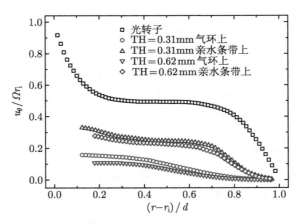

图 9.18　内外转子之间间隙内的周向速度剖面 (扫封底二维码可见彩图)

随着气环的引入，由于气环遮挡了内转子近壁区的流场，所以在图中有气环的流场剖面中，近壁区的速度剖面缺失。而对于有气环包裹的内转子，空气的黏性和密度相较于水极低，所以在气环内部速度梯度远大于液体靠近内转子区域的速度梯度，这就使得在相同的径向位置处，气液界面上的周向速度远小于水中的周向速度，随着气环厚度的增加，气液界面上的速度进一步减小。同时，气环内部气固剪切应力也远小于亲水条带上的固液剪切应力，这就是气环减阻的基本原因。

9.5.2　纵剖面涡量场分布

图 9.19 为测试 Taylor-Couette 流动纵剖面流场的装置图，图 9.20 展示了间隙流动中纵剖面内的涡量分布云图。对于 Taylor-Couette 流动，当内转子转动外筒静止时，内转子壁面切应力的作用使其间隙内部的流体会随内转子一起周向加速，从内转子表面向外筒壁面，间隙中的周向速度由内转子壁面的线速度减速到静止。此时整个间隙中的流体将受到一个离心力场的作用，由于靠近内转子的流体周向速度大，因此其受到更大的离心力，内转子周向速度较低时，这个离心力被流体的黏性所克服，当转速增大到一定值以后，黏性力不能克服离心力，此时流场将发生失稳，最终在间隙流动中形成成对的泰勒涡，而本节所研究的雷诺数范围均处于流场失稳以后。

从图 9.19 中可以看到对于光滑内转子的 Taylor-Couette 流动，其泰勒涡成对分布于间隙中且其单个涡的尺寸等于间隙宽度，涡的尺寸几乎不发生变化。随着气环的引入，由于气环内空气极低的密度和黏性，通过气液界面传递到流场中的动量很小 (图 9.20)。这样，在有气环的 Taylor-Couette 流动中，其间隙流动

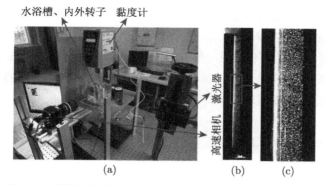

图 9.19 纵剖面流场的测试装置图 (扫封底二维码可见彩图)

(a) 实验装置图; (b) 流场 PIV 照片; (c) 局部放大

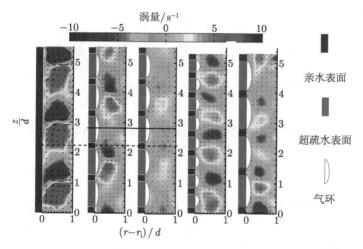

图 9.20 内外转子间纵剖面内的涡量分布云图 (扫封底二维码可见彩图)

中的周向速度将存在一个周期性的强弱交替分布, 这一周期与亲疏水相间条带的周期相同, 同时, 周期性的周向速度分布直接导致了间隙流动中的离心力场也产生相同的周期分布。由于泰勒涡的直接产生原因为间隙流动中的离心力场, 而气环的引入使得该离心力场产生了周期性的分布, 这也必然会对泰勒涡的产生和稳定产生影响。从图 9.20 中可以看出, 气环的引入极大地降低了内转子传递到流场中的动量, 因此泰勒涡的强度发生了明显的减弱, 这与气环的减阻效果相符。同时气环的周期性分布直接影响了间隙流动中泰勒涡的分布周期, 当其疏水相间结构周期 (3mm) 小于泰勒涡固有周期 (4.5mm) 时, 泰勒涡的尺寸刚好等于一个亲疏水相间周期, 而当亲疏水相间周期 (7mm) 大于泰勒涡固有周期 (4.5mm) 时, 情况变得复杂起来，其新的泰勒涡周期既不同于泰勒涡固有周期也不同于亲疏水相间周期，而是由两者共同决定。

图 9.21 展示了三个不同径向位置处，间隙流动中涡量在 z 轴方向的分布规律，图中可以明显地看出涡量随泰勒涡分布的周期性变化。气环的引入使得间隙流动中的涡量脉动大幅减弱，同时其周期也相应发生变化。

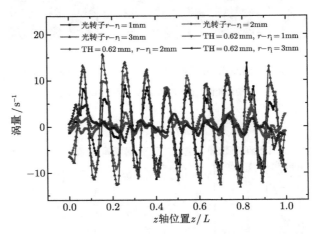

图 9.21　内外转子间纵剖面内涡量强度沿轴向分布 (扫封底二维码可见彩图)

9.5.3　阻力来源

内转子侧壁所受到的阻力可进一步分成两部分：一部分为亲水条带液固剪切应力，另一部分为气环内部气固剪切应力。弄清楚这两部分切应力对总阻力的贡献率对理解气环减阻机理具有重要的意义。因此，本小节内容以间隙宽度为 4.5mm，气环宽度为 4mm 情况为例，基于一定的合理假设，理论计算了两部分切应力对于内转子侧壁阻力的贡献值，并通过实验验证了理论计算的合理性。

首先推导 Taylor-Couette 流动的基本方程，即柱坐标系下的连续性方程和 N-S 方程 [6]：

$$\frac{\partial u_r}{\partial r} + \frac{u_r}{r} + \frac{1}{r}\cdot\frac{\partial u_\theta}{\partial \theta} + \frac{\partial u_z}{\partial z} = 0 \tag{9.16}$$

$$\frac{\partial u_r}{\partial t} + u_r\cdot\frac{\partial u_r}{\partial r} + \frac{u_\theta}{r}\cdot\frac{\partial u_r}{\partial \theta} - \frac{u_\theta^2}{r} + u_z\cdot\frac{\partial u_r}{\partial z}$$
$$= -\frac{1}{\rho}\cdot\frac{\partial p}{\partial r} + \nu\cdot\left(\frac{\partial^2 u_r}{\partial r^2} + \frac{1}{r}\cdot\frac{\partial u_r}{\partial r} - \frac{u_r}{r^2} + \frac{1}{r^2}\cdot\frac{\partial^2 u_r}{\partial \theta^2} - \frac{2}{r^2}\cdot\frac{\partial u_\theta}{\partial \theta} + \frac{\partial^2 u_r}{\partial z^2}\right) \tag{9.17}$$

$$\frac{\partial u_\theta}{\partial t} + u_r \cdot \frac{\partial u_\theta}{\partial r} + \frac{u_\theta}{r} \cdot \frac{\partial u_\theta}{\partial \theta} + \frac{u_\theta \cdot u_r}{r} + u_z \cdot \frac{\partial u_\theta}{\partial z}$$
$$= -\frac{1}{\rho} \cdot \frac{1}{r} \cdot \frac{\partial p}{\partial \theta} + \nu \cdot \left(\frac{\partial^2 u_\theta}{\partial r^2} + \frac{1}{r} \cdot \frac{\partial u_\theta}{\partial r} - \frac{u_\theta}{r^2} + \frac{1}{r^2} \cdot \frac{\partial^2 u_\theta}{\partial \theta^2} + \frac{2}{r^2} \cdot \frac{\partial u_r}{\partial \theta} + \frac{\partial^2 u_\theta}{\partial z^2} \right) \tag{9.18}$$

$$\frac{\partial u_z}{\partial t} + u_r \cdot \frac{\partial u_z}{\partial r} + \frac{u_\theta}{r} \cdot \frac{\partial u_z}{\partial \theta} + u_z \cdot \frac{\partial u_z}{\partial z}$$
$$= -\frac{1}{\rho} \cdot \frac{\partial p}{\partial z} + \nu \cdot \left(\frac{\partial^2 u_z}{\partial r^2} + \frac{1}{r} \cdot \frac{\partial u_z}{\partial r} + \frac{1}{r^2} \cdot \frac{\partial^2 u_z}{\partial \theta^2} + \frac{\partial^2 u_z}{\partial z^2} \right) \tag{9.19}$$

其中，u_θ、u_r 和 u_z 分别是周向、径向和轴向上的速度；p 是压强；ρ 为流体密度；ν 为流体运动黏性系数。

边界条件为壁面无滑移边界条件，且流场为二维层流状态

$$\boldsymbol{u}\,(r = R) = (0, u_\theta = R \cdot \Omega, 0) \tag{9.20}$$

$$\boldsymbol{u}\,(r = R + l) = (0, 0, 0) \tag{9.21}$$

此时连续性方程变为

$$\frac{1}{r} \cdot \frac{\partial u_\theta}{\partial \theta} = 0 \tag{9.22}$$

θ 方向的方程 (9.18) 与 $\partial u_\theta / \partial z = 0$ 一起，给出了

$$0 = -\frac{1}{r} \cdot \frac{\partial p}{\partial \theta} + \mu \cdot \left(\frac{\partial^2 u_\theta}{\partial r^2} + \frac{1}{r} \cdot \frac{\partial u_\theta}{\partial r} - \frac{u_\theta}{r^2} \right) \tag{9.23}$$

根据方程 (9.22)，黏性项与 θ 没有关系，可以知道 $\partial p / \partial \theta$ 为常值，同时由于沿着间隙流一圈为一个循环，即 $p\,(\theta) = p\,(\theta + 2 \cdot \pi)$，所以有 $\partial p / \partial \theta = 0$，由此，方程 (9.23) 可写为

$$\frac{\partial^2 u_\theta}{\partial r^2} + \frac{1}{r} \cdot \frac{\partial u_\theta}{\partial r} - \frac{u_\theta}{r^2} = \frac{\partial}{\partial r} \left(\frac{1}{r} \cdot \frac{\partial}{\partial r} (u_\theta \cdot r) \right) = 0 \tag{9.24}$$

将方程 (9.24) 对 r 进行两次积分即可得到二维层流状态下 Taylor-Couette 流动的一般方程

$$u_\theta = C_1 r + C_2 \frac{1}{r} \tag{9.25}$$

其中，C_1 和 C_2 由边界条件确定。有了此方程，我们就可以基于一定的假设，根据此方程来求解本节的流场。

由于气环内部以及亲水条带近壁区流场中的周向速度分布无法通过实验测得，所以不能通过剪切率计算得到内转子表面在气环内部或者在亲水条带上的切

应力。因此，这里假设气环的横截面轮廓为矩形 (图 9.10)，通过计算得到流场中速度分布，从而得到内转子壁面的切应力。

此时假设在径向上位于气环上部的流体和在径向上位于亲水条带上部的流体是完全分隔开的，它们之间没有任何形式的动量交换，此时可以通过求解 N-S 方程计算气环内部和流场中的速度剖面。在这个小的系统中存在三个边界：内转子表面、气液界面和外筒壁面。已知的边界条件有内转子表面线速度 Ωr_{i}，外筒内壁面速度为 0，气液界面左右的空气里和水中的速度连续且切应力相等，此时需要求解的关键参数为气液界面上的速度。

分别在气环内部和气环外部建立方程 (9.27)，需要注意的是气体与水的密度不同，然后根据气液界面左右的空气里和水中的速度连续且切应力相等将两个方程组联立求解，即可得到气液界面上的速度。具体求解过程如下。

设气液界面上的周向速度为 $u_{\theta a-w}$，代入边界条件，气环内的方程组为

$$\Omega r_{\mathrm{i}} = C_1 \cdot r_{\mathrm{i}} + C_2 \cdot \frac{1}{r_{\mathrm{i}}} \tag{9.26}$$

$$u_{\theta a-w} = C_1 \cdot (r_{\mathrm{i}} + \mathrm{TH}) + C_2 \cdot \frac{1}{r_{\mathrm{i}} + \mathrm{TH}} \tag{9.27}$$

联立方程 (9.26) 和方程 (9.27)，可以得到

$$C_1 = \frac{-\Omega r_{\mathrm{i}}^2 + u_{\theta a-w} \cdot (r_{\mathrm{i}} + \mathrm{TH})}{2 \cdot r_{\mathrm{i}} \cdot \mathrm{TH} + \mathrm{TH}^2} \tag{9.28}$$

$$C_2 = \frac{r_{\mathrm{i}}^2 \cdot (r_{\mathrm{i}} + \mathrm{TH})}{2 \cdot r_{\mathrm{i}} \cdot \mathrm{TH} + \mathrm{TH}^2} \cdot [\Omega \cdot (r_{\mathrm{i}} + \mathrm{TH}) - u_{\theta a-w}] \tag{9.29}$$

将常数 C_1 与 C_2 代入方程 (9.27)，得到气环中的流场方程：

$$
\begin{aligned}
u_\theta = {} & \frac{-\Omega r_{\mathrm{i}}^2 + u_{\theta a-w} \cdot (r_{\mathrm{i}} + \mathrm{TH})}{2 \cdot r_{\mathrm{i}} \cdot \mathrm{TH} + \mathrm{TH}^2} \cdot r \\
& + \frac{r_{\mathrm{i}}^2 \cdot (r_{\mathrm{i}} + \mathrm{TH})}{2 \cdot r_{\mathrm{i}} \cdot \mathrm{TH} + \mathrm{TH}^2} \cdot [\Omega \cdot (r_{\mathrm{i}} + \mathrm{TH}) - u_{\theta a-w}] \cdot \frac{1}{r}
\end{aligned}
\tag{9.30}
$$

相同地，设从气液界面到外筒壁面之间的距离为 l，有 $r_{\mathrm{o}} - r_{\mathrm{i}} = d = \mathrm{TH} + l$，在气液界面与外筒壁面之间的液体流场中求解方程 (9.30)，代入边界条件：

$$u_{\theta a-w} = C_3 \cdot (r_{\mathrm{o}} - l) + C_4 \cdot \frac{1}{r_{\mathrm{o}} - l} \tag{9.31}$$

$$0 = C_3 \cdot r_{\mathrm{o}} + C_4 \cdot \frac{1}{r_{\mathrm{o}}} \tag{9.32}$$

联立方程 (9.31) 和方程 (9.32)，可以得到

$$C_3 = \frac{u_{\theta a-w} \cdot (l - r_{\mathrm{o}})}{2 \cdot r_{\mathrm{o}} \cdot l - l^2} \tag{9.33}$$

$$C_4 = \frac{u_{\theta a-w} \cdot r_{\mathrm{o}}^2 \cdot (r_{\mathrm{o}} - l)}{2 \cdot r_{\mathrm{o}} \cdot l - l^2} \tag{9.34}$$

将常数 C_3 和 C_4 代入方程 (9.27)，得到气环与外筒壁面之间的液体流场方程：

$$u_\theta = \frac{u_{\theta a-w} \cdot (l - r_{\mathrm{o}})}{2 \cdot r_{\mathrm{o}} \cdot l - l^2} \cdot r + \frac{u_{\theta a-w} \cdot r_{\mathrm{o}}^2 \cdot (r_{\mathrm{o}} - l)}{2 \cdot r_{\mathrm{o}} \cdot l - l^2} \cdot \frac{1}{r} \tag{9.35}$$

可以看出式 (9.30) 与式 (9.35) 中存在未知量 $u_{\theta a-w}$，此时需要用到气液界面上的边界条件来求解 $u_{\theta a-w}$，即气液界面左右的切应力相等。

分别对式 (9.30) 与式 (9.35) 在 $r_{\mathrm{i}} + \mathrm{TH}$ 与 $r_{\mathrm{o}} - l$ 处求导，便得到了气环内部与水中在气液界面处的速度梯度，再分别乘以空气和水的动力黏性系数，便得到了两个切应力，具体求解过程如下。

气液界面处空气中速度梯度

$$u_\theta'|_{r_{\mathrm{i}}+\mathrm{TH}} = C_1 - \frac{C_2}{(r_{\mathrm{i}} + \mathrm{TH})^2} \tag{9.36}$$

代入参数并化简

$$u_\theta'|_{r_{\mathrm{i}}+\mathrm{TH}} = \frac{-2 \cdot \varOmega r_{\mathrm{i}}^2 \cdot (r_{\mathrm{i}} + \mathrm{TH}) + u_{\theta a-w} \cdot \left[r_{\mathrm{i}}^2 + (r_{\mathrm{i}} + \mathrm{TH})^2 \right]}{(r_{\mathrm{i}} + \mathrm{TH}) \cdot (2 \cdot r_{\mathrm{i}} \cdot \mathrm{TH} + \mathrm{TH}^2)} \tag{9.37}$$

气液界面处水中速度梯度

$$u_\theta'|_{r_{\mathrm{o}}-l} = C_{11} - \frac{C_4}{(r_{\mathrm{o}} - l)^2} \tag{9.38}$$

代入参数并化简

$$u_\theta'|_{r_{\mathrm{o}}-l} = \frac{-u_{\theta a-w} \left(r_{\mathrm{o}}^2 + (r_{\mathrm{o}} - l)^2 \right)}{(r_{\mathrm{o}} - l) \cdot (2 \cdot r_{\mathrm{o}} \cdot l - l^2)} \tag{9.39}$$

然后建立切应力连续方程，即

$$\mu_a \cdot u_\theta'|_{r_{\mathrm{i}}+\mathrm{TH}} = \mu_w \cdot u_\theta'|_{r_{\mathrm{o}}-l} \tag{9.40}$$

其中，μ_a 与 μ_w 分别为空气与水的动力黏性系数。

将式 (9.37) 与式 (9.38) 代入式 (9.39) 并化简, 便可得到关于 $u_{\theta a\text{-}w}$ 表达式:

$$u_{\theta a\text{-}w} = \frac{2 \cdot B\Omega r_{\mathrm{i}}^2 \cdot (r_{\mathrm{i}} + \mathrm{TH})}{B \cdot \left[r_{\mathrm{i}}^2 + (r_{\mathrm{i}} + \mathrm{TH})^2\right] + A \cdot \eta \cdot \left[r_{\mathrm{o}}^2 + (r_{\mathrm{o}} - l)^2\right]} \tag{9.41}$$

其中,

$$A = (r_{\mathrm{i}} + \mathrm{TH}) \cdot (2 \cdot r_{\mathrm{i}} \cdot \mathrm{TH} + \mathrm{TH}^2), \quad B = (r_{\mathrm{o}} - l) \cdot (2 \cdot r_{\mathrm{o}} \cdot l - l^2), \quad \eta = \frac{\mu_w}{\mu_a}$$

至此, 间隙流动中的二维层流流动就全部求解出来。

利用 MATLAB 求解式 (9.41), 并将结果代入式 (9.30) 与式 (9.35), 即可得到间隙流动的速度剖面, 结果见图 9.22。

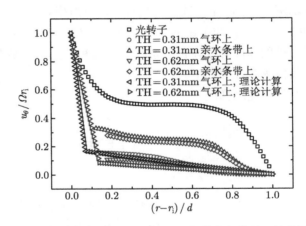

图 9.22　内外转子间周向速度分布 (扫封底二维码可见彩图)

可以看出将气环横截面假设成矩形后计算得到的气液界面上的速度和实际测试得到的速度相比略小, 但流场中的速度剖面差别比较大, 这是因为理论计算过程中是将整个流场假设成一个二维层流流动状态, 然而实际流动状态并不是二维层流, 从图 9.11 中可以看到实际流场中已经明显产生了泰勒涡。

有了气环内部的速度剖面以后, 可以计算得到气环内部气固表面切应力。需要指出的是, 将实际测试得到的气液界面速度, 气膜厚度和内转子表面线速度作为边界条件, 可以计算得到气环内部的雷诺数 $Re_{\mathrm{i}} = \dfrac{r_{\mathrm{i}}\mathrm{TH}_{\mathrm{ave}}\Omega_{\mathrm{i}}}{v}$, 计算发现其雷诺数介于 $1.4 \sim 11.4$, 因此可以肯定气环内部的流场为层流状态, 而气环外的液体流场则已经发生失稳, 所以此处通过计算气环内部的气固表面切应力, 再从转子侧面的总阻力中扣除气环内部的气固切应力便可得到两种阻力所占的比例。通过计算发现，对于不同厚度的气环，其内部的气固表面切应力只占光转子表面液固切应力的 7.6%～2.2%，因此相比于亲水条带的液固表面切应力，气环的阻力几乎可以忽略不计。

为了验证这一理论计算的合理性，本节特意设计了内转子表面带凹槽的转子来验证上述计算结果，见图 9.23(a)，内转子表面分布着宽度为 3mm，深度为 0.5mm 和 1.5mm 的环形凹槽，凹槽之间的间隔宽 2mm，间隔的中心位置有一条宽度为 1mm 的亲水条带，内转子侧面的其他部分为超疏水表面，这里定义凹转子表面的气环平均厚度为扣除凹槽体积后气环的平均厚度，其表达式为

$$\mathrm{TH}'_{\mathrm{ave}} = \sqrt{\frac{\left\{ V - w_{\mathrm{g}} \left(\pi r_i^2 - \pi \left[r_i - d_{\mathrm{g}} \right]^2 \right) \right\}}{\pi w_{\mathrm{a}}} + r_i^2} - r_{\mathrm{i}}$$

，即在相同的平均厚度下，平转子和凹转子表面的气环有相同的外形。由于亲水条带位于凹槽之间间隔的正中间，使得凹转子表面气环的接触线也位于其最大直径的圆柱面上，保证了两种转子表面气环接触状态的一致性。

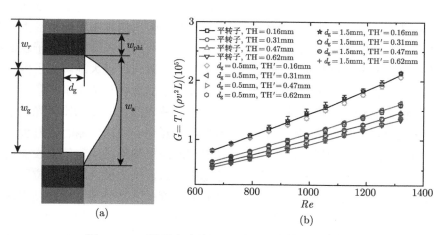

图 9.23 凹转子实验结果 (扫封底二维码可见彩图)

(a) 凹槽横截面示意图；(b) 无量纲阻力随雷诺数变化对比图

对比两种转子的阻力测试结果可以发现，凹转子表面气环的减阻效果与平转子没有明显差别。由于凹转子表面凹槽的深度和气环的厚度差值较大，从而大大降低了凹转子表面气环内空气的剪切率，使得气环内部气固表面切应力远小于平转子表面气环内部的气固表面切应力。但由于气环内部的气固表面切应力远小于固液表面切应力，所以尽管凹转子降低了气环内部的气固表面切应力，但其对转子的总阻力影响很小，这也从实验上证实了理论计算的合理性。

9.5.4　连续气液界面减阻机理

由于气环覆盖了转子侧壁 80% 的表面积，而不同厚度气环内部的气固表面切应力仅有光转子表面固液表面切应力的 7.6%～2.2%，因此，其减阻效果应该能达到 73.9%～78.2%，而实际的减阻效果却明显低于这一预测值。

通过分析流场图可以发现，在径向上位于气环上部的流体与亲水条带上的流体并没有完全区分开，它们之间存在着很强的由黏性剪切和泰勒涡导致的动量交换。气环内部空气的速度梯度很大，导致气液界面速度很小，通过气液界面传递到流场中的动量也很小。而亲水条带所带动的液体速度要高于气环上部的液体，这时，亲水条带上流体的动量就会通过黏性剪切和泰勒涡的作用传递到气环上的流体中去。简单地说就是亲水条带不仅要带动其自身表面的流体，还要带动气环表面的流体。也是由于这个原因，我们可以从图 9.22 中看到，在相同的径向位置处，对于有气环的内转子，其亲水条带上的流体相比于光转子表面的流体，在相同的径向位置处前者的周向速度明显小于后者，而两种转子的旋转速度相同，这就意味着带气环内转子亲水条带上的流体在近壁面处相比于光转子近壁面处有更大的速度梯度，这表明带气环的内转子，其亲水条带上的固液表面切应力要明显强于光转子表面的固液表面切应力。总的来说，气环的引入使得内转子表面被气环覆盖部分的固液表面切应力被气液表面切应力所取代，极大地降低了内转子的阻力，而另一方面，由于间隙流动中位于气环上部的流体与位于亲水条带上的流体存在着很强的动量交换，使得亲水条带上的固液表面切应力相比于光转子有所增加。这就解释了为什么实际测试得到的减阻量要小于理论预测的减阻量。

而随着气膜厚度的增加，首先，气环内部的速度梯度减小，气固表面切应力有所降低。其次，随着气液界面位置向流场中深入，一方面，径向上位于气环上的流体与位于亲水条带上的流体，它们之间的速度差随之减小，这就使得两部分流体之间由黏性剪切所引起的动量交换随之降低；另一方面，从图 9.20 中可以看到，随着气环厚度的增加，流场中泰勒涡的强度随之降低，这也导致了气环上的流体与亲水条带上的流体之间由泰勒涡引起的动量交换随之降低。两方面的因素共同减小了两部分流体之间的动量交换，使得亲水条带对于气环上流体的拖带作用减弱，导致亲水条带上固液表面切应力的降低。这也是为什么气环的减阻率会随着其厚度的增加而增加。

由于内转子旋转带动间隙流动中流体一起周向转动，整个流场受到一个离心力场的作用，当内转子转速达到一定值以后，流场将发生失稳。而本节的实验工况均位于失稳以后的流动状态，即间隙流动中存在着明显的泰勒涡，这些泰勒涡将内转子具有高周向动量的流体运输到外筒壁面，同时将外筒壁面具有低周向动量的流体运输到内转子表面，从而在内转子和外筒近壁面处形成两个强剪切层，这就导致内转子所受的阻力相比于没有泰勒涡时明显增强，其无量纲扭矩随雷诺数呈现出幂指数增长关系。从图 9.20 中可以看到，随着气环厚度的增加，流场中泰勒涡的强度随之降低，这就使得内转子与外筒近壁面之间的动量交换被减弱，上述过程在一定程度上被抑制，其具体表现为：描述内转子无量纲扭矩随雷诺数变化规律的幂指数函数，其幂指数逐步减小。

9.5.5 临界雷诺数

为分析转子表面附着气环后对 Taylor-Couette 流动的不稳定性，特别是泰勒涡出现时临界特征数的影响规律，首先需明确泰勒不稳定性发生的物理过程。见图 9.24，z，r 和 θ 分别为轴向、径向和周向坐标。Ω 为内转子的旋转角速度，外圆柱静止不动。

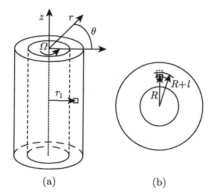

(a) (b)

图 9.24 Taylor-Couette 流动不稳定性的物理过程示意图 (扫封底二维码可见彩图)

(a) 三维视图；(b) 俯视图

取一个位于流场内层 r_1 位置处的单位质量的流体微元，设其周向速度为 $u_\theta(r_1)$，则其角动量为 $r_1 u_\theta(r_1)$。该流体微元受到扰动后，将向外层产生一个小位移，设其移动后的位置为 r_2。假设该流体微元从 r_1 移动到 r_2 的过程中角动量保持不变，即 $u_\theta(r_1)r_1 = u_\theta(r_2)r_2$，则此时该流体微元在 r_2 处的角速度为 $u_\theta(r_1)r_1/r_2$。此刻其所受离心力将为 $F_1(r_2) = [u_\theta(r_1)r_1/r_2]^2/r_2$。在位置 r_2 处未受扰动的流体微元具有的离心力为 $F_2(r_2) = u_\theta^2(r_2)/r_2$。若 $F_1(r_2) > F_2(r_2)$，则受扰的流体微元将会进一步相对于位于 r_2 处未受扰流体微元向外层移动。由于

$$F_1(r_2) > F_2(r_2) \Leftrightarrow$$

$$\frac{[u_\theta(r_1)\,r_1/r_2]^2}{r_2} > \frac{u_\theta^2(r_2)}{r_2} \Leftrightarrow$$

$$[r_1 u_\theta(r_1)]^2 > [r_2 u_\theta(r_2)]^2 \Leftrightarrow$$

$$r_1 u_\theta(r_1) > r_2 u_\theta(r_2) \tag{9.42}$$

上述分析中的最终结果，即不等式 (9.42) 表明，Taylor-Couette 流动中当内层流体微元的角动量或者环量大于外层 ($\Gamma(r_1) > \Gamma(r_2)$) 时，该分层流动是不稳定的。为进一步一般化表述这一流动不稳定性发生的条件，可考察中立的情况，即 $\Gamma(r_1) = \Gamma(r_2) = C$。显然，此时有 $u_\theta(r) = C/r$，这是该流动构型的位势涡方程。由此可将 Taylor-Couette 流动的不稳定性条件表述为：随径向位置 r 的增加，若 $u_\theta(r)$ 减小的速度比位势涡减小的速度更快，则这样的离心力分层流是不稳定的。由此可见当外圆柱静止时，这一条件总会满足，因此理论上此时的流动总是会出现不稳定的分层流。

根据上述过程可定性推导气环的存在对 Taylor-Couette 流动不稳定性发生的临界泰勒数的影响，进而理解气环对 Taylor-Couette 流动特性的影响规律。见图 9.24(b)，位于 R 处特征长度为 l 的流体微元，在受扰之后沿径向移动至 $R+l$ 处，这一过程中流体微元的角动量保持不变。因此该流体微元的角动量增量为零，因此有

$$\Delta(R \cdot u_\theta) = 0 \Leftrightarrow$$

$$\Delta R \cdot u_\theta + R \cdot \Delta u_\theta = 0 \Rightarrow$$

$$R \cdot \Delta u_\theta = -\Delta R \cdot u_\theta = -l \cdot u_\theta \Rightarrow$$

$$R\Delta \cdot u_\theta = -l \cdot u_\theta \tag{9.43}$$

所以流体微元到达外层 $R+l$ 后与 $R+l$ 处未扰动流体微元之间的离心力差为 $F \propto \rho \Delta \left(\dfrac{u_\theta^2}{R}\right) l^3$。将 $u_\theta = \Omega R$ 代入得：$F \propto \rho \Delta (\Omega^2 R)\, l^3 = \rho \Omega^2 \Delta R l^3 \propto \rho \Omega^2 l^4$。当内转子表面为附着气环时受扰流体微元继续向外层移动受到与 F 相反的径向黏性阻力为 $W_r \propto \mu\,(u_r/l)\,l^2$。其中，$\mu$ 是流体动力黏度系数，u_r 为径向扰动速度，u_r/l 为剪切率，l^2 为 W_r 作用的面积。

$u_r \propto l/\Delta t$，Δt 为流体微元的扰动动能 $\Delta E_k = \rho \Delta (u_\theta^2) \cdot l^3$ 被周向黏性耗散所需时间。周向黏性能量耗散率，$\dot{E}_{\text{diss}} \propto W_\theta \cdot \Delta u_\theta$，(周向黏性力乘以周向速度差)。$W_\theta \propto \mu \cdot \left(\dfrac{\Delta u_\theta}{l}\right) \cdot l^2$，与 W_r 相似，W_θ 为动力黏度系数 × 剪切率 × 面积。

所以 $E_{\text{diss}} \propto \mu \cdot \left(\dfrac{\Delta u_\theta}{l} \right) \cdot l^2 \cdot \Delta u_\theta$, $\Delta t = \dfrac{\Delta E_k}{\dot{E}_{\text{diss}}} \propto \dfrac{\rho \Delta \left(u_\theta^2 \right) \cdot l^3}{\mu \cdot \left(\dfrac{\Delta u_\theta}{l} \right) \cdot l^2 \cdot \Delta u_\theta}$。由上面

得到的 $R \cdot \Delta u_\theta = u_\theta \cdot \Delta R$ 代入可得 $\Delta t \propto \dfrac{l \cdot R}{\nu}$, 此过程中, W_r 并未参与 ΔE_k
的耗散, 其原因在于 $\dfrac{u_r}{\Delta u_\theta} \ll 1$。

但是当壁面附着气环后, 由于亲水条带径向上对应的 u_θ^{s} 大于气环径向上对
应的 u_θ^{g}, 因此将产生额外的黏性耗散。设 u_θ^{s} 与 u_θ^{g} 产生的 u_θ 梯度为 $\dot{u}_\theta^{\text{g-s}}$, 则这
部分对 $\dot{E}_{\text{diss}}$ 的贡献 $\dot{E}_{\text{diss}}^{\text{g-s}} \propto \mu \cdot \Delta \dot{u}_\theta^{\text{g-s}} \cdot l^2 \cdot u_\theta^{\text{g-s}}$, 则 $\dot{E}_{\text{diss}} \propto \mu \left(\dfrac{\Delta u_\theta}{L} \right) \cdot l^2 \cdot \Delta u_\theta +$

$\mu \cdot \dot{u}_\theta^{\text{g-s}} \cdot l^2 \cdot \Delta u_\theta^{\text{g-s}}$。因此有 $\Delta t = \dfrac{\rho \Delta u_\theta^2 l^3}{\mu \cdot \left(\dfrac{\Delta u_\theta}{l} \right) \cdot l^2 \cdot \Delta u_\theta + \mu \cdot \dot{u}_\theta^{\text{g-s}} l^2 \cdot \Delta u_\theta^{\text{g-s}}}$, 化简

得

$$\frac{1}{\Delta t} = \frac{v}{l \cdot R} + \frac{\mu \cdot u_\theta^{\text{g-s}} \cdot l^2 \cdot \Delta u_\theta^{\text{g-s}}}{\rho 2 u_\theta \Delta u_\theta \cdot l^3} = \frac{v}{l \cdot R} + \frac{v \cdot \dot{u}_\theta^{\text{g-s}} \cdot \Delta u_\theta^{\text{g-s}}}{l \cdot R \Omega \Delta u_\theta} \tag{9.44}$$

则有

$$\frac{1}{\Delta t} = \frac{v}{l \cdot R} \left(1 + \frac{\dot{u}_\theta^{\text{g-s}} \cdot \Delta u_\theta^{\text{g-s}}}{\Omega^2 l} \right) \tag{9.45}$$

将上式代入 u_r 有,

$$u_r \propto l \cdot \frac{1}{\Delta t} \propto \frac{v}{R} \left(1 + \frac{\dot{u}_\theta^{\text{g-s}} \cdot \Delta u_\theta^{\text{g-s}}}{\Omega^2 l} \right) \tag{9.46}$$

另设 $A = \dfrac{\dot{u}_\theta^{\text{g-s}} \cdot \Delta u_\theta^{\text{g-s}}}{\Omega \Delta u_\theta} = \dfrac{R \cdot \dot{u}_\theta^{\text{g-s}} \cdot \Delta u_\theta^{\text{g-s}}}{\Omega R \cdot \Delta u_\theta} = \dfrac{R \cdot \dot{u}_\theta^{\text{g-s}} \cdot \Delta u_\theta^{\text{g-s}}}{\Omega \cdot u_\theta \cdot l} = \dfrac{\dot{u}_\theta^{\text{g-s}} \cdot \Delta u_\theta^{\text{g-s}}}{\Omega^2 l}$, 则存
在气环后与 F 相反的径向黏性阻力为

$$W_r \propto \mu \cdot \frac{1}{l} \cdot \frac{v}{R} \left(1 + A \right) \cdot l^2 \propto \frac{\mu \cdot l \cdot v}{R} \left(1 + A \right) \tag{9.47}$$

根据 Taylor-Couette 流动发生不稳定条件可得

$$F \geqslant W_r \Leftrightarrow \rho \cdot \Omega^2 \cdot L^4 \geqslant \mu \cdot v \cdot \frac{l}{R} \cdot C \cdot (1 + A) \Rightarrow$$

$$\frac{\rho \cdot \Omega^2 \cdot l^4}{\mu \cdot v \cdot l \cdot \dfrac{1}{R}} \geqslant C \cdot (1 + A) \Leftrightarrow$$

$$\frac{\Omega^2 \cdot R \cdot l^3}{v^2} \geqslant C \cdot (1 + A) \tag{9.48}$$

由于 A 为非负实数, 由式 (9.48) 可知圆柱转子表面存在周向连续气环后将
使得临界泰勒数从 C 增大为 $C \cdot (1 + A)$。将式 (9.46) 改写为

$$\frac{\Omega^2 \cdot R \cdot l^3}{\upsilon^2 (1+A)} \geqslant C \tag{9.49}$$

由此可知气环的引入增大了黏性作用在 Taylor-Couette 流中的比重,但改变黏性的比重是通过改变作黏性耗散方式并非改变流体的本征黏度 [6,7]。

为了验证上述理论推导,本小节通过实验,从横截面速度剖面和纵剖面涡量场分别考察了不同内转子的临界雷诺数 (雷诺数与泰勒数一一对应)。

图 9.25 展示了临界泰勒数附近流场的变化规律,实验中雷诺数分辨率为 6.59。测试过程遵从雷诺数不断增加的顺序,即每测试一个转速后增加到下一个转速,在每个转速测试之前先让内转子在该转速下稳定旋转 2 min 以后再开始测试。从图中可以看出,当雷诺数小于 65.9 时,横截面速度剖面还是一个典型的层流剪切形成的直线,而涡量场中此时只有很少的涡量分布于内转子壁面;当雷诺数大于65.9 以后,流场中开始明显产生了成对的泰勒涡,虽然涡的强度还比较低,而对应的横截面速度剖面也在流场中间产生了由泰勒涡引起的较为平坦的中心区。由此可以判断,本实验装置测试得到的临界泰勒数在 65.9 左右,与其他学者测试得到的 68.6 很接近。

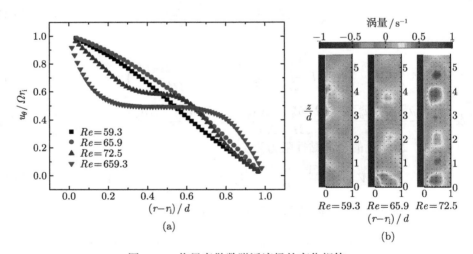

图 9.25　临界泰勒数附近流场的变化规律

(a) 横截面速度剖面；(b) 纵剖面涡量场

采用该方法,本小节考察了内转子表面带有不同厚度气环时其临界雷诺数的大小,气环宽度维持 4mm 不变。实验发现气环的引入将整个流动的转捩临界雷诺数向后延迟了 20~30,这一结果与理论预测相符,而不同厚度的气环其临界雷诺数之间的差别并不明显。

9.6　结　束　语

通过在圆柱转子表面构筑环形超疏水条带，进而在表面形成连续气环，对不同宽度，不同厚度及不同内外转子间距下圆柱表面连续气环的减阻特性进行系统研究，通过理论与实验相结合的方法讨论了连续气环的减阻机理。结果表明，由于气体极低的密度和黏性，气环内部的气固表面切应力远低于亲水条带上的液固表面切应力，从而明显地降低旋转圆柱所受到的阻力。受间隙内部流场中泰勒涡和液体黏性的影响，各部分流体之间进行着充分的动量交换，所以亲水条带表面的切应力相对于相同转速下光转子表面的切应力有所提高，使得气环的减阻效果低于其理论最大值，而这一过程随着气环厚度的增加而减弱。同时，气环的引入一方面通过降低输入流场的动量而减弱了泰勒涡的强度，另一方面通过其空间分布的周期性影响间隙内的离心力场，最终使得泰勒涡的分布规律发生改变。而整个流动的临界雷诺数也随气环的引入而变大。

参 考 文 献

[1] Harmand S, Pelle J, Poncet S, et al. Review of fluid flow and convective heat transfer within rotating disk cavities with impinging jet[J]. International Journal of Thermal Sciences, 2013, 67: 1-30.

[2] Greidanus A J, Delfos R, Westerweel J. Drag reduction by surface treatment in turbulent taylor-couette flow[C]. Warsaw: Journal of Physics Conference Series, 2011: 082016.

[3] Tokgoz S, Elsinga G E, Delfos R, et al. Experimental investigation of torque scaling and coherent structures in turbulent taylor-couette flow[C]. Warsaw: Journal of Physics Conference Series, 2011: 082018.

[4] Dubrulle B, Hersant F. Momentum transport and torque scaling in taylor-couette flow from an analogy with turbulent convection[J]. European Physical Journal B, 2002, 26(3): 379-386.

[5] Bilgen E, Boulos R. Functional dependence of torque coefficient of coaxial cylinders on gap width and reynolds-numbers[J]. Journal of Fluids Engineering-Transactions of the Asme, 1973, 95(1): 122-126.

[6] Taylor G I. Stability of a viscous liquid contained between two rotating cylinders[J]. Philosophical Transactions of the Royal Society of London Series a-Containing Papers of a Mathematical or Physical Character, 1923, 223: 289-343.

[7] Hirshfeld D, Rapaport D C. Molecular dynamics simulation of Taylor-Couette vortex formation[J]. Physical Review Letters, 1998, 80(24): 5337-5340.

第 10 章　润湿阶跃圆柱表面间断气膜对阻力和流场影响的实验研究

10.1　引　　言

实验发现顺流方向的连续气膜具有良好的减阻效果,且其减阻率随气膜厚度的增加而增加,但在实际的工程运用中,这样的连续性气膜难以构造,相比之下,间断的气膜更容易实现。本章则基于相同的 Taylor-Couette 系统,利用黏度计测试了顺流方向间断气膜的稳定性及其对流场和阻力的影响。间断气膜为内转子表面封存的间断气环,通过亲水条带在周向上隔断连续气环形成。

10.2　实验条件与方法

本章实验中仍然采用直径为 $r_i = (12.5\pm0.02)\mathrm{mm}$ 的内转子,而外筒直径 $r_o =$ 17mm 固定不变,内转子的转速 Ω 介于 10.47~20.93rad/s,雷诺数定义为 $Re = r_i\Omega d/\nu$,其余参数与连续气环减阻实验中参数相同。

实验中内转子的阻力测试方法与连续气环减阻实验中测试方法相同,在间断气环阻力特性研究中,也用到了两种不同的转子:一种为外表面齐平的内转子,另一种为表面带有凹槽的转子。需要指出的是,在这里用到的凹转子其表面凹槽的宽度与连续气环减阻实验中用到的凹转子不同,其具体参数和意义将在下文进行阐述。

10.3　亲疏水相间圆柱表面间断气液界面稳定性

本节基于 Taylor-Couette 流动,研究了亲疏水相间表面顺流方向间断气膜的稳定性,实验中用到的间断气膜为内转子表面周向间断气环,通过利用亲水条带隔断转子表面连续气环得到。

10.3.1　间断气液界面静态稳定性

与连续气环不同,静止状态下的间断气环 (简称气泡) 将同时受到上下左右四条接触线的束缚 [1]。但此时气泡在水平方向并不受其他外力,所以气泡在左右接触线处的接触角大小相同。而在垂直方向上气泡与气环的受力相同，也满足浮力与卡特皮勒力平衡的受力条件。此时气泡的最大通气量也可由以下公式预测 [2]

$$V = \gamma l \left(\cos\theta_{\mathrm{u}} - \cos\theta_{\mathrm{d}} \right) / \rho g \tag{10.1}$$

不同的是，此处的 l 代表气泡上下接触线的长度。

与气环不同，气泡在周向上并不是连通的，其气膜轮廓将受到左右接触线的强烈影响，因此不能将气泡轮廓简化为二维情况简单讨论。

10.3.2 间断气液界面动态稳定性

与平板表面封存的气膜类似，由于气液界面并不是完全滑移边界条件，因此，当气泡凸出于流场中时，将同时受到摩擦应力和压差阻力的作用。因此在内转子转动起来以后，气泡在周向上也将产生一个接触角滞后从而形成一个沿周向的卡特皮勒力来抵抗水流对气泡的作用力 [3]。内转子转速较小时，左右接触线能提供足够大的接触角滞后，当转速增加，气泡左右接触角之差进一步增大，此时气环内部气体会向下游 (与旋转方向相反的方向) 聚集，使得间断气环下游的气量增加，此时，气环沿周向的分布不再均匀，气体堆积多的地方，当地的上下接触角之差越大。当转速达到一个临界值以后，间断气环的局部上接触角比其周向上下游的接触角先达到最大值，气环将在竖直方向上发生破坏，见图 10.1。

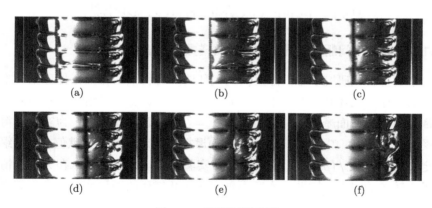

图 10.1 间断气环破坏

间断气环破坏后将从周向的下游处分离一个气泡，气泡将在浮力的作用下上浮，上浮过程中，该气泡会与其他的气环发生碰撞融合，从而引发连锁反应，造成间断气环的大面积破坏 (图 10.2)。

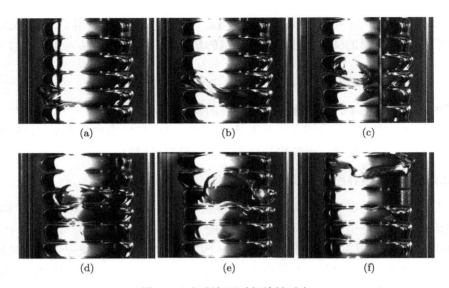

图 10.2　间断气环破坏连锁反应

实验中发现，当气环间断一次，其平均厚度达到最大 (0.62mm) 时，其将在最大转速 (200r/min) 时发生破坏。

10.4　间断气液界面对阻力影响规律

10.4.1　不同长度间断气液界面阻力随雷诺数变化规律

本章实验首先研究了不同厚度间断气环的阻力特性，在数据处理上，本章用到的方法与连续气环减阻章节中用到的方法相同，计算无量纲扭矩及增阻率时用到的都是内转子侧面摩擦阻力的贡献值 $T = T_m - T_b$，式中 T_m 为实验测得的内转子受到的总扭矩，T_b 为内转子上下端面摩擦阻力对扭矩的贡献值。无量纲扭矩同样定义为 $G = T/(\rho \nu^2 L)$，不同的是，实验发现，气环的引入在大多数情况下增大了内转子的阻力，因此，本章不再定义间断气环的减阻率，而定义其增阻率为 $\mathrm{DI} = (T - T_s)/T_s \times 100\%$，其中 T_s 和 T 分别是光转子和有气环转子侧壁所受阻力对内转子扭矩贡献值。图 10.3~ 图 10.6 分别展示了气环被间断一次和两次以后，相比于光转子，其无量纲扭矩随雷诺数及增阻率随雷诺数的变化规律。

从图 10.3 中可以看出当气环被打断一次以后，其无量纲扭矩随雷诺数仍然呈现出幂指数增长关系 [4,5]，即 $G \sim Re^n$，这是因为间断气环的引入并不能有效地抑制间隙流动中的泰勒涡。通过对实验数据的拟合发现，随着间断一次气环的引入，内转子无量纲扭矩随雷诺数变化规律中的指数 n 会呈现不同程度的增大，这一规律与表面带有连续气环的内转子无量纲扭矩拟合结果正好相反，同时，气环厚度较小时，n 的值要大于气环较厚时 n 的值。需要指出，带有间断一次气环内转子无量纲扭矩的拟合误差要明显大于带有连续气环的转子，这些结果都与间断气环在流场中的外形与阻力特性密切相关，本章后面部分会详细讨论。

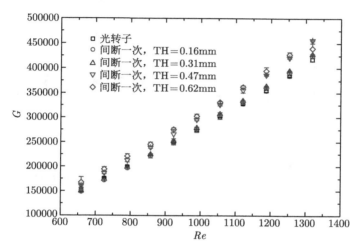

图 10.3   气环被间断一次无量纲扭矩随雷诺数的变化关系 (扫封底二维码可见彩图)

图 10.4 展示了间断一次气环的增阻率随雷诺数的变化关系，从图中可以明显看到，不同于连续气环，间断一次气环的引入明显增大了内转子的阻力，仅在内转子转速较低、气环厚度较小时，间断一次气环表现出了略微的减阻效果。与连续气环不同，间断一次气环的阻力变化率随着雷诺数并不保持恒定，当气环较薄时 (TH = 0.16mm)，在低雷诺数下间断一次气环表现出略微的减阻效果，最大减阻率在 3% 左右，而随着雷诺数的增大这一减阻效果随之减小，很快会表现为增阻效果，随着雷诺数的进一步增大，该增阻效果也随之增大，当雷诺数达到 1000 时，其增阻率不再进一步增加，保持相对恒定。最终，在测试的雷诺数范围下，其最大增阻率约为 2%。气环厚度为 0.31mm 时的增阻率变化规律与气环厚度为 0.16mm 时的规律相同，只是在整个过程中，厚度为 0.31mm 的间断一次气环其增阻率都要比厚度为 0.16mm 的气环大约 1%。

当气环厚度变为 0.47mm 时，间断一次气环的增阻效果更为明显，其增阻率随雷诺数也是逐步增大的，从雷诺数为 660 时的 5% 一直增大到了雷诺数为 1320

时的 9%。相比于较薄的气环，厚度为 0.47mm 的气环，其增阻率随雷诺数的变化率要小于前者。而厚度为 0.62mm 的间断一次气环其增阻率随雷诺数虽然没有呈现出明显的增大趋势，但却表现出明显的震荡。在最大雷诺数时，其增阻率出现了一个明显的减小，这是因为当转速达到 200r/min 时，间断一次气环变形非常剧烈，最终破坏而导致增阻率减小。

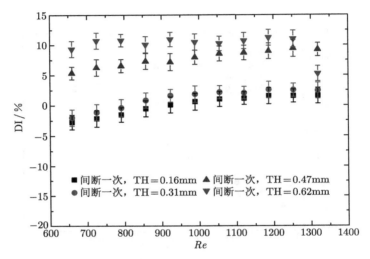

图 10.4　间断一次气环增阻率随雷诺数的变化关系 (扫封底二维码可见彩图)

图 10.5 展示了间断两次以后气环的无量纲扭矩随雷诺数变化过程，对于间断两次后的气环，与间断一次气环的相同之处在于：其无量纲扭矩随雷诺数仍然呈幂指数增长关系，而且其指数 n 的值相对于光转子也都有所增大，同时无量纲扭矩随雷诺数变化规律的拟合误差也要明显大于光转子的拟合误差。不同的地方是：对于间断两次气环，其较厚时的 n 值要大于气环较薄时的 n 值。

图 10.6 为间断两次气环的增阻率随雷诺数的变化关系。从图中可以看出，气环间断两次以后，其增阻特性与间断一次的增阻特性差别很明显。对于表面带有间断两次气环的内转子，当气环厚度为 0.16mm 时，其表现出一定的减阻效果，大约为 1%，该减阻效果随雷诺数并没有呈现出明显减小的趋势，而是随雷诺数上下波动。而气环厚度为 0.31mm 的间断两次气环则表现出略微的增阻效果，同时其随雷诺数也只是出现轻微的波动，没有明显的减小趋势。而当气环厚度增加到 0.47mm 后，其增阻率随雷诺数则呈现出增大的趋势，从最开始的 6% 左右增大到 12%。随着气环厚度的进一步增加，增阻率的增大趋势更加明显，其最大增阻率

达到 18‰。

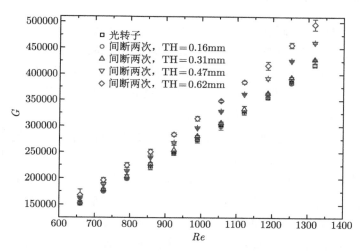

图 10.5 间断两次气环无量纲扭矩随雷诺数的变化关系 (扫封底二维码可见彩图)

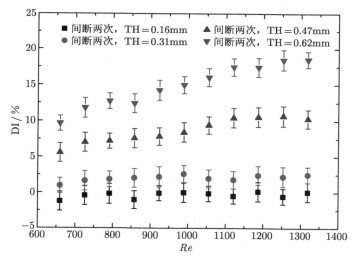

图 10.6 间断两次气环增阻率随雷诺数的变化关系 (扫封底二维码可见彩图)

对比图 10.3~ 图 10.6 的结果可以发现，当内转子表面的气环被打断以后，其增阻效果明显增强，减阻效果仅在气环较薄，雷诺数较低时能观察到一点。同时，气环被打断的次数也明显影响其无量纲扭矩的变化规律，其在厚度较小和较大时表现出来的部分规律甚至相反。因此，下文将分别讨论小厚度和大厚度时，间断一次和两次气环的增阻率变化规律。

10.4.2　不同长度间断气液界面增阻率随雷诺数变化规律

上文已经提到，气环被打断以后其增阻率随雷诺数的变化不再保持恒定，因此不能将不同厚度下间断气环的增阻率在不同雷诺数下求平均以后进行比较。这里将气环增阻率按气环厚度分为两种情况讨论：第一种情况为间断气环厚度较小时，对应的气环厚度为 TH = 0.16mm 和 0.31mm；第二种情况为间断气环厚度较大时，对应的气环厚度为 TH = 0.47mm 和 0.62mm。

图 10.7 对比了气环厚度较小时，不同间断次数 (即不同长度) 气环的增阻率。从图中可以看到当气环厚度为 0.16mm，雷诺数小于 900 时，两种气环均表现出一定的减阻效果，且间断一次气环的减阻效果要大于间断两次气环的减阻效果，随着雷诺数增加，间断一次气环减阻率随之减小，当雷诺数大于 900 后，间断一次气环表现出增阻效果，而间断两次气环则仍表现出微弱的减阻效果。当气环厚度为 0.31mm，雷诺数小于 1000 时，间断一次气环的增阻率明显低于间断两次气环的增阻率，当雷诺数大于 1000 以后，二者增阻率大小基本相同。此外，在气环厚度较小时，间断一次气环的增阻率随雷诺数是逐渐增大的，而间断两次的气环其增阻率则相对稳定，在无量纲扭矩的拟合过程中也发现，气环较薄时，虽然带有两种气环转子的无量纲扭矩随雷诺数变化的幂指数 n 都大于光转子，但间断一次气环的 n 相比于间断两次气环的 n 更大。可以发现增阻率和幂指数的变化规律是相符的。

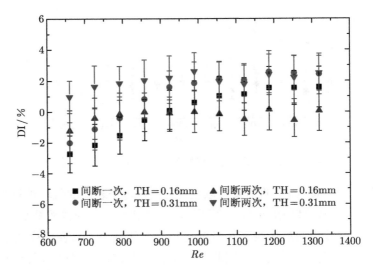

图 10.7　小厚度下间断气环增阻率的对比图 (扫封底二维码可见彩图)

图 10.8 对比了气环厚度较大时, 不同间断次数气环的增阻率。从图中可以看出气环厚度为 0.47mm 时, 间断一次和两次的气环其增阻率均随雷诺数的增加呈现出增大的趋势, 但间断一次气环的增大趋势更弱。当雷诺数小于 1000 时, 两种气环的增阻率差别不明显; 当雷诺数大于 1000 时, 间断两次气环的增阻率明显高于间断一次气环。

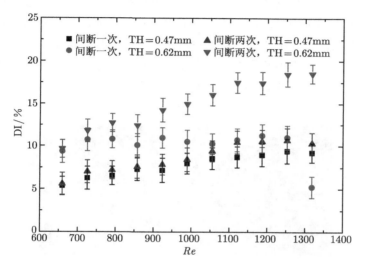

图 10.8　大厚度下间断气环增阻率的对比图 (扫封底二维码可见彩图)

当气环厚度增加到 0.62mm 时, 两种气环增阻率的差别更加明显。在雷诺数较小时, 两种间断气环的增阻率大约为 10%, 随雷诺数的增加, 间断两次气环的增阻率迅速升高, 而间断一次气环的增阻率则相对稳定, 最终二者的差值接近 10%。同时, 与气环较薄时的规律相反, 气环较厚时, 间断一次气环的增阻率相对稳定, 而间断两次气环的增阻率随雷诺数的增加明显升高, 这也与大厚度下间断两次气环无量纲扭矩随雷诺数变化规律中的幂指数 n 大于间断一次气环的 n 这一规律相符。

10.5　间断气液界面的变形及其对流场的影响规律

10.5.1　间断气液界面的变形规律

由于间断气环在顺流方向上并不连通, 其相当于一个钝体凸到流场中, 将同时受到摩擦阻力和压差阻力的作用。此时气环将会发生变形以产生一个卡特皮勒力来抵抗其所受到的阻力[6]。图 10.9~ 图 10.13 分别展示了四种厚度下气环在不同转速下的变形情况。

图 10.9 展示了从圆柱底面拍得的间断气环轮廓图,此处,我们并不需要获得气环的完整周向轮廓,而只是关注气环在间隔处的厚度变化情况,因此高速摄像机的镜头并不在圆柱的正下方,而是略微靠向右侧,这样在圆柱右侧的气环轮廓就不会被圆柱阻挡,当气环的间隔位置转动到圆柱右侧时,就能被相机记录。实验过程中发现,周围的光线及气环本身的厚度和其透明的特点对气环轮廓的成像影响很大,在实际实验中并不能保证每次都能在相同位置处捕捉到气环间隔处的清晰图像,因此实验中挑选了相应工况下气环间隔处最清晰的照片做了局部放大展示出来 (图 10.9)。图中的箭头表示圆柱旋转的方向。

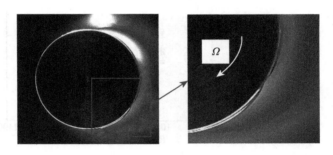

图 10.9 间断气环轮廓图 (扫封底二维码可见彩图)

图 10.10 为气环厚度为 0.16mm 时,间断一次和两次气环在不同转速下的变形情况,(a)、(b)、(c) 为间断一次气环在转速分别为 100r/min、150r/min 和 200r/min 时的变形情况,而 (d)、(e)、(f) 则为间断两次气环在转速分别为 100r/min、150r/min 和 200r/min 时的变形情况。从图中可以明显看出,对于间断一次气环,由于其周向长度是间断两次气环的 2 倍,气环中的气体在来流作用下更容易向下游堆积,这种堆积效果在转速较低时,并不十分明显,但随着内转子转速的增加,其堆积效果明显增强。

堆积的气环会产生两方面的影响。首先,气环在周向 (即流向上) 只受到两个力的作用:一个为气环在流场中受到的阻力,另一个为转子对气环的卡特皮勒力。该卡特皮勒力由气环垂直于流向上的前后接触角之差产生,而气环平行于流向的接触线上的接触角之差所产生的卡特皮勒力与其阻力方向垂直,其仅用来克服气环的浮力[2]。气环向下游堆积以后,其后接触角明显增大而前接触角明显减小,两者差值产生的卡特皮勒力正好抵消气环的流场阻力,使得气环能够稳定在内转

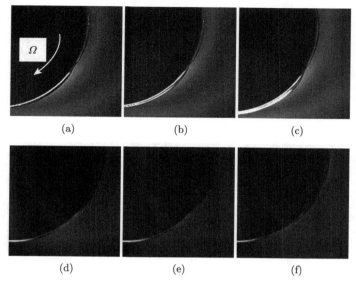

图 10.10 不同转速下厚 0.16mm 的气环轮廓

子表面。其次堆积以后的气环进一步向流场中凸出，其受到的流场阻力的阻力系数也将进一步增大，这也导致了厚度为 0.16mm 的气环其减阻率随雷诺数的增加而减小，同时其无量纲扭矩随雷诺数变化关系中的幂指数 n 大于光转子的 n。

对于间断两次的气环，从图 10.10 中可以看出气环在不同转速下的变形都不明显，这也证明间断两次的气环当其厚度较薄时，在流场中受到的阻力较小，相比于光转子表面的固液表面切应力，气环内部的气固表面切应力可以忽略，而此时，气环受到的流场阻力又很小，所以此时其表现出轻微的减阻效果[7]。随着内转子转速的增加，气环的变形并没有增加，这也解释了为什么其减阻效果没有随雷诺数的增大而明显减小，也解释了为什么气环较薄时，间断一次气环的无量纲扭矩随雷诺数变化关系中的 n 要大于间断两次气环的 n。

图 10.11 为气环厚度为 0.31mm 时，间断一次和两次气环在不同转速下的变形情况，各子图与实验工况的对应关系与图 10.10 相同。从图中可以看出，间断一次气环在该气膜厚度下的变形在低转速时不明显，但随着转速增加其变形明显增强，这也导致了其增阻率随雷诺数的变化趋势与气环厚度为 0.16mm 时相同。而对于间断两次的气环，其变形仍然不明显，这也是其增阻率随雷诺数变化不明显的原因所在。

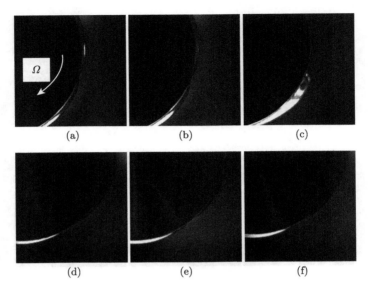

图 10.11　不同转速下厚 0.31mm 的气环轮廓

图 10.12 为气环厚度为 0.47mm 时，间断一次和两次气环在不同转速下的变形情况，各子图与实验工况的对应关系与图 10.10 相同。气环厚度达到 0.47mm 以后，间断两次气环随着转速的增长开始在大转速下产生明显的变形，同样，这

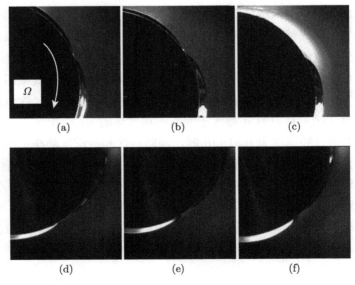

图 10.12　不同转速下厚 0.47mm 的气环轮廓

也反映在其增阻率上, 其增阻率随雷诺数增加开始出现明显的升高。而有趣的是, 对于间断一次的气环, 其在内转子转速为 100r/min 时就已经表现出明显的变形, 使得其增阻率相对于气环较薄时进一步升高, 但其随雷诺数增加而增加的趋势却有所减弱。

图 10.13 为气环厚度为 0.62mm 时, 间断一次和两次气环在不同转速下的变形情况, 各子图与实验工况的对应关系与图 10.10 相同。对于气环厚度为 0.62mm 的间断气环, 当其间断一次时, 从转速较低时气环就开始明显变形, 而转速达到 200r/min 时气环发生破坏 (因为破坏所以此处未做记录), 所以最大雷诺数处的增阻率产生了一个突降。当气环间断两次时, 其变形也随着转速的增加而变得更加明显。

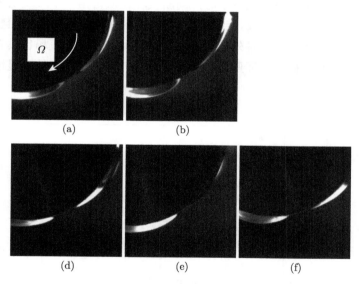

图 10.13　不同转速下厚 0.62mm 的气环轮廓

概括来说, 气环的变形会使其受到更大的流场阻力, 这样内转子的无量纲扭矩随雷诺数的增加就会更加明显, 从而导致内转子无量纲扭矩随雷诺数变化关系中的幂指数 n 的增大。这一关系将气环的变形与内转子的增阻率随雷诺数变化规律联系起来, 二者表现出来的规律相符。

10.5.2　横截面速度剖面

气环的存在使得内转子近壁面的视场被阻挡, 近壁面处速度剖面缺失。不同于连续气环, 间断气环在大多数情况下都导致了内转子阻力的增加, 这也意味着更多的能量输入到间隙流场当中，必定会对间隙流动的速度剖面造成影响。

图 10.14 展示了内转子转速为 100r/min，内转子壁面带有间断气环时，间隙流动中的周向速度剖面。同样，周向速度和径向位置分别以内转子表面线速度和间隙宽度为特征值做无量纲处理。从图中我们可以看到当气环厚度很薄时，带有间断气环内转子的周向速度剖面位于光转子速度剖面之下，这表明，此时带有间断气环的内转子传递到流场中的动量要小于光转子。虽然内转子近壁面的速度剖面缺失，但从外筒近壁面的速度剖面仍然可以看出，此时相比于光转子，带有间断气环的流动在外筒近壁面处具有更小的速度梯度。相应地，外筒壁面也受到更小的剪切力，由于整个系统中，在不考虑传热的情况下，内外转子所受到的阻力应该大小相等，因此也可以推断此时内转子所受到的阻力应小于光转子，这解释了气环厚度较小时，间断气环在低雷诺数下表现出的减阻效果的原因。与这一过程刚好相反，当间断气环较厚时，其周向速度剖面整个位于光转子周向速度剖面之上，而且外筒近壁面处带有间断气环的流场也具有更大的速度梯度，这也正好解释了气环厚度较大时，间断气环表现出来的明显增阻效果的原因。

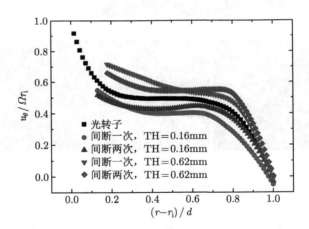

图 10.14　内外转子间周向速度剖面 (扫封底二维码可见彩图)

此外，从图 10.14 中还能看出，间断一次的气环在两种厚度下，其速度剖面在外筒近壁面处都具有更小的速度梯度，这与减阻结果中展示的间断一次气环在厚度较薄时减阻效果好、在厚度较大时增阻效果弱的结果正好相符，而在靠近气环的地方，间断一次气环却有更大的周向速度，是因为间断一次气环变形更大一些，所以其带动起来的流场速度相应地也略微大于间断两次的气环。

10.5.3　纵剖面涡量场的分布

间断气环的引入并没有带来减阻效果，反而明显增加了阻力，其输入到流场中的动量相对光转子有所增加，间断气环轴向上周期性的分布规律也将对泰勒涡的形成和稳定产生影响。

图 10.15 展示了间断一次气环在内转子转速为 100r/min 时，不同气环厚度下间隙流动中的涡量分布。可以看出，由于间断气环的引入增大了流场中的动量，从而在整体上增大了间隙流动中的涡量，而随着气环厚度的增加，涡量也进一步增强。当气环很薄时 (0.16mm)，间隙流动中泰勒涡的周期性还未受到气环的明显影响，泰勒涡的尺寸和分布规律没有明显的变化，当气环厚度增加，泰勒涡的尺寸发生了明显的变化，有的被拉长，而另外一些则被不同程度的压缩，但总体来说，在展示的区域内，泰勒涡的对数基本维持在 3 对。实验发现，整个过程中泰勒涡的涡心位置也由于气环的引入而上下移动。

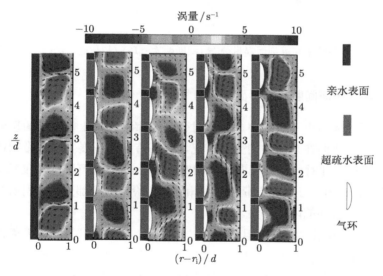

图 10.15　内外转子间纵剖面涡量分布 (间断一次气环) (扫封底二维码可见彩图)

图 10.16 为间断两次气环在内转子转速为 100r/min 时，不同气环厚度下间隙流动中的涡量分布。总体来看，间断两次气环与间断一次气环对泰勒涡的影响规律相同，即在增加涡强的同时也改变了涡的周期性分布规律。但间断两次气环的影响程度更为剧烈，从图中可以看到，在整个研究区域内，泰勒涡的对数出现了明显的变化，从 3.5 对到 2 对不等。而且，泰勒涡的强度也明显增大的更多，当气环达到最厚时，泰勒涡几乎影响了整个流场。这些规律也与气环在阻力测试中

表现的结果相符。

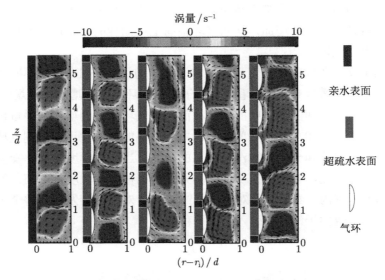

图 10.16　内外转子间纵剖面涡量分布 (间断两次气环) (扫封底二维码可见彩图)

10.5.4　凹转子表面间断气液界面的阻力特性

由于间断气环凸出于流场中, 其同时受到摩擦阻力与压差阻力的影响, 为了进一步研究气液界面在来流中的受力情况, 本小节设计开展了表面带凹槽的内转子阻力测试实验。此时内转子表面的凹槽宽度为 4mm, 与气环的宽度相等, 凹槽之间的间隔宽 1mm, 与亲水条带的宽度相同。实验分为两部分, 分别研究凹槽内连续气环和间断气环的阻力特性。

图 10.17(a) 展示了本节中用到的凹转子轮廓, (b) 展示了凹槽内通入气体后的效果图, 其中凹转子上半部分凹槽内通入了气体, 下半部分未通入气体。从 (a) 中我们可以看到, 与平转子表面的气环不同, 这里用到的凹转子, 其表面气环的接触线并不在内转子最大外径的圆柱面上, 这样, 只需要在凹槽内部嵌入一个与凹槽界面相同的间隔就能将气环从中间隔开。

实验过程中我们通过浇筑 PDMS 材料来获得合适间的条带隔嵌入到凹槽内, 该材料由两种液体原料混合后经过加热而形成固体。具体操作方法为: 先在表面带凹槽的内转子表面套一个内径与内转子最大外径相等的半圆柱壳, 然后向凹槽内部注入混合后的 PDMS 原料, 经过加热就得到环形的 PDMS 固体条带, 将该条带从凹槽中取出, 切割成 2mm 宽的小块后就能作为隔开气环的间隔使用。通过这种方法获得间隔其表面光洁度很高，将其嵌入凹槽以后其表面与内转子最大直径圆柱面齐平，能尽可能地减小由间隔引入的阻力。

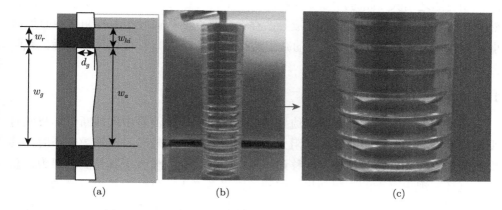

(a)　　　　　　　　(b)　　　　　　　　　　　(c)

图 10.17　凹转子表面气环轮廓 (扫封底二维码可见彩图)

　　由于浮力的影响，在竖直方向上气液界面轮廓并不是一条直线，而是呈现出上部略微突出，下部略微下凹的状态。而在间隔处，由于嵌入凹槽的间隔其侧面被喷涂上了超疏水涂层，只有与内转子最大直径圆柱面齐平的表面为亲水表面，此时接触线被束缚在间隔的竖直棱角上，该棱角线为一条竖直的直线。因此气液界面在靠近间隔处会过度为一条直线，这样不可避免会在靠近间隔的地方形成一个"阶梯"，从而产生一个额外的压差阻力 [1]。

　　图 10.18 展示了凹转子表面连续和间断气环的减阻效果。从图中可以看出，凹槽的深度对气环的减阻量没有明显影响。当气环连续时，气环内部的气体构成

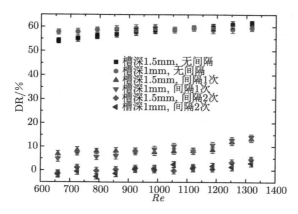

图 10.18　凹转子表面不同气环减阻率对比图 (扫封底二维码可见彩图)

一个封闭的环形通道，能在来流的剪切作用下做周向运动，从而及大地降低了气液界面处的速度气度，明显减小了内转子的阻力。而当气环被间断以后，这种减阻机制也随之消失，此时，气液界面的减阻效果主要来自其部分滑移的边界条件。然而由于靠近凹槽内间隔处的气液界面存在一个 "阶梯"，使得其减阻效果有所减弱，最终，凹槽内间断一次气环的减阻效果在 10% 左右，而间断两次以后，减阻效果降到了 1% 左右。

10.5.5　间断气环气液界面特性

由于气液界面并非完全滑移边界条件，所以凸出于流场中的间断气环将同时受到来流施加的摩擦阻力与压差阻力。当间断气环厚度较薄且雷诺数较小时，其受到的阻力较小，此时由部分滑移边界条件带来的减阻量大于其受到的阻力，总体上气环表现出略微的减阻效果。但随着雷诺数增大，气环变形也越剧烈，这种减阻效果也会相应减小。当气环较厚时，即使在低雷诺数下，气环的变形也已经比较明显，其所受到的阻力远大于其由于部分滑移条件带来的减阻，总体上间断气环表现出明显的增阻效果。而凹转子表面间断气环的减阻实验，则进一步证实了气液界面的部分滑移条件。

10.6　结　束　语

通过实验研究了旋转圆柱表面间断气环的阻力特性，结合间断气环在流场中的形态改变和流场信息对间断气环的阻力特性进行了合理的分析。结果表明，水下气液界面并不具有完全滑移边界条件，其滑移是有限的，这就导致凸出于流场中的间断气环将同时受到摩擦阻力与压差阻力的作用。当间断气环较薄且雷诺数较小时，气环变形量不明显，其受到的阻力较小。此时，间断气环表现出一定的减阻效果，当气环厚度变大或雷诺数增加以后，间断气环将产生明显的变形，此时间断气环受到的阻力将大于其减小的固液界面摩擦阻力，其表现出明显的增阻效果。随着雷诺数的增加，间断气环的变形也将更加剧烈，其阻力系数进一步增大，导致内转子无量纲阻力随雷诺数成指数增长关系中的指数幂 n 相比于光转子更大。而对于不同间断次数的气环，其在不同雷诺数下变形的剧烈程度也不相同，相比于间断两次气环，间断一次气环将在更薄的厚度下产生变形，使得其增阻率随雷诺数更早地表现出增加的趋势。而当厚度增大以后，间断一次气环也首先发生破坏。

参 考 文 献

[1] Song D , Song B , Hu H , et al. Effect of a surface tension gradient on the slip flow along a superhydrophobic air-water interface[J]. Physical Review Fluids, 2018, 3(3): 033303.

[2] Hu H, Wen J, Bao L, et al. Significant and stable drag reduction with air rings confined by alternated superhydrophobic and hydrophilic strips[J]. Science Advances, 2017, 3(9): e1603288.

[3] 胡海豹, 王德政, 鲍路瑶, 等. 基于润湿阶跃的水下大尺度气膜封存方法 [J]. 物理学报, 2016, 65(13): 201-207.

[4] Tokgoz S, Elsinga G E, Delfos R, et al. Experimental investigation of torque scaling and coherent structures in turbulent taylor-couette flow[C]. Warsaw: Journal of Physics Conference Series, 2011: 082018.

[5] Dubrulle B, Hersant F. Momentum transport and torque scaling in taylor-couette flow from an analogy with turbulent convection[J]. European Physical Journal B, 2002, 26(3): 379-386.

[6] Feng J Q , Basaran O A . Shear flow over a translationally symmetric cylindrical bubble pinned on a slot in a plane wall[J]. Journal of Fluid Mechanics, 1994, 275: 351.

[7] Karatay E, Haase A S, Visser C W, et al. Control of slippage with tunable bubble mattresses[J]. Proceedings of the National Academy of Sciences, 2013, 110(21): 8422.

后　记

仿生疏水表面减阻是一种潜在的兼具防污功能的高效减阻方法，未来有望广泛应用于船舶与海洋工程领域。其减阻效果主要来自表面附着的气膜层，但该气膜容易在来流作用下流失破坏，从而导致减阻失效。本书虽然从模拟和实验角度系统研究了超疏水表面减阻机理，提出并初步验证了多种维持疏水表面气膜的方法，但相关研究成果距离实际工程应用仍有较大的差距。作者认为，在本书基础上，还有以下研究工作需要进一步开展。

1) 微纳米结构表面气液界面滑移机理的研究

本书的分子动力学模拟工作已经证实，纳米结构表面的气液界面上存在明显的滑移现象，当纳米结构超过一定尺寸后，气液界面上局部滑移长度可以与流动的特征尺度相当。但是，气液界面上局部滑移分布的产生机理与单纯固液界面滑移机理有着明显不同。因此，有关微纳米结构表面气液界面上滑移机理仍需进一步探索。

2) 微纳米结构表面气液界面破坏规律和破坏机理的研究

本书初步探索了高剪切作用下气液界面的破坏规律。实际上，气液界面破坏还有其他形式，如气体溶解、外压环境变化等。因此，进一步深入研究不同条件下微纳米结构表面气液界面的破坏规律与破坏机理，可以为突破维持气液界面的稳定难题奠定基础。

3) 不同形态气液界面上滑移特性的研究

本书的间断气环减阻实验研究表明，水下气液界面确实存在一定的滑移，能带来减阻效果，但由于实验模型的限制，未能系统研究不同形态气液界面上的滑移规律。什么样的润湿阶跃分布更有利于束缚气液界面，什么形态的气液界面更有利于减阻等问题，目前亟待深入探索。

4) 潜在稳定气体补充方法的研究

通过在超疏水表面人为构造亲水条带结构，产生局部润湿阶跃效果，可以大幅增强对气膜层三相接触线的束缚力。但是，在恶劣流动条件下，由润湿阶跃束缚的气膜层依然会被破坏、流失，导致减阻失效。因此，亟须进一步探索适用于充分发展湍流状态的仿生疏水表面稳定气体补充方法，为减阻工程技术开发提供参考。

作　者

2020 年 6 月